CM1

CYCLE 3

Maths tout terr@in

Xavier AMOUYAL, enseignant

Jacques BRUN, enseignant

Sous la direction d'**Alfred ERRERA**,

docteur en didactique des mathématiques, chargé de formation

Un grand merci à Marie Cuenet, Lydie Cunha et Monique Desseignet,
ainsi qu'à leurs élèves de CM1 qui ont participé à l'expérimentation de cette méthode.
Nous remercions également Jack Sagot, enseignant-formateur à l'Institut national
supérieur de Suresnes (INSHEA)

éco responsable

Bordas

Avant-propos

Maths tout terr@in est une méthode complète et innovante spécialement conçue pour permettre à l'enfant de maîtriser toutes les exigences des **programmes 2008**. Elle assure la construction de fondements stables sur lesquels vont s'appuyer tous les nouveaux concepts qu'il aura à acquérir au cours de sa scolarité.

Une démarche rassurante et efficace

Maths tout terrain CM1 repose sur l'application systématique de cinq principes clairs à l'efficacité prouvée : l'apprentissage **du simple au compliqué**, **du concret à l'abstrait**, d'**un seul nouveau concept à la fois**, un **réinvestissement permanent** des acquis antérieurs et la **pédagogie différenciée** comme fondement de la démarche.

La **progression** choisie traduit la connaissance qu'ont les auteurs du cheminement cognitif des élèves et leur prise en compte de **l'expérimentation de la méthode dans 3 classes à Lyon** :

- **Une première période très progressive** pour, principalement, réviser les notions mathématiques étudiées au cycle 3.
- L'étude de la **numération décimale** et son extension cyclique aux nombres jusqu'au milliard.
- De nombreuses leçons de **géométrie** et de **mesure** qui s'étalent volontairement tout au long de l'année.
- **Une étude méthodique et progressive des quatre opérations sur les nombres entiers** : révision de l'addition et de la soustraction ainsi que leur extension aux grands nombres, réinvestissement des tables de multiplication et des multiplications posées, extension de la division euclidienne en suivant **la même approche originale et progressive**, des groupements et partages à la division posée.
- L'introduction des **fractions**, des fractions décimales et des **nombres décimaux**, ainsi que le passage d'une écriture fractionnaire à une écriture décimale et réciproquement. Un soin particulier a été accordé à cette introduction par des situations concrètes proches du quotidien de l'élève.
- Dès les bases nécessaires apprises, une étude systématique de l'**organisation de données** : tableaux, histogrammes et graphiques en particulier.
- La **résolution de problèmes** pour s'assurer de l'appropriation des savoirs par l'élève et de son autonomie.
- Le **calcul mental** intégré à la méthode comme activité quotidienne de mise en condition et de réinvestissement.

Un manuel pour l'élève

Il est l'**outil d'application et d'entraînement de la démarche explicitée dans le livre du maître**. Il se structure en cinq grandes périodes.

Quatre types de pages attendent les enfants.

Les pages de leçons

- Les **Objectifs** de la séquence, les activités orales de **Calcul mental ou réfléchi** et les thèmes des **Activités de découverte** sont rappelés à chaque leçon.
- Un résumé, **Je comprends**, synthétise les découvertes faites lors des phases de manipulations collectives et sert de support aux activités du livre. Il permet également aux familles de comprendre le sujet de la leçon et la démarche choisie.
- De nombreux exercices d'entraînement, **Je m'entraîne**, à la complexité et à la difficulté progressives (de * à ***), se succèdent logiquement, de l'application immédiate des concepts à l'approfondissement et l'investissement plus large de la notion.
- Des exercices de réinvestissement des acquis, **Je sais déjà**, sont proposés régulièrement.

Les doubles pages de résolution de problèmes

De nombreuses pages **Problèmes** rythment l'apprentissage. Leur objectif est de fournir une véritable méthodologie et de réinvestir les notions mathématiques vues comme moyen de résolution de problèmes.

- Les **Objectifs** de la série de problèmes et les activités orales de **Calcul mental ou réfléchi** sont rappelés.
- **Je comprends** fixe la démarche travaillée et sert de référent pour résoudre efficacement les problèmes qui suivent.
- Une série de problèmes à la complexité progressive permettent ensuite à l'enfant de contextualiser et de mettre à l'épreuve ses connaissances au sein d'énoncés ludiques et proches de son quotidien.

Les doubles pages de préparation à l'évaluation

Les pages **Je fais le point**, en fin de chaque période, préparent l'**évaluation sommative individuelle** de l'enfant, qui, elle, est à photocopier dans le **livre du maître** ou à télécharger sur le site ressources : **www.bordas-mtt.fr**.

C'est un moment privilégié entre l'enfant et l'enseignant, qui permet de faire le point sur l'acquisition des compétences et de déterminer les dernières remédiations éventuellement nécessaires.

- Toutes les notions travaillées au cours de la période sont testées au fil des exercices.
- Les exercices ne présentent aucune nouveauté ni piège : l'objectif est simplement de valider les compétences et de préparer l'évaluation de fin de période.

Les doubles pages d'exercices supplémentaires

À chaque fin de période, une double page d'exercices permet de **mettre en application les notions enseignées**. Elle servira tant les élèves ayant besoin de plus d'exercices pour intégrer les nouvelles notions que les élèves plus rapides, qui pourront ainsi s'entraîner de manière autonome. Les **corrigés** de ces exercices sont présents à la fin du manuel.

© BORDAS/SEJER 2010 • ISBN 978-2-04-732556-8

Sommaire

NOMBRES · CALCUL · GÉOMÉTRIE · GRANDEURS ET MESURES · ORGANISATION ET GESTION DE DONNÉES · RÉSOLUTION DE PROBLÈMES · PRÉPARATION DE L'ÉVALUATION · EXOS + EXERCICES SUPPLÉMENTAIRES

PÉRIODE 1

1 **Les nombres jusqu'à 9 999 (1) :** écrire, décomposer, nommer 8

2 **Les nombres jusqu'à 9 999 (2) :** distinguer *chiffre des* et *nombre de* 9

3 **Comparaison et encadrement des nombres jusqu'à 9 999 :** comparer, encadrer, arrondir 10

4 **Les polygones :** reconnaître, nommer, tracer et décrire 12

5 **Comparaison et report de longueurs :** avec le compas 13

6 **Addition et calcul approché :** additionner en colonnes et calculer l'ordre de grandeur du résultat 14

7 **Soustraction et calcul approché :** soustraire en colonnes et calculer l'ordre de grandeur du résultat 16

Problèmes 1 • Méthodologie générale de résolution de problèmes additifs et soustractifs en une étape 18

8 **Les nombres jusqu'au million :** écrire, décomposer, nommer 20

9 **Comparaison et encadrement des nombres jusqu'au million :** comparer, encadrer, arrondir 21

10 **Les droites perpendiculaires :** reconnaître et tracer des droites perpendiculaires 22

11 **Les longueurs, du mètre au millimètre :** connaître et utiliser les unités du système métrique (1) 24

12 **Axes de symétrie :** reconnaître et tracer des axes de symétrie 26

13 **Lire l'heure :** sur une horloge à aiguilles ou digitale 28

14 **Les durées :** calculer l'heure de fin d'une action 29

Problèmes 2 • Données utiles, inutiles et manquantes 30

Je fais le point 1 32

EXOS + **Exercices supplémentaires** 34

PÉRIODE 2

15 **Les longueurs, du mètre au kilomètre :** connaître les relations entre les unités du système métrique (2) 36

16 **Les droites parallèles :** reconnaître et tracer des droites parallèles 38

17 **Les quadrilatères :** carré, losange, rectangle et diagonales 40

18 **La calculatrice (1) :** additionner et soustraire des grands nombres à la calculatrice 42

19 **Multiplication et multiples :** connaître les tables de multiplication et reconnaître les multiples usuels 44

Problèmes 3 • Résoudre des problèmes en 2 étapes 46

20 **Les triangles :** découvrir et décrire les différents types de triangles 48

21 **Multiplier par 10, 100, 1 000 et leurs multiples :** connaître la règle 50

22 **La multiplication par un nombre à un chiffre :** à l'aide d'un tableau, en décomposant, en colonnes 52

23 **Le périmètre :** périmètre d'un polygone, formules pour le carré et le rectangle 54

24 **Les nombres jusqu'au milliard :** lire, écrire, décomposer 56

25 **Comparaison et encadrement des nombres jusqu'au milliard :** comparer, ranger, encadrer 57

26 **Interpréter et construire des tableaux :** à double entrée 58

Sommaire

NOMBRES · CALCUL · GÉOMÉTRIE · GRANDEURS ET MESURES · ORGANISATION ET GESTION DE DONNÉES · RÉSOLUTION DE PROBLÈMES · PRÉPARATION DE L'ÉVALUATION · EXOS + EXERCICES SUPPLÉMENTAIRES

Problèmes 4 • Résoudre des problèmes à l'aide d'un schéma 60

Je fais le point 2 62

EXOS + **Exercices supplémentaires** 64

PÉRIODE 3

27 **Tracé de symétriques :** tracer le symétrique d'une figure donnée par rapport à un axe 66

28 **La multiplication posée :** *du* × *du* et *cdu* × *du* 68

29 **Unités de mesure de durée :** utiliser et convertir des durées 70

30 **Les angles :** comparer des angles, vérifier qu'un angle est droit, aigu ou obtus 72

31 **La division par partages :** diviser une quantité en parts égales 74

Problèmes 5 • Identifier et analyser les erreurs à éviter 76

32 **Graphiques (1), les histogrammes :** lire et construire un histogramme 78

33 **La division posée (1) :** *du* : *u* 80

34 **Le parallélogramme :** décrire, identifier et reproduire 82

35 **Le cercle :** décrire, reproduire et construire un cercle avec le compas ; connaître le vocabulaire du cercle 84

36 **La division posée (2) :** *cdu* : *u* 86

37 **Mesures de masse :** connaître les unités légales de masse, convertir des masses 88

Problèmes 6 • Résoudre un problème de différentes manières 90

Je fais le point 3 92

EXOS + **Exercices supplémentaires** 94

PÉRIODE 4

38 **Les fractions comme mesures d'aire et de longueur :** cas simples de partage ou de codage de mesures 96

39 **Les fractions décimales :** identifier et représenter les fractions décimales 98

40 **Comparer des fractions :** de même dénominateur 99

41 **Les solides droits :** cube, pavé, prisme 100

42 **Solides et points de vue :** reconnaître un solide selon différents angles 102

43 **Les fractions équivalentes :** différentes écritures d'une même fraction 104

44 **Décomposer les fractions décimales :** jusqu'au centième 105

45 **Demi, tiers et quart :** connaître et utiliser ces expressions 106

46 **La calculatrice (2) :** les touches mémoire 107

47 **Mesures de capacité :** connaître et utiliser les unités du système métrique pour les capacités 108

Problèmes 7 • Résoudre des problèmes liés à des calculs de mesure 110

NOMBRES · CALCUL · GÉOMÉTRIE · GRANDEURS ET MESURES · ORGANISATION ET GESTION DE DONNÉES · RÉSOLUTION DE PROBLÈMES · PRÉPARATION DE L'ÉVALUATION · EXOS + EXERCICES SUPPLÉMENTAIRES

48 **Comparer des aires :** classer et ranger des surfaces selon leurs aires 112

49 **Graphiques (2), graphiques en courbe :** lire et écrire les coordonnées d'un point ; lire et construire un graphique en courbe 114

50 **Patrons de solides :** reconnaître ou compléter des patrons de solides droits 116

51 **Mesures d'aire :** mesurer ou estimer l'aire d'une surface 118

52 **La division posée (3) :** *cdu : du* 120

Problèmes 8 • Poser une question pertinente 122

Je fais le point 4 124

EXOS + **Exercices supplémentaires** 126

PÉRIODE 5

53 **Lire un plan :** savoir se repérer dans un plan 128

54 **Les nombres décimaux (1) :** les dixièmes 130

55 **Les nombres décimaux (2) :** les centièmes 131

56 **Comparaison et encadrement des nombres décimaux** 132

57 **Mesures et nombres décimaux :** utiliser les nombres décimaux pour des conversions 134

58 **Décomposer une figure :** en plusieurs figures simples 136

59 **Additionner et soustraire des nombres décimaux :** poser et effectuer 138

Problèmes 9 • Lire et exploiter les informations d'un document 140

60 **Aire et périmètre :** distinguer égalité d'aires et égalité de périmètres 142

61 **Fractions et nombres décimaux :** connaître les représentations décimales et fractionnaires d'un même nombre 144

62 **La proportionnalité :** utiliser un tableau, découvrir la règle de trois 146

63 **Programmes de construction :** appliquer ou écrire un programme 148

64 **Multiplication posée d'un nombre décimal :** poser et effectuer 150

65 **Multiplier un nombre décimal par 10, 100, 1 000 :** sans poser l'opération 151

66 **Division avec quotient décimal :** diviser 2 entiers avec un quotient décimal 152

Problèmes 10 • Problèmes de synthèse 154

Je fais le point 5 156

EXOS + **Exercices supplémentaires** 158

Corrigés des exercices supplémentaires 160

Table de Pythagore 168

Progression par domaine

NOMBRES

1 Les nombres jusqu'à 9 999 (1) 8
2 Les nombres jusqu'à 9 999 (2) 9
3 Comparaison et encadrement des nombres jusqu'à 9 999 10
8 Les nombres jusqu'au million 20
9 Comparaison et encadrement des nombres jusqu'au million 21
24 Les nombres jusqu'au milliard 56
25 Comparaison et encadrement des nombres jusqu'au milliard 57
38 Les fractions comme mesures d'aire et de longueur 96
39 Les fractions décimales 98
40 Comparer des fractions 99
43 Les fractions équivalentes 104
44 Décomposer les fractions décimales 105
54 Les nombres décimaux (1) : les dixièmes 130
55 Les nombres décimaux (2) : les centièmes 131
56 Comparaison et encadrement des nombres décimaux 132
61 Fractions et nombres décimaux 144

CALCUL

6 Addition et calcul approché 14
7 Soustraction et calcul approché 16
18 La calculatrice (1) 42
19 Multiplication et multiples 44
21 Multiplier par 10, 100, 1 000 et leurs multiples 50
22 La multiplication par un nombre à un chiffre 52
28 La multiplication posée 68
31 La division par partages 74
33 La division posée (1) 80
36 La division posée (2) 86
45 Demi, tiers et quart 106
46 La calculatrice (2) 107
52 La division posée (3) 120
59 Additionner et soustraire des nombres décimaux 138
64 Multiplication posée d'un nombre décimal 150
65 Multiplier un nombre décimal par 10, 100, 1 000 151
66 Division avec quotient décimal 152

GÉOMÉTRIE

4 Les polygones 12
5 Comparaison et report de longueur 13
10 Les droites perpendiculaires 22
12 Axes de symétrie 26
16 Les droites parallèles 38
17 Les quadrilatères 40
20 Les triangles 48
27 Tracé de symétriques 66
30 Les angles 72
34 Le parallélogramme 82
35 Le cercle 84
41 Les solides droits 100
42 Solides et points de vue 102
50 Patrons de solides 116
58 Décomposer une figure 136
63 Programmes de construction 148

GRANDEURS ET MESURES

11 Les longueurs, du mètre au millimètre 24
13 Lire l'heure 28
14 Les durées 29
15 Les longueurs, du mètre au kilomètre 36
23 Le périmètre 54
29 Unités de mesure de durée 70
37 Mesures de masse 88
47 Mesures de capacité 108
48 Comparer des aires 112
51 Mesures d'aire 118
57 Mesures et nombres décimaux 134
60 Aire et périmètre 142

ORGANISATION ET GESTION DE DONNÉES

26 Interpréter et construire des tableaux 58
32 Graphiques (1) : les histogrammes 78
49 Graphiques (2) : graphiques en courbe 114
53 Lire un plan 128
62 La proportionnalité 146

PROBLÈMES

1 Méthodologie générale de résolution de problèmes additifs et soustractifs en une étape 18
2 Données utiles, inutiles et manquantes 30
3 Résoudre des problèmes en 2 étapes 46
4 Résoudre des problèmes à l'aide d'un schéma 60
5 Identifier et analyser les erreurs à éviter 76
6 Résoudre un problème de différentes manières 90
7 Résoudre des problèmes liés à des calculs de mesure 110
8 Poser une question pertinente 122
9 Lire et exploiter les informations d'un document 140
10 Problèmes de synthèse 154

1 Les nombres jusqu'à 9 999 (1)

▶ Calcul mental : Multiplier un nombre de 0 à 9 par 1, 10, 100 ou 1 000.
▶ Activité de découverte (Livre du maître) : Écrire et représenter des scores de jeu vidéo.

Je comprends

Maël a gagné 3 523 points à une partie de jeu vidéo.

(3 × 1 000) + (5 × 100) + (2 × 10) + (3 × 1)
3 000 + 500 + 20 + 3 = 3 523
trois mille cinq cent vingt-trois

m	c	d	u
3	5	2	3

- u : chiffre des unités
- d : chiffre des dizaines
- c : chiffre des centaines
- m : chiffre des milliers

Quand tu écris les nombres, attention à l'accord du mot « cent » et aux tirets.

Je m'entraîne

1 * **Décompose** chaque nombre, comme dans l'exemple.

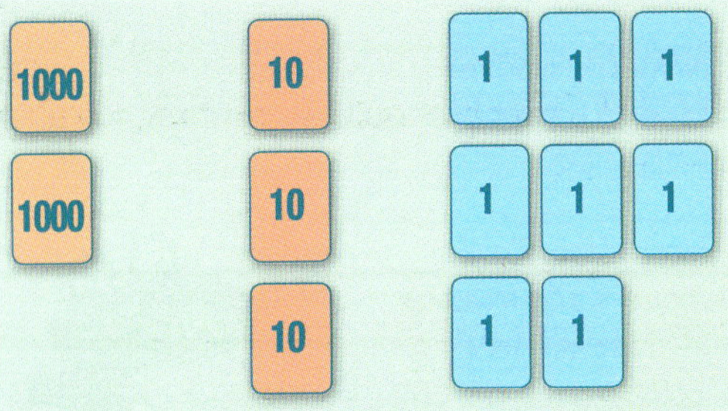

(2 × 1 000) + (3 × 10) + (8 × 1)
2 000 + 30 + 8 = 2 038

a.

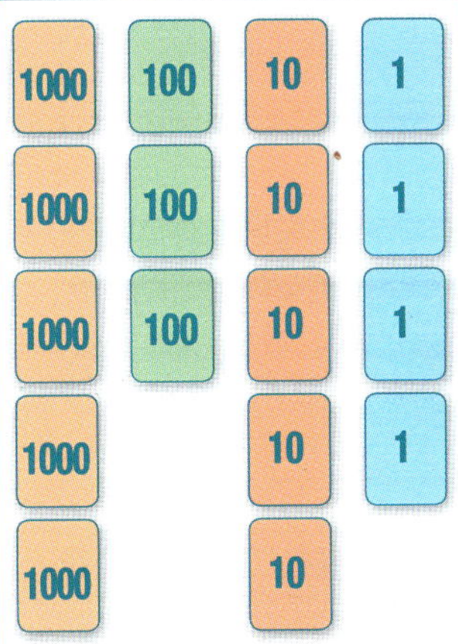

b.

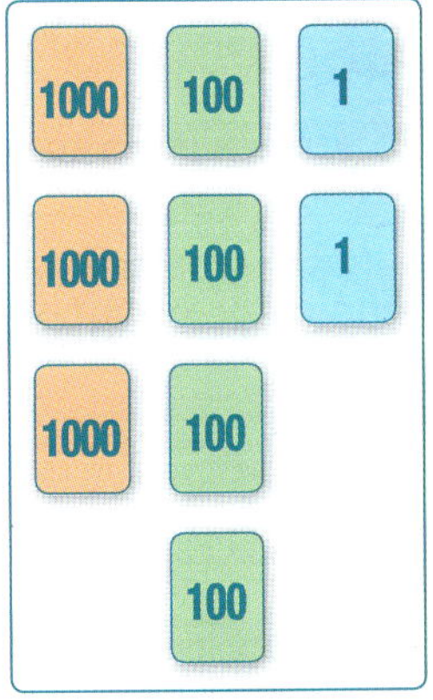

2 * **Écris** ces nombres en chiffres.

a. cinq cent douze
b. six mille cent trente-sept
c. huit mille quatre cent un

3 ** **Écris** ces nombres en lettres.

431 — 5 608 — 3 257 — 1 789

4 ** **Observe** ces suites de nombres et **continue**-les sur ton cahier.

a. 4 600, 4 700, …, …, … .
b. 7 403, 7 303, …, …, … .
c. 2 265, 2 275, …, …, … .

5 ** **Écris** en lettres puis en chiffres tous les nombres de quatre chiffres possibles qui contiennent une fois chacun des mots suivants :

deux — cinq — cent(s) — mille

▶ Objectifs : Connaître, savoir écrire, décomposer et nommer les nombres de 0 à 9 999. Connaître la valeur de chaque chiffre dans un nombre.

Si tu as terminé… exercices 1 à 3, p. 34

2 Les nombres jusqu'à 9 999 (2)

▶ Calcul mental : Retrouver un nombre de deux à quatre chiffres à partir de sa décomposition additive.
Ex. : 300 + 20 + 4 = ?

▶ Activité de découverte (Livre du maître) : Décomposer diverses sommes d'argent.

Je comprends

Lou a 123 €.

• Voici 123 :

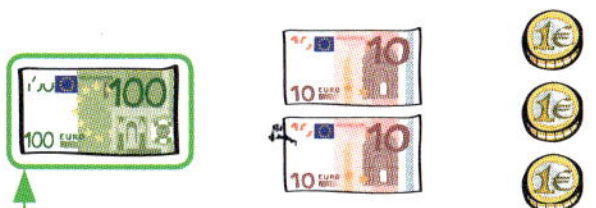

Dans 123, le **nombre** de **centaines** est 1.

c	d	u
1	2	3

• 1 c, c'est 10 d

Donc dans 123, le **nombre** de **dizaines** est 12.

c	d	u
1	2	3

• 1 d, c'est 10 u

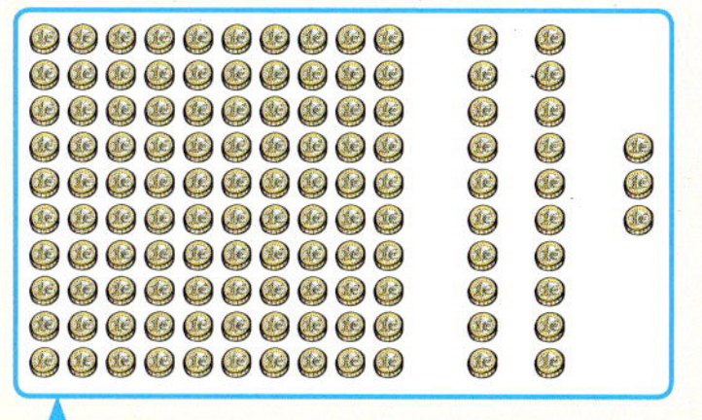

Donc dans 123, le **nombre** d'**unités** est 123.

c	d	u
1	2	3

Je m'entraîne

1 * **Recopie** le tableau et **complète**, comme dans l'exemple.

	Nombre de...			
	milliers	centaines	dizaines	unités
7 152	7	71	715	7 152
4 071				
909				
8 500				

2 * **Recopie** les nombres qui ont le même **nombre** de centaines.

3 758 8 735 7 884

8 738 8 785 8 737

3 ** **Réponds** aux questions suivantes sur ton cahier.

Dans le nombre 6 429 :

a. Quel est le **chiffre** des milliers ? le **nombre** de milliers ?
b. Quel est le **chiffre** des centaines ? le **nombre** de centaines ?
c. Quel est le **chiffre** des dizaines ? le **nombre** de dizaines ?
d. Quel est le **chiffre** des unités ? le **nombre** d'unités ?

Il ne faut pas confondre « chiffre des » et « nombre de ».

4 ** **Retrouve** chaque nombre, comme dans l'exemple. **Aide**-toi d'un tableau.

4 m 3 c 2 d 1 u = 4 321

m	c	d	u
4	3	2	1

6 m 3 c 4 d 7 u = ...
4 m = ...
3 c = ...

20 c = ...
45 d = ...
9 m 5 c = ...

151 d 9 u = ...
32 c 8 u = ...
13 c 2 d = ...

▶ Objectif : Distinguer le *chiffre* des milliers du *nombre* de milliers, le *chiffre* des centaines du *nombre* de centaines, etc.

3 Comparaison et encadrement des nombres jusqu'à 9 999

▶ Calcul mental : Additionner deux nombres dont la somme est inférieure à 10.

▶ Activité de découverte (Livre du maître) : Comparer et encadrer des scores d'enfants à un jeu vidéo.

Je comprends

Comment comparer deux nombres ?

• **S'ils n'ont pas le même nombre de chiffres,** le plus grand est celui qui a le plus de chiffres :

880 < 2 700

3 chiffres — 4 chiffres

• **S'ils ont le même nombre de chiffres,** compare leurs chiffres de gauche à droite jusqu'à trouver deux chiffres différents :

4 546 > 3 892 — Les chiffres des milliers sont différents.

4 623 < 4 638 — Les chiffres des dizaines sont différents.

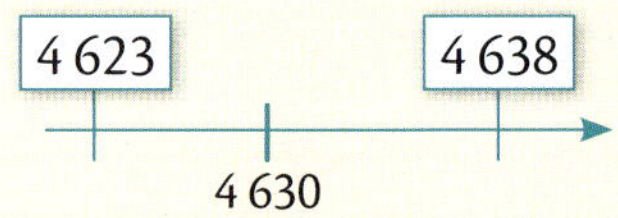

Comment encadrer et arrondir un nombre ?

Tu peux **encadrer** 1 726…

• entre ses **milliers** les plus proches :
1 000 < **1 726** < 2 000

• entre ses **centaines** les plus proches :
1 700 < **1 726** < 1 800

• entre ses **dizaines** les plus proches :
1 720 < **1 726** < 1 730

Tu peux **arrondir** 1 726…

• au **millier** le plus proche :
1 726 ≈ 2 000

• à la **centaine** la plus proche :
1 726 ≈ 1 700

• à la **dizaine** la plus proche :
1 726 ≈ 1 730

Le signe ≈ signifie « égal à peu près ».

Je m'entraîne

1* Pour chaque paire de nombres, **recopie** le nombre le plus grand.

a. 608 et 1 983 b. 7 834 et 7 092 c. 8 952 et 8 951 d. 705 et 7 001

2* **Complète** avec < ou >.

1 009 … 199 787 … 3 012 4 526 … 4 812 8 207 … 8 027

3* **Écris** le nombre qui précède et celui qui suit, comme dans l'exemple.

436 – 437 – 438 … – 1 306 – … … – 999 – … … – 1 600 – …

4* **Complète** avec des nombres à quatre chiffres qui conviennent.

6 285 < … … > 9 990 1 010 < …

Il peut y avoir plusieurs solutions !

5* **Recopie** et **complète** avec des chiffres qui conviennent.

2 389 < . 568 6 . 05 < 6 189 3 483 > 3 . . 8 9 . . 9 > 9 . 9 9

▶ Objectifs : Connaître et maîtriser les critères de comparaison de nombres à plusieurs chiffres. Encadrer et arrondir un nombre au millier, à la centaine ou à la dizaine près.

6 ** **Observe** ce tableau des fleuves d'Europe.

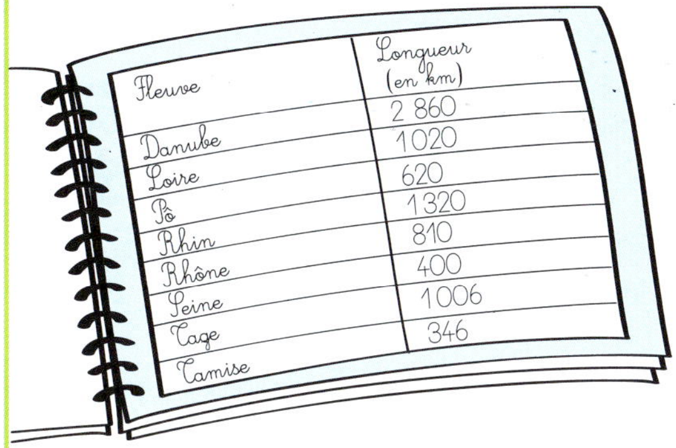

Fleuve	Longueur (en km)
Danube	2 860
Loire	1 020
Pô	620
Rhin	1 320
Rhône	810
Seine	400
Tage	1 006
Tamise	346

a. **Range** les longueurs des fleuves dans l'ordre croissant.
b. **Écris** le nom des fleuves qui font moins de 1 000 km.
c. **Écris** le nom des fleuves qui font plus de 2 000 km.

7 ** **Encadre** chaque nombre entre ses deux **milliers** les plus proches, comme dans l'exemple.

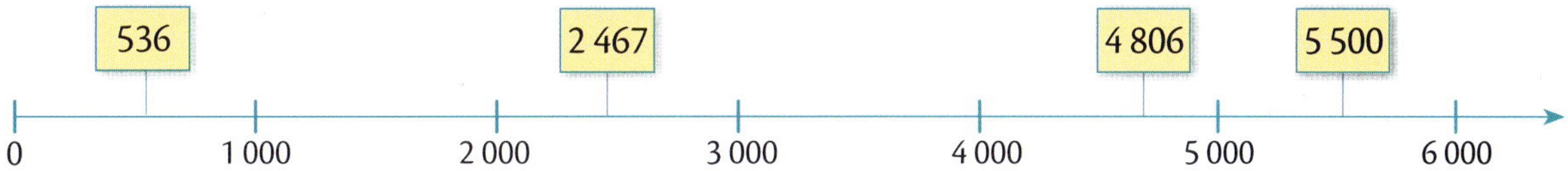

0 < 536 < 1 000   … < 2 467 < …   … < 4 806 < …   … < 5 500 < …

8 ** **Recopie** l'axe sur ton cahier et place approximativement les nombres :

3 380   3 267   2 550   2 763   3 020

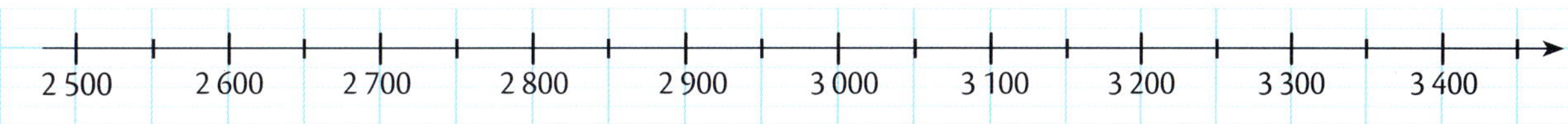

9 ** a. **Quel enfant** a correctement encadré le nombre entre ses deux dizaines les plus proches ?

- **Steve** : 3 200 < 3 206 < 3 300
- **Idriss** : 3 200 < 3 206 < 3 210
- **Margot** : 3 190 < 3 206 < 3 210

b. **Encadre** les nombres suivants entre leurs deux **dizaines** les plus proches : 2 615   8 786

10 ** **Arrondis** chaque nombre au millier le plus proche.

8 401 ≈ …   8 836 ≈ …   904 ≈ …   150 ≈ …

11 ** **Arrondis** le prix de chaque instrument à la centaine la plus proche.

Je sais déjà

12 **Recopie** et **complète** les écritures.

2 009 : …
1 605 : …
… : sept cent soixante et un
… : deux mille quatre-vingt-dix-huit
1 348 : …
9 999 : …

Si tu as terminé… exercices 4 à 6, p. 34

4 Les polygones

▶ **Calcul mental :** Soustraire deux nombres inférieurs à 10.
▶ **Activité de découverte (Livre du maître) :** Trier des figures planes.

Je comprends

Dans cette mosaïque, toutes les figures sont des polygones.
Un polygone est une figure plane délimitée par une ligne brisée fermée.

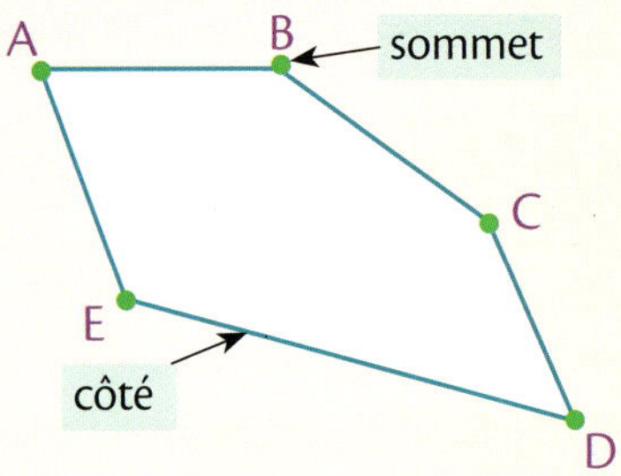

Un polygone a plusieurs côtés et plusieurs sommets.

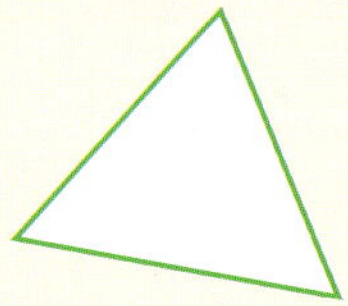

Triangle (3 côtés)

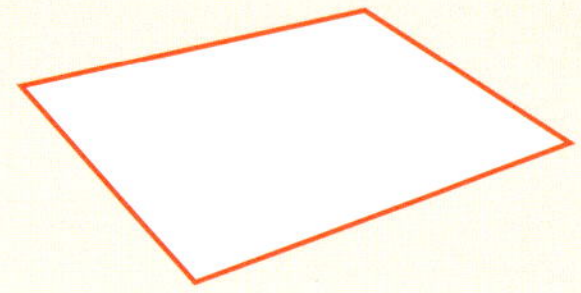

Quadrilatère (4 côtés)

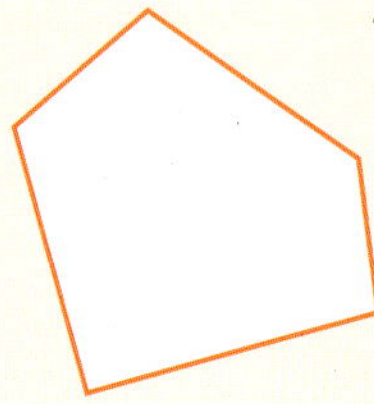

Pentagone (5 côtés)

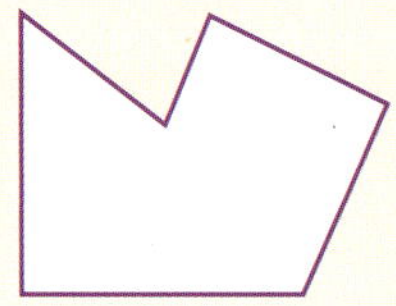

Hexagone (6 côtés)

Je m'entraîne

1 * **Trouve** les figures qui sont des polygones.

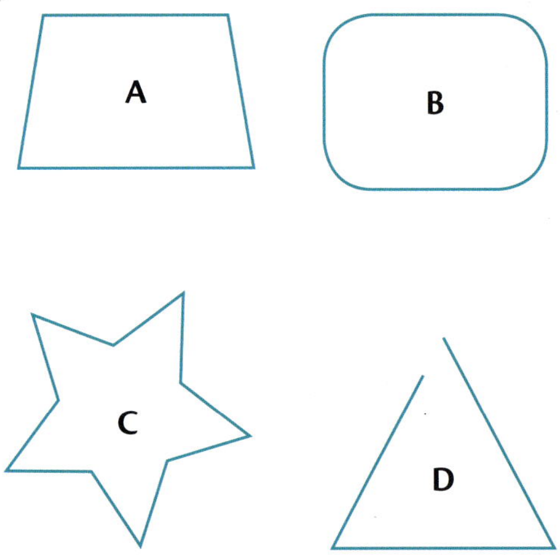

2 * **Écris** le nom de chaque polygone.

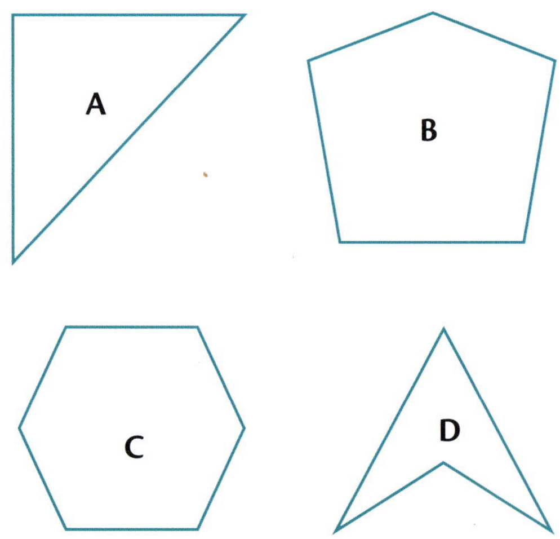

3 ** **a.** Avec ta règle, **trace** sur ton cahier :

un triangle — un quadrilatère — un pentagone

b. Sous chaque figure, **écris** son nombre de côtés et de sommets :
Mon triangle a … côtés et … sommets.

c. Que remarques-tu ?

4 ** **Jeu du portrait**

a. Retrouve la figure qui est décrite.

> Je suis un polygone.
> J'ai plus de côtés qu'un triangle,
> mais moins de sommets qu'un pentagone.

b. Choisis un polygone et **écris** son portrait pour le faire deviner à un camarade.

▶ **Objectif :** Reconnaître, nommer, décrire et tracer des polygones en utilisant les instruments de géométrie.

Si tu as terminé… exercices 7 et 8, p. 34

5 Comparaison et report de longueurs

▶ Calcul mental : Additionner deux nombres dont la somme est supérieure à 10.
▶ Activité de découverte (Livre du maître) : Reporter plusieurs fois une longueur sur la même droite.

Je comprends

Un **compas** sert à...

• **reporter une longueur.**

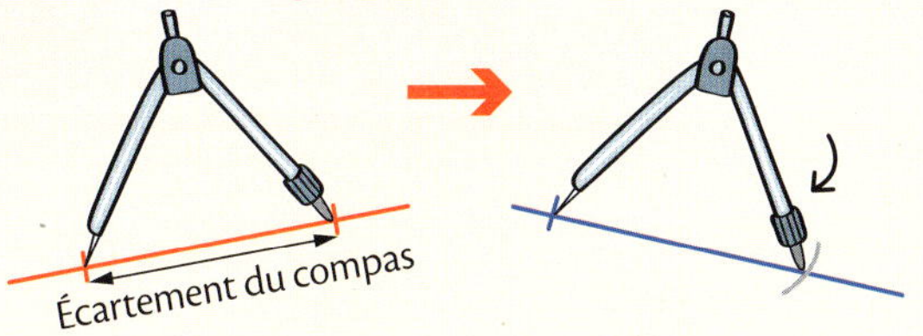

On prend la mesure d'une longueur avec l'écartement du compas et on la reporte sur une autre droite.

• **comparer des longueurs.**

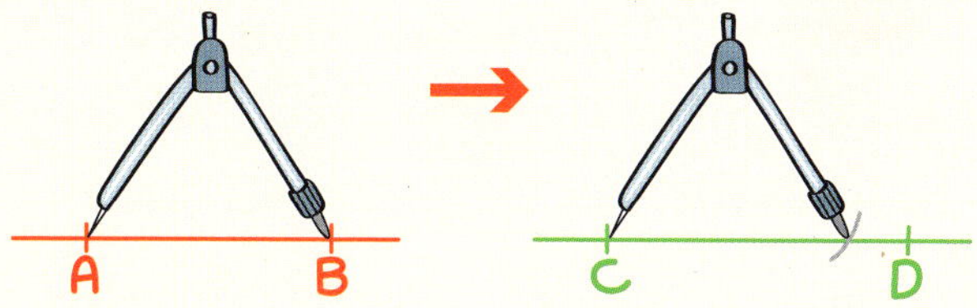

Le segment [AB] est **plus court** que le segment [CD].

Je m'entraîne

Un segment, c'est une portion de ligne droite délimitée par deux points.

1 * **a.** En utilisant ton compas, **trouve** tous les segments qui ont la même longueur que le segment [AB].

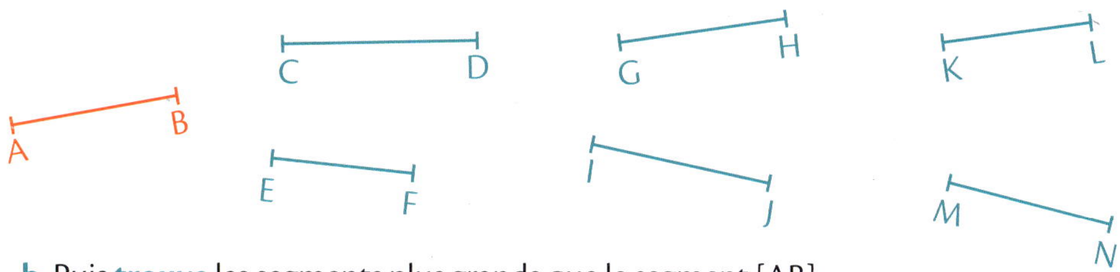

b. Puis **trouve** les segments plus grands que le segment [AB].

2 ** Voici le segment [AB] :

Parmi les segments suivants, **trouve** celui qui fait :

a. 3 fois la longueur du segment [AB].

b. 4 fois la longueur du segment [AB].

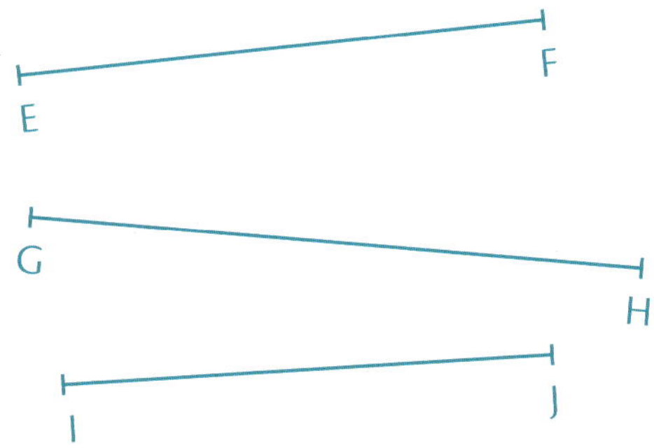

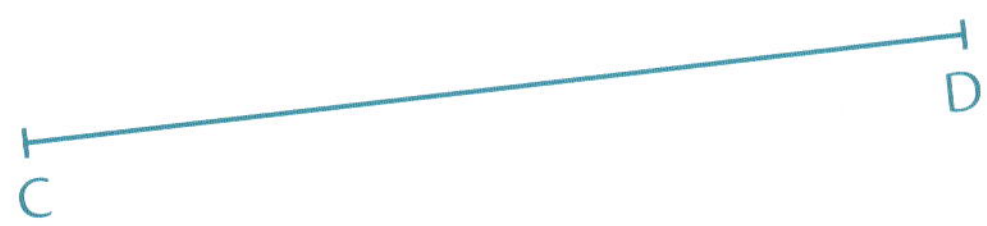

3 ** Un seul enfant a bien reproduit le triangle ABC.
Trouve lequel en comparant les côtés des triangles.

Utilise ton compas.

Modèle

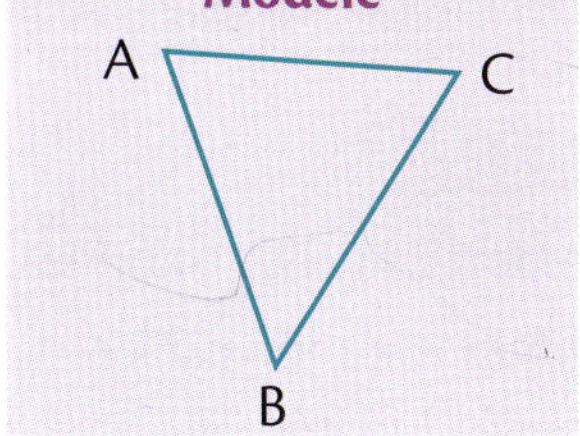

• **Maël**

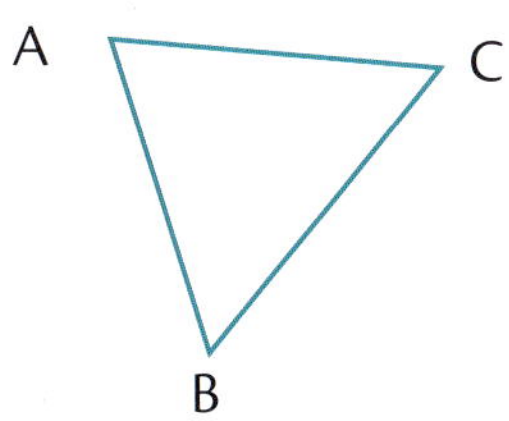

• **Yasmine**

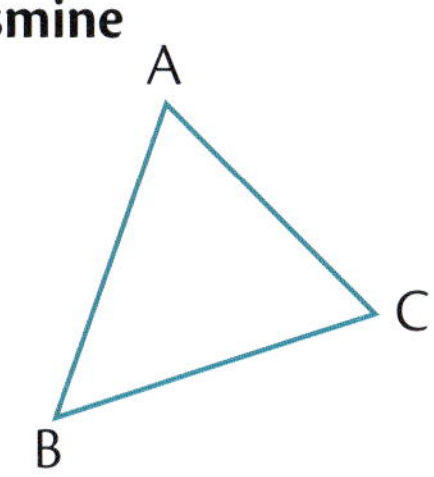

▶ Objectif : Utiliser le compas pour reporter et comparer des longueurs.

Si tu as terminé... exercices 9 et 10, p. 34

6 Addition et calcul approché

▶ Calcul mental : Effectuer des soustractions du type 11 – 2 = 9 (avec franchissement de dizaine).

▶ Activité de découverte (Livre du maître) : Calculer le montant des factures payées à un bijoutier.

Je comprends

Dans son magasin d'occasions, Otto Mobil a vendu une camionnette à 3 076 €, une voiture à 2 896 € et une moto à 1 953 €.
Combien a-t-il gagné en tout ?

3 076 + 2 896 + 1 953 = ?

- **Pose l'addition.** Commence par additionner les unités, puis les dizaines, et ainsi de suite en n'oubliant pas de poser les retenues.

	m	c	d	u
	1	2	1	
	3	0	7	6
+	2	8	9	6
+	1	9	5	3
	7	9	2	5

- 6 + 6 + 3 = 15. On écrit 5 et on retient 1.
- 1 + 7 + 9 + 5 = 22. On écrit 2 et on retient 2.
- 2 + 8 + 9 = 19. On écrit 9 et on retient 1.
- 1 + 3 + 2 + 1 = 7. On écrit 7.

3 076 + 2 896 + 1 953 = 7 925 Otto Mobil a gagné 7 925 €.

- Pour vérifier le résultat, tu peux faire un **calcul approché en arrondissant chaque nombre au millier le plus proche** :

3 076 + 2 896 + 1 953 ≈ 3 000 + 3 000 + 2 000 ≈ **8 000**

Le calcul approché correspond bien au résultat de l'addition.

Je m'entraîne

1* **Recopie** et **effectue** les additions.

2 4 5	6 4 1 8	1 7 8 9	5 1 6 5
+ 7 4 5	+ 9 0 3	+ 3 2 1 1	+ 9 7 1

2* **Pose** et **effectue** ces additions sur ton cahier.

7 627 + 46 — 730 + 75 + 108 — 2 148 + 69 + 433 — 4 875 + 75 + 725 — 235 + 92 + 3 076

3* • Luc  • Sandy 

Luc :

	1	1	
	5	7	3
+	2	0	9
+	7	7	
1	5	5	2

Sandy :

	1			
	6	3	0	1
+		8	2	9
+			4	8
	7	1	6	8

Les additions ci-contre sont fausses.

a. Recopie et **complète** ces phrases pour indiquer quelle erreur a commise chaque enfant.

- « ... a oublié la retenue dans la colonne des ... »
- « ... n'a pas écrit correctement les nombres dans les colonnes. »

b. Pose et **calcule** correctement les additions sur ton cahier.

 ▶ Objectifs : Effectuer une addition en colonnes avec ou sans retenue. Calculer l'ordre de grandeur des résultats.

4 *

Le père d'Axel a 1 300 €.
Pourra-t-il acheter le VTT et la planche de surf ?

Trouve la réponse en posant l'opération.

5 **

a. Pour chaque addition, fais le calcul approché puis **recopie** le résultat qui convient.

Arrondis chaque nombre au millier le plus proche, puis calcule.

- 2 130 + 3 725 ≈ ?   5 000   6 000   7 000
- 1 709 + 632 + 5 215 ≈ ?   8 000   9 000   10 000

b. Pose et **effectue** chaque addition sur ton cahier.

Vérifie que les résultats obtenus correspondent au calcul approché.

	2	1	3	0
+	3	7	2	5

6 **

L'agriculteur achète un tracteur d'occasion à 5 215 € et une remorque à 825 €.
Combien va-t-il payer ?

Vérifie ton résultat en faisant le calcul approché.

7 **

Pour trouver le résultat d'une addition, il est parfois plus simple de calculer en ligne plutôt que de poser l'addition.
Observe l'exemple, puis **calcule** les autres additions de la même manière.

748 + 99
748 + 100 − 1
848 − 1 = 847

- 563 + 99 = …
- 1 640 + 999 = …
- 634 + 1 999 = …

Ajouter 99, c'est ajouter 100 et soustraire 1. Donc ajouter 999, c'est …

Je sais déjà

8 **Classe** les segments, du plus court au plus long. **Utilise** ton compas.

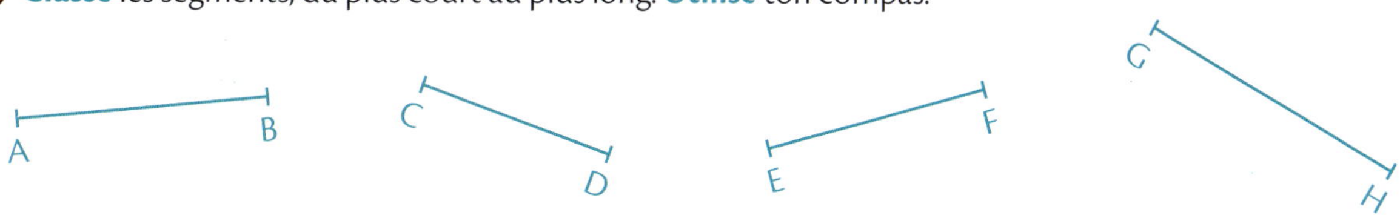

Si tu as terminé… exercices 11 et 12, p. 34

7 Soustraction et calcul approché

▶ Calcul mental : Compléter un nombre jusqu'à la dizaine supérieure (12 + ? = 20).

▶ Activité de découverte (Livre du maître) : Calculer l'écart entre les scores de deux enfants à un jeu vidéo.

Je comprends

À la bibliothèque, il y avait 7 305 livres lundi matin. 4 843 livres ont été empruntés.
Combien de livres reste-t-il dans la bibliothèque ?

7 305 − 4 843 = ?

- **Pose la soustraction.**

	m	c	d	u
	7	$_1$3	$_1$0	5
−	4	8	4	3
	①	①		
	2	4	6	2

- 5 − 3 = 2. On écrit 2 dans la colonne des unités.
- 0 − 4, impossible.
  On ajoute donc 10 dizaines à 0 et on retient ① centaine.
  10 − 4 = 6. On écrit 6 dans la colonne des dizaines.
- 3 − 8 − ①, impossible. 13 − 8 − ① = 4.
  On écrit 4 dans la colonne des centaines et on retient ①.
- 7 − 4 − ① = 2. On écrit 2 dans la colonne des milliers.

7 305 − 4 843 = 2 462 Il reste 2 462 livres.

- Pour vérifier le résultat, tu peux faire un **calcul approché en arrondissant chaque nombre au millier le plus proche** :

7 305 − 4 843 ≈ 7 000 − 5 000 ≈ **2 000**

Le calcul approché correspond bien au résultat de la soustraction.

Je m'entraîne

1 * **Recopie** et **effectue** ces soustractions.

```
  6 4 7 5        3 4 5 9
− 2 2 6 2      −   2 6 8
```

2 * **Pose** et **calcule** ces soustractions.

517 − 134

3 432 − 1 941

2 079 − 632

3 ** Les soustractions suivantes sont fausses.

- **Idriss**

```
  3 7 4 8
−   2 8 2
---------
  3 5 4 6
```

- **Lou**

```
  9 6 ₁0 5
− 8 2  4 3
----------
  1 4  6 2
```

- **Maël**

```
  6 5 0 2
− 1 3 2 6
---------
  7 8 2 8
```

a. **Recopie** et **complète** ces phrases pour indiquer quelle erreur a commise chaque enfant.

- « ... a additionné au lieu de soustraire. »
- « ... a oublié la retenue dans la colonne des ... »
- « ... a soustrait le nombre "d'en haut" de celui "d'en bas" dans la colonne des ... »

b. **Pose** et **calcule** correctement les soustractions sur ton cahier.

▶ Objectifs : Effectuer une soustraction en colonnes avec ou sans retenue. Calculer l'ordre de grandeur des résultats.

4 ★★ M. Lezeste a cueilli 8 623 oranges et en a vendu 1 869.
Mme Confiture a cueilli 6 250 abricots et en a vendu 743.

a. Trouve combien il reste d'oranges **environ** à M. Lezeste.

2 000 | 6 000 | 7 000

b. Trouve combien il reste d'abricots **environ** à Mme Confiture.

2 000 | 4 000 | 5 000

Arrondis chaque nombre au millier le plus proche, puis effectue la soustraction.

5 ★★ **a. Pose** et **effectue** ces soustractions.
b. Fais le calcul approché du résultat.

8 205 – 1 725 | 6 179 – 837 | 5 921 – 1 432

c. Vérifie que les résultats obtenus correspondent aux calculs approchés.

6 ★★ Tu peux vérifier le résultat d'une soustraction en calculant une addition.

a. Observe l'exemple.

$$\begin{array}{r} 3\;3\;6 \\ -\;1\;5\;0 \\ \hline 1\;8\;6 \end{array} \qquad \begin{array}{r} 1\;5\;0 \\ +\;1\;8\;6 \\ \hline 3\;3\;6 \end{array}$$

La somme des deux nombres les plus petits doit être égale au nombre le plus grand.

b. Steve a calculé une soustraction. Parmi les additions proposées, **recopie** et **effectue** celle qui permet de vérifier le résultat de la soustraction.

$$\begin{array}{r} 1\;6\;6 \\ +\;2\;2\;4 \\ \hline \end{array} \qquad \begin{array}{r} 2\;2\;4 \\ +\;\;\;5\;8 \\ \hline \end{array} \qquad \begin{array}{r} 1\;6\;6 \\ +\;\;\;5\;8 \\ \hline \end{array}$$

7 ★★ Le stade contient 9 500 places.
Pour le match de samedi,
7 845 places ont été vendues.
Combien de places
n'ont pas été vendues ?

8 ★★★ **Recopie** et **complète** ces soustractions sur ton cahier.

Vérifie en faisant l'addition correspondante.

$$\begin{array}{r} .\;7\;.\;7 \\ -\;2\;.\;3\;. \\ \hline 2\;3\;3\;2 \end{array} \qquad \begin{array}{r} 7\;.\;.\;. \\ -\;1\;2\;4\;6 \\ \hline 6\;3\;5\;4 \end{array}$$

Si tu as terminé... exercice 13, p. 35

PROBLÈMES 1

▶ Calcul mental : Ajouter 1, 5 ou 10 à un nombre de deux ou de trois chiffres.
▶ Activité de découverte (Livre du maître) : Résoudre des situations simples faisant intervenir les mots *plus*, *moins*, *manque* ou *reste*.

Je comprends

Pour résoudre un problème :

1. Lis bien le texte du problème (**l'énoncé**). **Repère** la **question** qui est posée (ici, elle est soulignée en **rouge**) et les **données utiles** (elles sont soulignées en **vert**).

→ Le père de Sandy a 9 370 €.
Il achète une voiture qui coûte 5 020 €.
Combien lui reste-t-il après l'achat ?

2. Si tu veux, tu peux faire un schéma pour **représenter** la situation.

→ 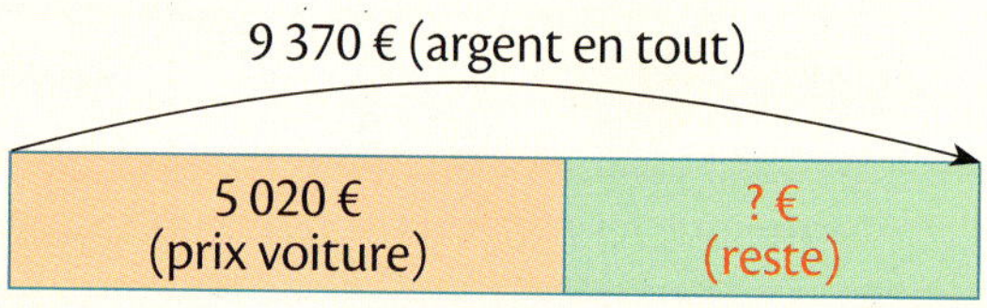

3. Choisis la **méthode** et l'**opération** à effectuer.

→ On cherche la différence entre 9 370 € et 5 020 €.
On doit faire une soustraction.
9 370 − 5 020 = ?

4. Calcule.

→

	9	3	7	0
−	5	0	2	0
	4	3	5	0

5. Écris ta **phrase réponse**.

→ Après l'achat, il reste 4 350 € au père de Sandy.

6. On peut vérifier sa réponse.

→ Ici, on fait une addition.
5 020 + 4 350 = 9 370

---

1 *

Lou a 36 €. Elle rêve de s'acheter un manteau qui coûte 52 €.
Combien lui manque-t-il pour s'acheter le manteau ?

a. Recopie l'énoncé sur ton cahier. **Souligne** la question en **rouge** et les données utiles en **vert**.

b. Quel schéma représente la situation ?

- **Schéma n° 1**

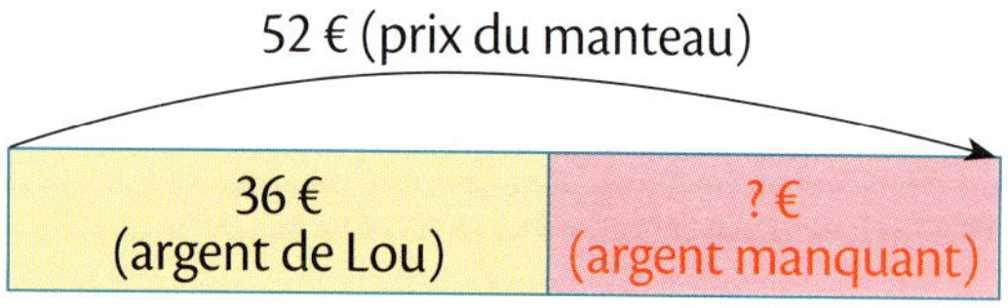

- **Schéma n° 2**

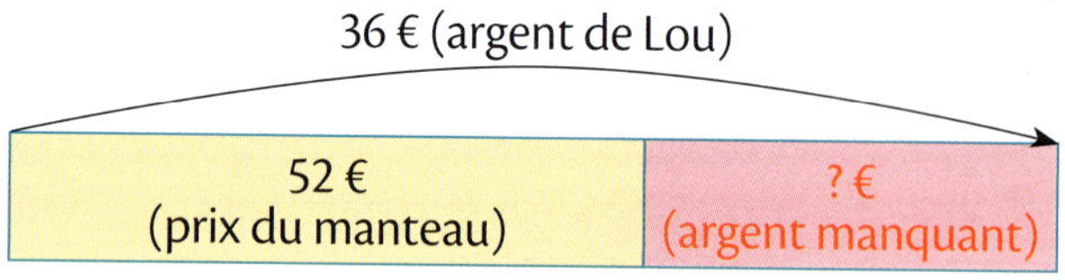

c. Choisis ta méthode et **écris** l'opération que tu vas faire.

d. Pose l'opération et **calcule**.

e. Écris ta phrase réponse.

▶ Objectifs : Acquérir une méthodologie générale de résolution de problèmes. Résoudre des problèmes additifs et soustractifs en une étape.

2 *

Le TGV pour Lyon et Marseille est parti de Paris avec 442 passagers. 259 passagers sont descendus à Lyon. Les autres passagers sont descendus à Marseille.
Combien de passagers sont descendus à Marseille ?

a. **Repère** la question et les données utiles.

b. Tu peux **dessiner** un schéma sur ton cahier pour représenter la situation.

c. **Choisis** l'opération que tu vas faire et **écris**-la.

d. **Calcule**.

e. **Écris** ta phrase réponse.

3 *

En septembre, le fabricant « Maxi Billes » a fabriqué 2 809 billes. En octobre, il a fabriqué 687 billes de plus.
Combien de billes a-t-il fabriquées en octobre ?

a. **Repère** la question et les données utiles.

b. Si tu veux, **dessine** un schéma qui représente la situation.

c. **Choisis** l'opération que tu vas faire et **écris**-la.

d. **Calcule**.

e. **Écris** ta phrase réponse.

Tu peux vérifier si ta réponse est vraisemblable en faisant le calcul approché.

4 *

La cuisinière électrique coûtait 985 €.
Elle coûte maintenant 695 €.
De combien son prix a-t-il baissé ?

Pour résoudre un problème, n'oublie pas la méthode du Je comprends.

5 *

Quel est le nouveau prix de l'ordinateur ?

6 **

Un spécialiste de la Ligue protectrice des oiseaux compte les oiseaux au lac du Der, en Champagne-Ardenne.
Il a compté 4 562 grues, 1 403 hérons et 789 cygnes.
Combien d'oiseaux a-t-il comptés en tout ?

grue héron cygne

7 **

Au match de rugby cette semaine, il y avait 4 538 spectateurs.
C'est 254 spectateurs de moins que la semaine dernière.
Combien y avait-il de spectateurs la semaine dernière ?

8 **

Invente un problème en utilisant les données suivantes :

Salle de cinéma : 850 places

Nombre de spectateurs : 480

Écris l'énoncé, puis **effectue** l'opération et **écris** ta phrase réponse.

N'oublie pas de poser la question !

Si tu as terminé... exercice 14, p. 35

8 Les nombres jusqu'au million

▶ Calcul mental : Compter de 1 000 en 1 000 à partir d'un nombre de quatre chiffres, sans franchir 10 000, puis en franchissant 10 000.

▶ Activité de découverte (Livre du maître) : Écrire et décomposer les populations de différentes villes.

Je comprends

En 2006, il y avait **839 043** habitants à Marseille.

classe des milliers			classe des unités		
c	d	u	c	d	u
8	3	9	0	4	3

- 9 : chiffre des milliers
- 3 : chiffre des dizaines de milliers
- 8 : chiffre des centaines de milliers

- Lorsqu'on écrit un grand nombre en chiffres, **on laisse un espace entre la classe des milliers et la classe des unités** : 839 043 et non 839043.
- Lorsqu'on lit un grand nombre ou qu'on l'écrit en lettres, **le mot « mille » sépare les deux classes** :

huit cent trente-neuf **mille** quarante-trois

Je m'entraîne

1 * **Recopie** les nombres en laissant un espace entre la classe des milliers et la classe des unités.

367451 18412 9972 100000 200085

2 * **Recopie** et **complète** les écritures.

782 506 : …
111 020 : …
… : trente mille
… : deux cent cinquante mille cent quatorze

Je fais attention aux mots « cent », « mille » et aux tirets.

3 * **Décompose**, comme dans l'exemple.

526 321 = 500 000 + 20 000 + 6 000 + 300 + 20 + 1

432 586 = … 47 918 = … 102 037 = …

4 * **Recopie** et **complète** les égalités.

378 024 = (3 x 100 000) + (7 x …) + (… x 1 000) + (2 x …) + (… x 1)
670 810 = (6 x 100 000) + …
… = (7 x 100 000) + (6 x 1 000) + (2 x 100) + (4 x 10) + (3 x 1)

5 * **Recopie** les nombres dans lesquels le chiffre des dizaines de milliers est **plus grand** que 6.

170 089 846 092 287 406

6 ** **Observe** les suites et **continue**-les sur ton cahier.

837 609, 838 609, …, …, … .
261 640, 271 640, …, …, … .
641 432, 631 432, …, …, … .

▶ Objectifs : Représenter, lire, décomposer et écrire un nombre à six chiffres. Connaître la valeur de chaque chiffre dans un nombre.

Si tu as terminé... exercice 15, p. 35

9 Comparaison et encadrement des nombres jusqu'au million

▶ Calcul mental : Additionner des dizaines entières sans franchir, puis en franchissant la centaine.

▶ Activité de découverte (Livre du maître) : Comparer les populations de différentes villes.

Je comprends

Pour comparer deux grands nombres, commence par comparer la classe des milliers.

275 346 [?] 265 893

275 > **265**

donc **275** 346 > **265** 893

Si la classe des milliers est identique, compare la classe des unités.

275 308 [?] 275 411

275 = 275

308 < **411**

donc 275 **308** < 275 **411**

Pour encadrer un grand nombre, tu dois te servir de la classe des milliers.

Pour encadrer 186 250…

- à la **centaine de milliers près** :

100 < **186** < **200**

donc 100 000 < 186 250 < 200 000

- à la **dizaine de milliers près** :

180 < **186** < **190**

donc 180 000 < 186 250 < 190 000

Je m'entraîne

1 * **Complète** avec < ou >.

50 315 … 500 315

960 784 … 906 784

634 621 … 634 626

374 021 … 37 402

2 * **Écris** le nombre qui précède et celui qui suit, comme dans l'exemple.

12 344 < 12 345 < 12 346

263 742 — 384 299 — 67 890 — 510 000

3 * **Range** les populations de ces villes dans l'ordre **décroissant.**

Ville	Population (nombre d'habitants)
Toulon	167 816
Arles	50 467
Avignon	92 454
Nice	347 060

4 ** **Encadre** les nombres suivants à la **dizaine de milliers près**, comme dans l'exemple.

210 000 < 217 150 < 220 000

770 099 — 482 651 — 948 901

Je sais déjà

5 Parmi ces trois segments, **trouve** ceux qui ont la même longueur. **Utilise** ton compas.

▶ Objectif : Comparer, ranger et encadrer des nombres de 1 à 6 chiffres.

10 Les droites perpendiculaires

▶ Calcul mental : Ajouter 2 ou 7 à un nombre de deux ou de trois chiffres.

▶ Activité de découverte (Livre du maître) : Reconnaître ou tracer deux droites perpendiculaires avec une équerre.

Je comprends

• Les droites (a) et (b) se coupent **en formant un angle droit** : elles sont **perpendiculaires**.
On dit aussi : « La droite (a) est perpendiculaire à la droite (b). »

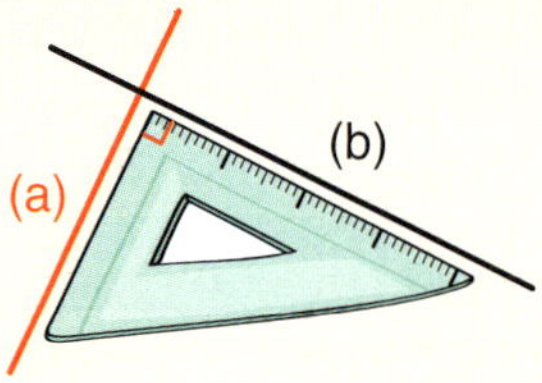

On écrit : (a) ⊥ (b)

• **Pour tracer deux droites perpendiculaires** :

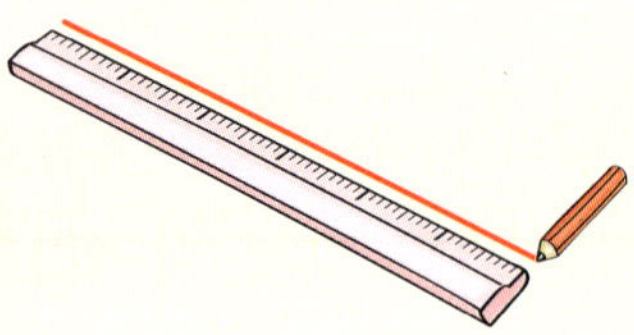

1. Trace une première droite.

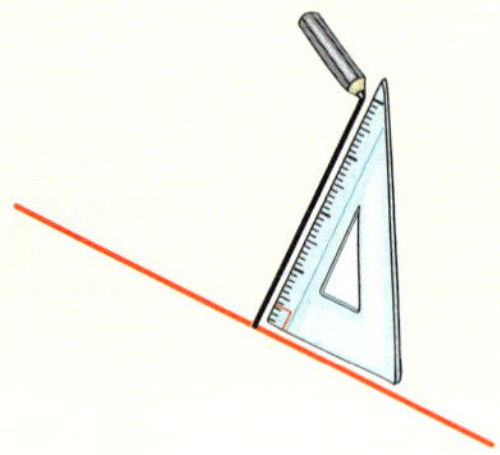

2. Avec l'équerre, trace une seconde droite perpendiculaire à la première droite.

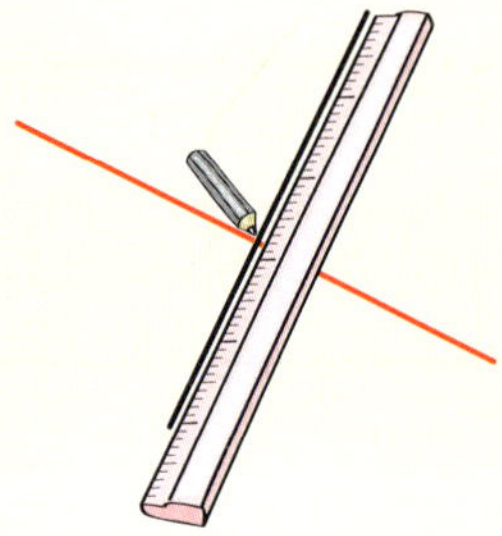

3. Tu peux prolonger la seconde droite avec ta règle.

Je m'entraîne

1 * **Recopie** sur ton cahier les phrases qui sont exactes.

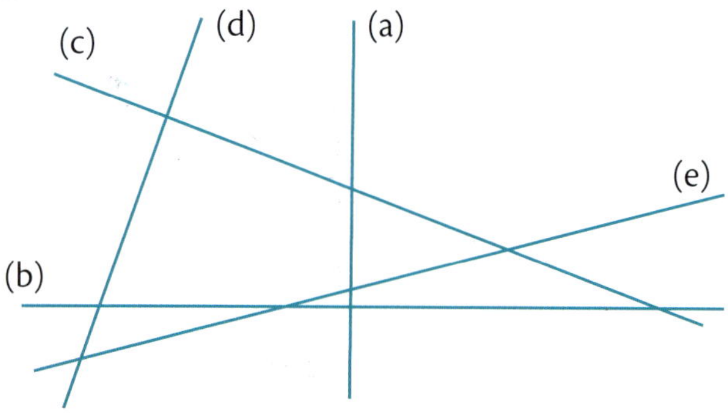

Utilise ton équerre pour vérifier.

• La droite (a) est perpendiculaire à la droite (c).
• Les droites (a) et (b) sont perpendiculaires.
• (c) ⊥ (d)
• (d) et (e) sont perpendiculaires.

2 * Avec ton équerre, **trouve** deux rues qui sont perpendiculaires.

Exemple : La rue Basse est perpendiculaire à la Grande rue.

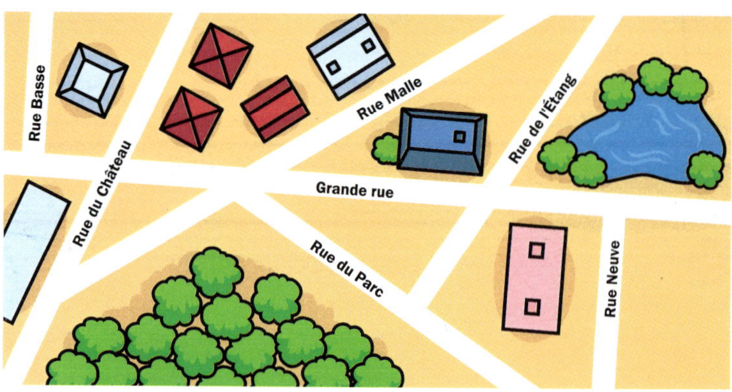

▶ Objectifs : Reconnaître et tracer des droites perpendiculaires. Utiliser en situation le vocabulaire géométrique : droite perpendiculaire, droite, segment, angle droit, angle.

3 * **Reproduis** la droite (d) sur ton cahier, puis **trace** une droite perpendiculaire à la droite (d) avec ton équerre.

4 ** Sur une feuille blanche, **trace** une droite (e) et 2 droites perpendiculaires à (e).

5 ** Sur ton cahier, **reproduis** chaque figure, puis **trace** avec ton équerre la droite perpendiculaire à la droite (d) et passant par le point A.
Marque les angles droits à l'aide du signe ⊾.

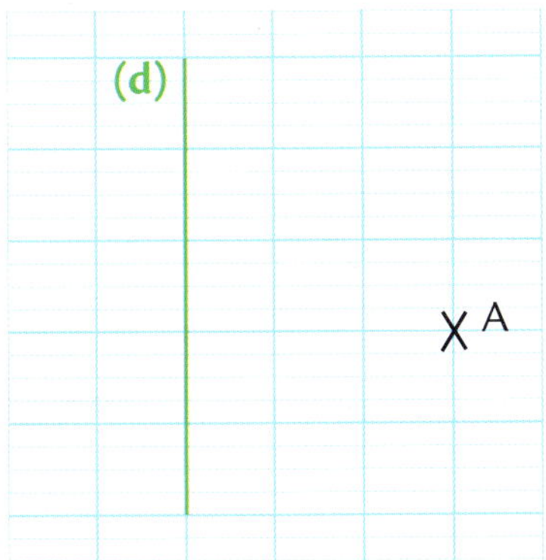

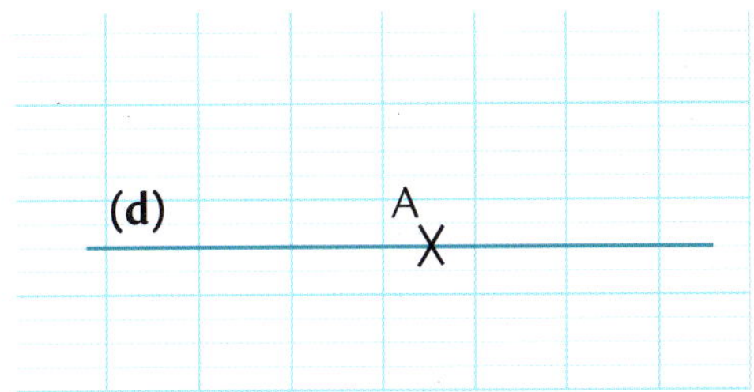

6 ** Sur une feuille blanche, **reproduis** chaque figure, puis **trace** avec ton équerre la droite perpendiculaire à la droite (d) et passant par le point A.

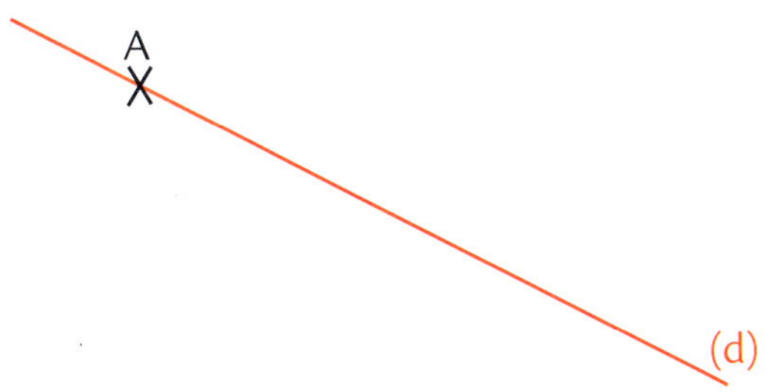

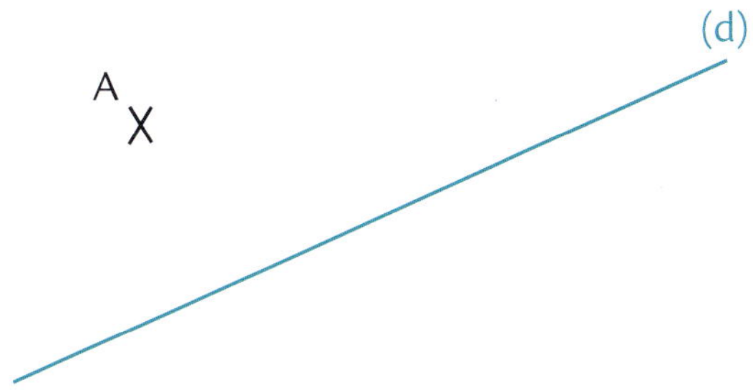

7 *** **Construis** la figure en suivant les consignes, puis **réponds**.

a. Sur une feuille, **trace** un segment [AB] de 6 cm de long.
b. **Place** le point O au milieu de [AB].
c. **Trace** une droite quelconque qui passe par O.
d. Sur cette droite, **place** un point C à 3 cm du point O.
e. **Trace** les droites (AC) et (BC).

Que peux-tu dire de ces deux droites ?

Si tu as terminé... exercices 16 et 17, p. 35

11 Les longueurs : du mètre au millimètre

▶ Calcul mental : Ajouter 3 ou 8 à un nombre de deux ou de trois chiffres.

▶ Activité de découverte (Livre du maître) : Choisir la bonne unité pour exprimer la taille de divers animaux.

Je comprends

- **L'unité utilisée pour mesurer les longueurs est le mètre.**

Il a plusieurs sous-multiples : le **décimètre** (dm), le **centimètre** (cm) et le **millimètre** (mm).
Ils servent à mesurer les longueurs avec plus de précision.

1 m = 10 dm = 100 cm = 1 000 mm

1 dm = 10 cm = 100 mm

1 cm = 10 mm

m	dm	cm	mm
1	0	0	0
	1	0	0
		1	0

- **Pour convertir une longueur, tu peux utiliser un tableau de conversion.**

m	dm	cm	mm
1	3	6	4

1 364 mm = 1 m 364 mm
= 13 dm 64 mm
= 136 cm 4 mm

Pour comparer des longueurs, il faut les exprimer dans la même unité.

Je m'entraîne

1 * **Recopie** les phrases en complétant avec l'unité qui convient (**m, dm, cm, mm**).

- Une calculatrice mesure environ 6 … de large.
- La largeur de cette salle de classe est de 8 … .
- Une pièce de 1 € fait environ 2 … d'épaisseur.
- Cette règle d'écolier est un double décimètre : elle mesure 2 … .

2 * Axel veut mesurer :

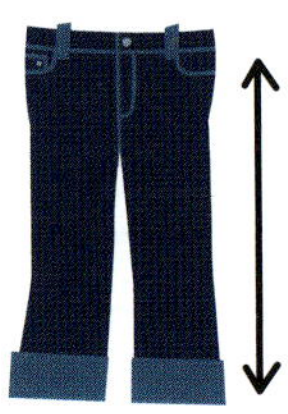

A la longueur d'un pantalon

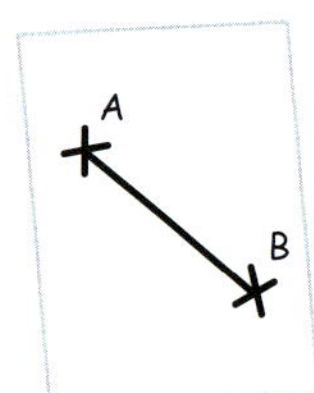

B un segment sur une feuille

Pour chaque longueur à mesurer, **écris** le nom de l'instrument de mesure le plus adapté.

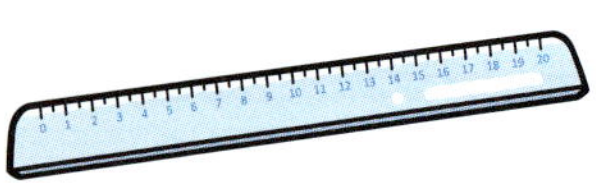

un double décimètre

un mètre de couturière

3 * **Mesure** le segment [AB] avec ta règle et **écris** sa longueur en **cm**, puis en **mm**.

4 * **Trace** un segment de 6 cm 7 mm sur ton cahier. **Écris** sa longueur en mm.

▶ Objectif : Connaître et utiliser les unités du système métrique pour les longueurs.

5 ** **Observe** les longueurs écrites dans chaque tableau, puis **écris**-les en **m et cm**, comme dans l'exemple.

m	dm	cm
3	1	8

3 m 18 cm

a.

m	dm	cm
2	1	4

… m … cm

b.

m	dm	cm
1	0	5

… m … cm

c.

m	dm	cm
	3	0

… m … cm

6 ** **Utilise** le tableau de conversion pour convertir les longueurs suivantes en **cm**, comme dans l'exemple.

Pour convertir 2 m en cm, j'écris des zéros jusqu'à la case des cm.

m	dm	cm	mm
2	0	0	

2 m = 200 cm

4 m — 12 dm — 9 dm 7 cm — 840 mm

7 ** **Convertis** les longueurs en **cm** et **mm**, comme dans l'exemple.

17 mm = 1 cm 7 mm

75 mm — 2 504 mm — 643 mm — 900 mm

Utilise le tableau pour t'aider.

m	dm	cm	mm

8 ** **Recopie** les égalités suivantes et **écris** les unités manquantes.

8 635 mm = 8 … 635 …

905 mm = 90 … 5 …

6 m 3 cm = 603 …

1 m 954 mm = 19 … 54 …

Aide-toi du tableau.

9 ** **Recopie** et **complète** avec le signe qui convient (>, =, <).

1 m 50 cm … 150 mm

9 m 450 mm … 9 405 mm

13 dm 5 cm … 1 350 mm

2 684 mm … 2 m 68 cm 5 mm

Je sais déjà

10 **Quelles droites** sont perpendiculaires à la droite rouge ?

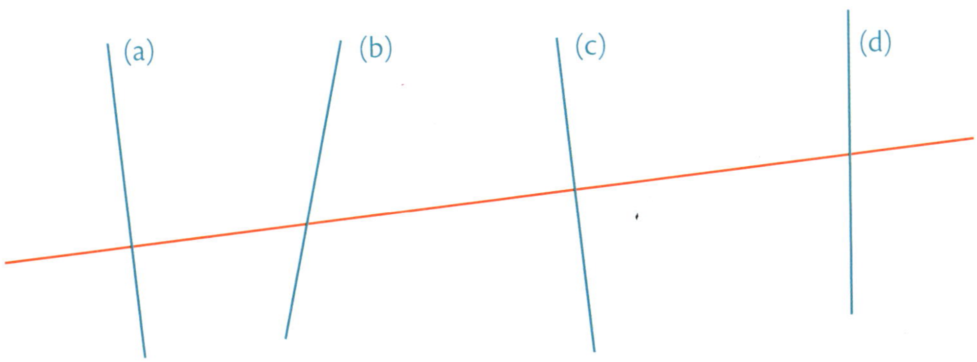

Si tu as terminé… exercice 18, p. 35

12 Axes de symétrie

▶ Calcul mental : Ajouter 4 ou 9 à un nombre de deux ou de trois chiffres.

▶ Activité de découverte (Livre du maître) : Reconnaître des figures symétriques.

Je comprends

• On dit qu'une droite est l'**axe de symétrie** d'une figure si, lorsqu'on plie le dessin le long de cette droite, les deux parties de la figure **se superposent exactement.**

• Certaines figures ont **plusieurs axes de symétrie.**

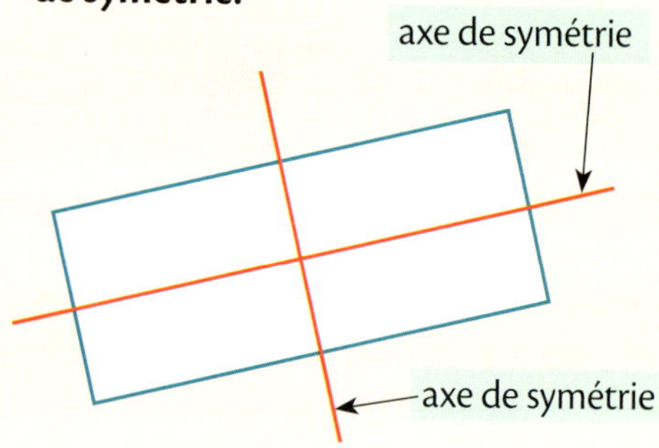

Je m'entraîne

1 * **Trouve** les figures dans lesquelles la droite **rouge** est un axe de symétrie.
Tu peux décalquer les figures et les plier le long de l'axe pour vérifier.

A

B

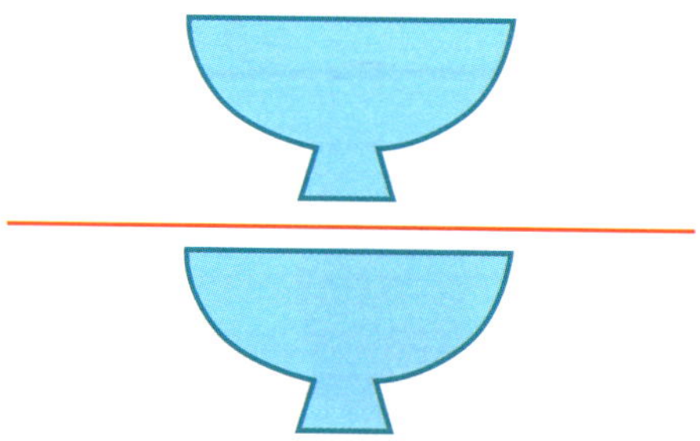

C

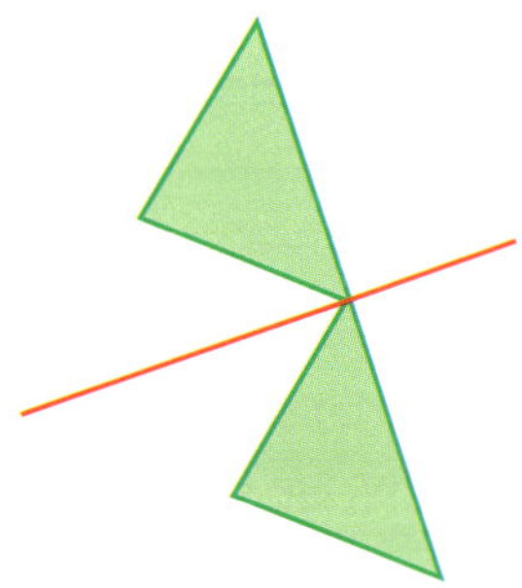

2 * Dans chaque figure, une seule des droites tracées est l'axe de symétrie de la figure.
Par simple observation, **trouve** laquelle.

Figure A

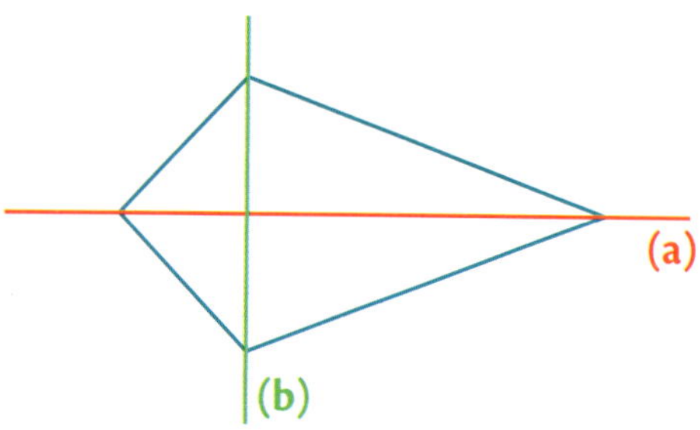

Figure B

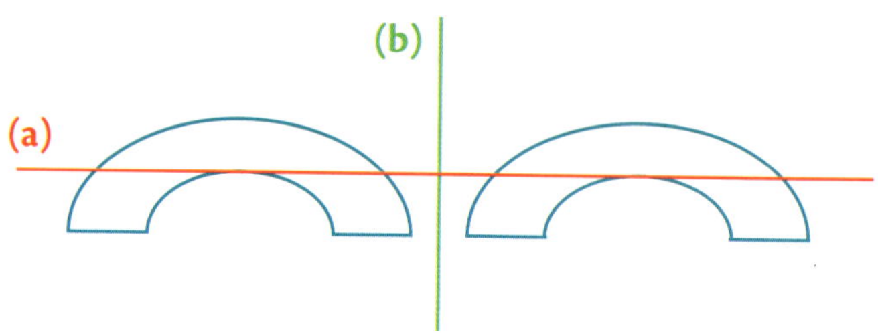

▶ Objectifs : Reconnaître qu'une figure possède un ou plusieurs axes de symétrie par pliage ou par simple observation. Tracer ces axes.

3 ** **Reproduis** ces figures sur ton cahier et **trace** leur axe de symétrie.

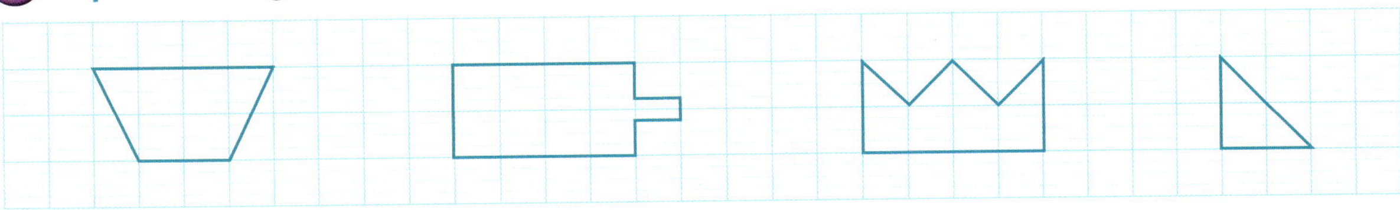

4 ** **Observe** les mots suivants : ils ont **tous** un axe de symétrie.
Décalque chaque mot, puis **trace** son axe de symétrie en **rouge**.

B
O
B

TOT

EXO

5 ** Pour chaque figure, **indique** quelles droites sont ses axes de symétrie.
Tu peux décalquer les figures et effectuer des pliages pour vérifier.

Figure A

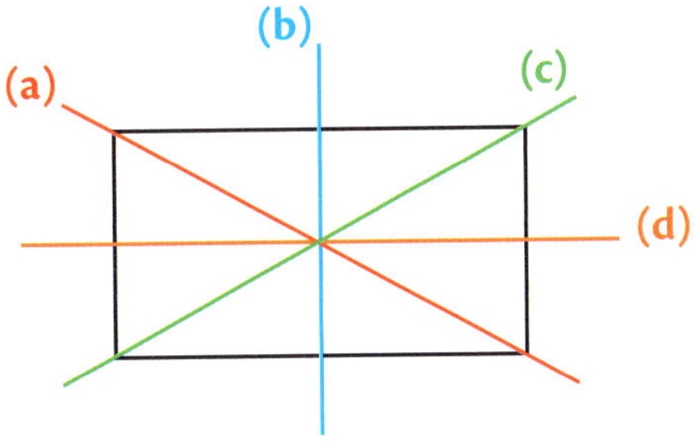

Figure B

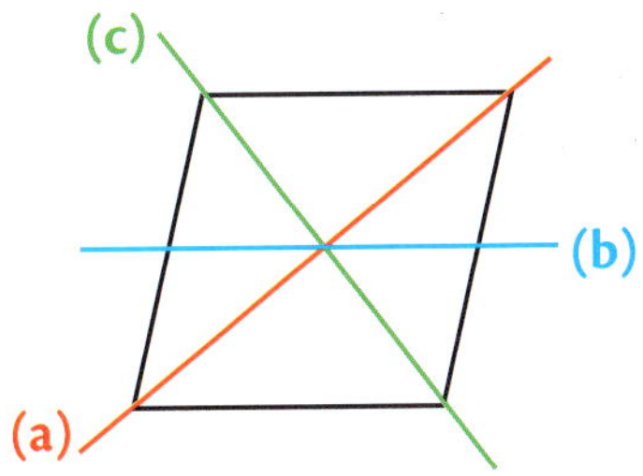

6 ** **Reproduis** ces figures sur ton cahier et **trace** leurs axes de symétrie.
Tu peux découper les figures et les plier le long des axes pour vérifier.

7 *** **Combien** d'axes de symétrie a chaque figure ?
Décalque ces figures et **plie**-les pour vérifier.

Figure A

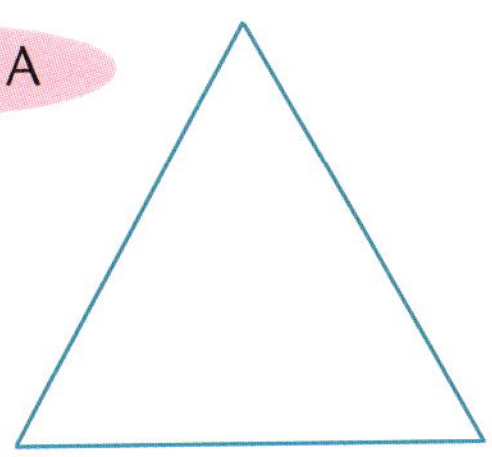

Figure B

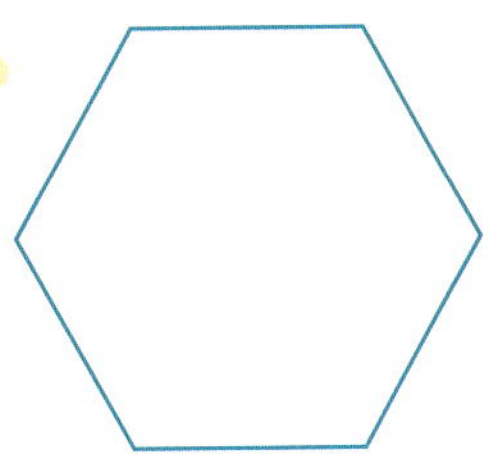

Si tu as terminé... exercices 19 et 20, p. 35

13 Lire l'heure

▶ **Calcul mental :** Réviser la table de 5.
▶ **Activité de découverte (Livre du maître) :** Passer en revue l'emploi du temps d'un enfant de son lever à son arrivée à l'école.

Je comprends

Dans une journée, il y a 24 heures :
- de minuit à midi (de 0 h à 12 h), c'est le **matin** ;
- de midi à minuit (de 12 h à 24 h), c'est l'**après-midi** ou le **soir**.

07 : 50

7 h 50 min
du matin

12 heures
après

19 : 50

7 h 50 min
du soir

Quand il est 7 h 50 min, il manque 10 minutes pour arriver à 8 h.

On dit aussi qu'il est **8 h moins 10**.

Je m'entraîne

1 * Dans chaque cas, **recopie** la ou les heures qui indiquent la même heure que l'horloge.

a.

- 1 heure et demie
- 6 h 5 min
- 1 h 30 min

b.
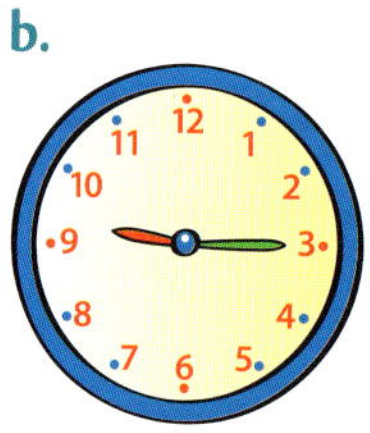
- 14 h 50 min
- 9 heures et quart
- 21 h 15 min

c.
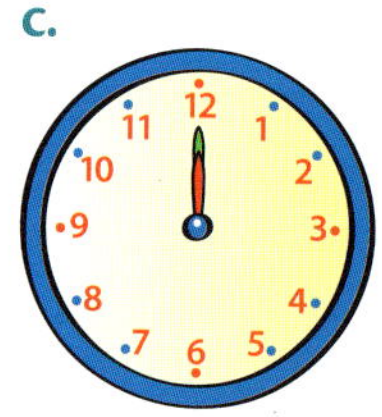
- 0 h 00
- midi
- minuit

2 * Pour chaque horloge, **écris** les heures du **matin** et celles de l'**après-midi** ou du **soir** qu'elle indique.

a.

b.
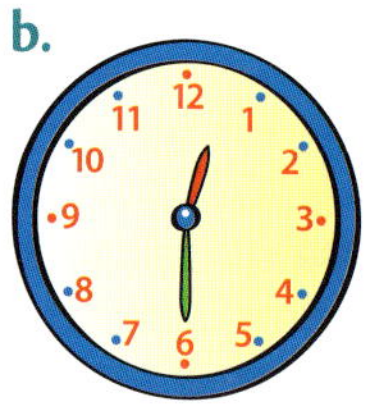

c.

d.

3 ** **Recopie** et **complète** les phrases.

a.

Il est 3 h 40 min : il manque … minutes pour arriver à 4 h.

On dit aussi qu'il est 4 h moins … .

b.
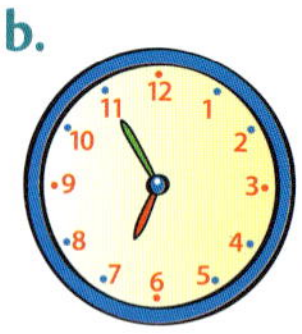

Il est 6 h 55 min : il manque … minutes pour arriver à 7 h.

On dit aussi qu'il est 7 h moins … .

▶ **Objectif :** Lire l'heure sur une montre à aiguilles ou digitale.

Si tu as terminé… exercice 21, p. 35

14 Les durées

▶ Calcul mental : Additionner des centaines entières sans franchir, puis en franchissant 1 000.
▶ Activité de découverte (Livre du maître) : Passer en revue l'emploi du temps d'une enfant de son lever à son arrivée à l'école (suite).

Je comprends

Le mercredi matin, Maël va à son entraînement de basket-ball. L'entraînement commence à 10 h 20 min et dure 1 heure et demie.

10:20 —(+ 1 h)→ 11:20 —(+ 30 min)→ 11:50

Son entraînement se termine à 11 h 50 min.

Puis Maël a 15 minutes de marche pour rentrer chez lui.

+ 15 min : 11:50 —(+ 10 min)→ 12:00 —(+ 5 min)→ 12:05

Maël arrive chez lui à 12 h 05 min.

Je m'entraîne

1 * **Réponds** sur ton cahier.

a. 19:15 —(+ 2 h)→ ...... : ......

b. 10:19 —(+ 10 min)→ ...... : ......

c. + 20 min : 13:55 —(+ ......)→ 14:00 —(+ ......)→ ...... : ......

2 * **Réponds** sur ton cahier en décomposant les calculs comme dans le Je comprends.
Il est 8 h 40 min. **Quelle heure** sera-t-il :

a. dans 5 min ?
b. dans 10 min ?
c. dans 20 min ?
d. dans 30 min ?
e. dans 1 h ?
f. dans 3 h 10 min ?

Utilise une horloge pour répondre si tu as besoin.

3 ** 

On est samedi, il est 16 h 45 min.
Essi a rendez-vous dans 20 minutes pour aller au cinéma.
À quelle heure a-t-elle rendez-vous ?

Je sais déjà

4 **Trouve** la droite qui est l'axe de symétrie de chaque figure.

Figure A

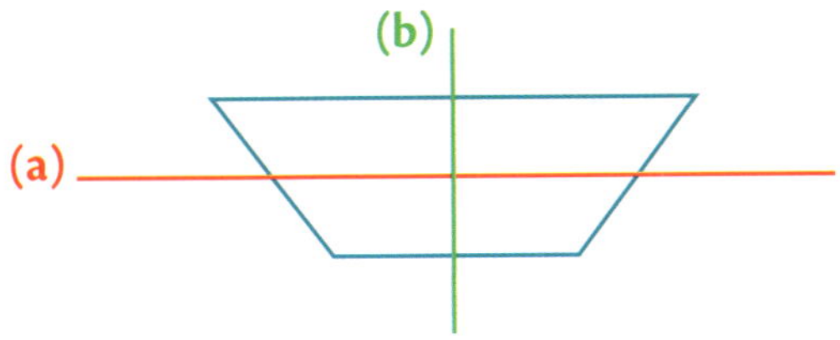

Figure B

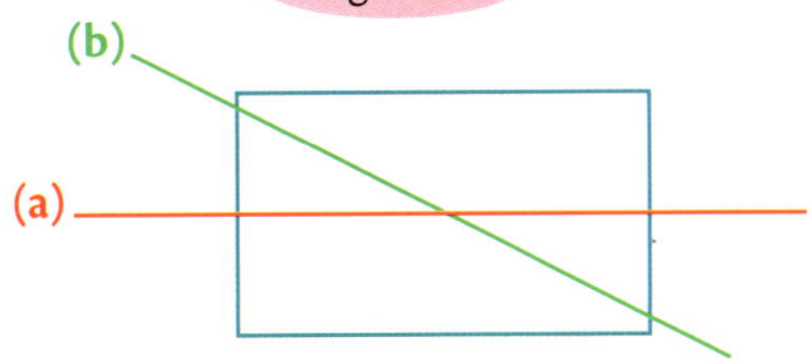

▶ Objectif : Calculer l'heure de fin d'une action d'après sa durée et l'heure à laquelle elle a commencé.

PROBLÈMES 2

▶ Calcul mental : Proposer des opérations du type *du + du*, sans puis avec retenue.
▶ Activité de découverte (Livre du maître) : Présenter le problème de l'âge du capitaine.

Je comprends

Parfois, l'énoncé d'un problème contient des données qui sont inutiles pour répondre à la question posée. Il est donc important de **savoir repérer les informations utiles.**

***Combien** de pommes les enfants ont-ils cueillies en tout ?*

Pour résoudre ce problème, on n'a pas besoin de savoir combien de poires ont été ramassées. C'est donc une **donnée inutile.**

1 * **Lis** les problèmes suivants et **recopie**-les sur ton cahier, puis **barre** les **données inutiles**.

A

Dans l'école Charlemagne, il y a une classe de CM1 avec 18 filles et 13 garçons. 4 élèves ont moins de 9 ans.
Quel est le nombre total d'élèves de ce CM1 ?

B

Ahmed a 12 ans. Il mesure 1 m 45 cm et pèse 43 kg.
Son frère Mohamed qui a trois ans de plus que lui pèse 6 kg de plus.
Combien pèse Mohamed ?

2 * **Recopie** ces problèmes sur ton cahier et **barre** les données inutiles.
Puis **résous**-les.

a. Lors d'une balade en forêt, Essi a ramassé 115 framboises, 85 mûres, 110 fraises, 50 feuilles d'arbre et 70 champignons.
Combien de fruits a-t-elle ramassés en tout ?

b. Chan a 21 ans. Il a 30 DVD, 75 CD et 86 BD.
Son ami Jad a 10 DVD de moins que lui.
Combien de DVD a Jad ?

3 * Luc veut connaître la hauteur de sa maison.
Il a trouvé ce plan.
Calcule la hauteur de sa maison.

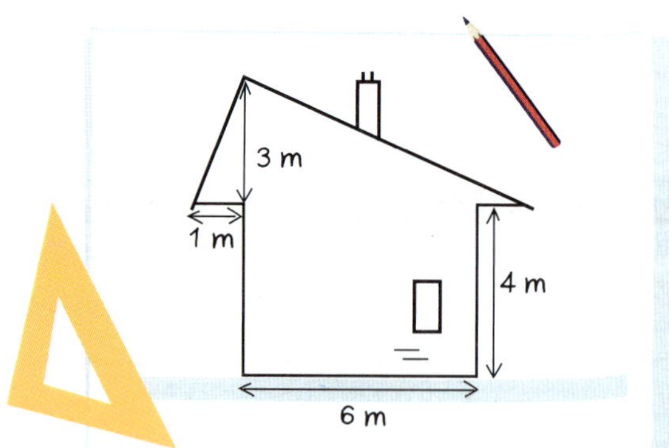

▶ Objectifs : **1.** Reconnaître les données utiles et inutiles dans un problème.
2. Trouver quelles données sont manquantes pour résoudre un problème.

Je comprends

Parfois, l'énoncé d'un problème ne contient pas toutes les données nécessaires pour répondre à la question posée. On dit alors qu'il y a des **données manquantes.**

***Combien** d'artistes y avait-il en tout sur scène ?*

Pour résoudre ce problème, on a besoin de savoir combien il y avait de danseurs.
C'est donc une **donnée manquante.**

4 * **Lis** chaque problème, puis **indique** quelle est la **donnée manquante** pour résoudre le problème.

a. M. Rolex a 380 €. Il achète une montre.
Combien lui reste-t-il ?

b. Le car part à 14 h de l'école pour emmener les élèves à la piscine.
À quelle heure arrive-t-il à la piscine ?

c. Le Rhône mesure 812 km.
Il traverse la Suisse et la France.
Quelle est sa longueur en France ?

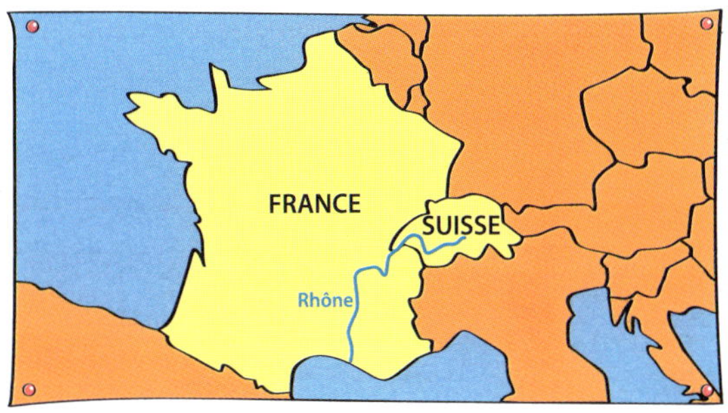

5 ** **a.** Pour chaque problème, **trouve** la phrase qui contient la bonne donnée manquante.
Puis **recopie** le problème en ajoutant cette phrase.

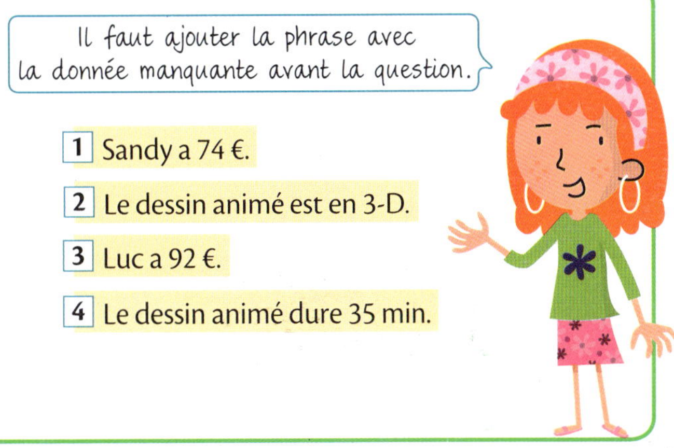

A Il manque 24 € à Luc pour s'acheter un vélo. Combien coûte ce vélo ?

B Le dessin animé commence à 12 h 30 min. À quelle heure finira-t-il ?

1 Sandy a 74 €.

2 Le dessin animé est en 3-D.

3 Luc a 92 €.

4 Le dessin animé dure 35 min.

b. Résous chaque problème.

6 ** **Recopie** ce problème en gardant uniquement les **données utiles** et **ajoute** la **donnée manquante**.

Idriss achète un livre à 8 €, un stylo à 2 € et une gomme.
Il rentre chez lui à 17 h 30 min. Combien a-t-il payé en tout ?

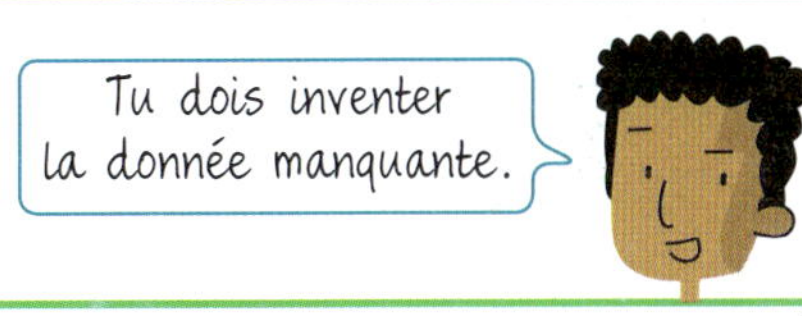

JE FAIS LE POINT 1

1 **Écris** en chiffres.

a. sept mille deux

b. cent mille trois cent vingt

2 **Écris** en lettres.

1 902 25 108

3 **Recopie** et **complète** les décompositions suivantes.

3 074 = (... x 1 000) + (... x 10) + (... x 1)

... = (6 x 1 000) + (4 x 100) + (2 x 1)

53 065 = (... x 10 000) + (... x ...) + (... x ...) + (... x ...)

... = (2 x 100 000) + (7 x 100) + (9 x 10) + (1 x 1)

4 **Recopie** les nombres dans lesquels le chiffre des **centaines de milliers** est égal à 4.

781 465 475 650 204 356 243 003 42 937 402 369

5 **Observe** puis **recopie** et **complète** les suites de nombres. **Entoure** le ou les chiffres qui changent.

a. 5 692, 5 792, ..., ..., ...

b. 8 209, 8 109, ..., ..., ...

c. 345 785, 345 885, ..., ..., ...

d. 92 200, 91 200, ..., ..., ...

6 **Recopie** et **complète** par <, > ou =.

4 070 ... 4 105

203 004 ... 200 304

781 645 ... 781 654

7 **Range** chaque série de nombres dans l'ordre **croissant**.

a. 8 475, 4 758, 8 785, 7 574, 2 499

b. 645 887, 654 901, 6 999, 654 190, 64 888

8 **Encadre**...

a. entre les centaines les plus proches :

... < 873 < ...

... < 2 195 < ...

b. entre les centaines de milliers les plus proches :

... < 736 920 < ...

... < 860 770 < ...

9 **Pose** et **calcule**.

6 398 + 2 314 4 509 − 2 176

10 **Compare** avec ton compas la longueur des segments de la figure, puis **complète** par <, > ou =.

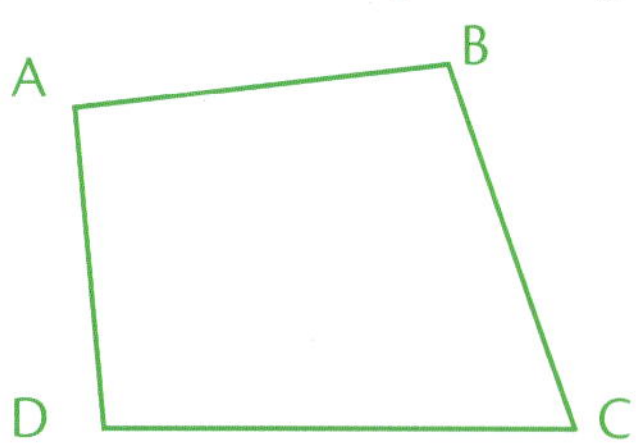

AD ... BC

AB ... BC

DC ... BC

11 **Quelles droites** sont perpendiculaires ?

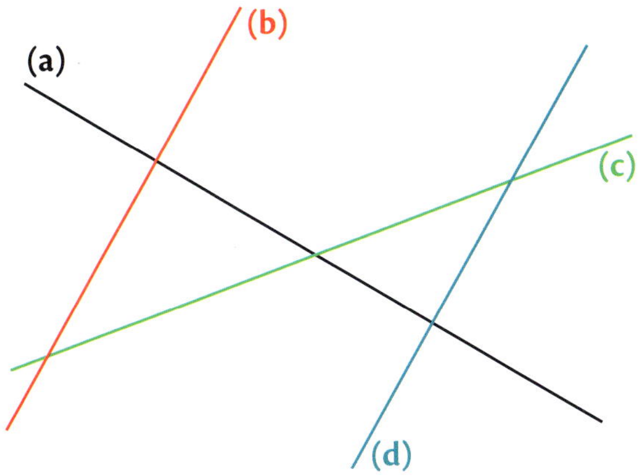

12 **Reproduis** cette figure, puis **trace** avec ton équerre la droite perpendiculaire à (d) et passant par E.

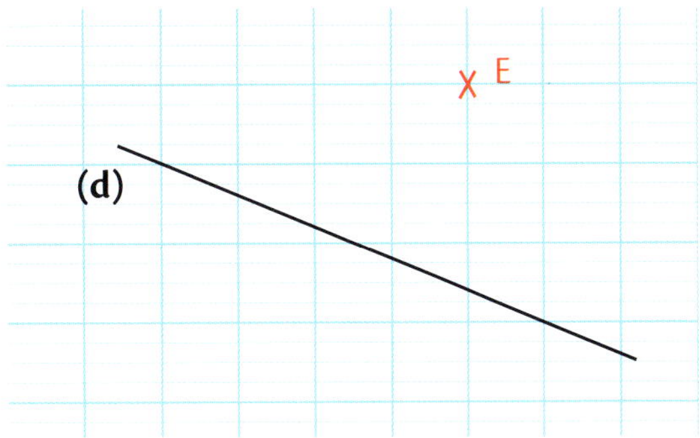

13 a. **Dessine** un segment qui mesure 156 mm.

b. **Écris** sa mesure en cm et mm.

14 **Recopie** et **complète**.

a. 2 m = … cm　　b. 43 dm = … m … dm

c. 702 cm = … m … cm = … dm … cm

15 1 359 coureurs prennent le départ du marathon. Au bout d'une heure, ils ne sont plus que 1 078.
Combien de coureurs ont abandonné ?

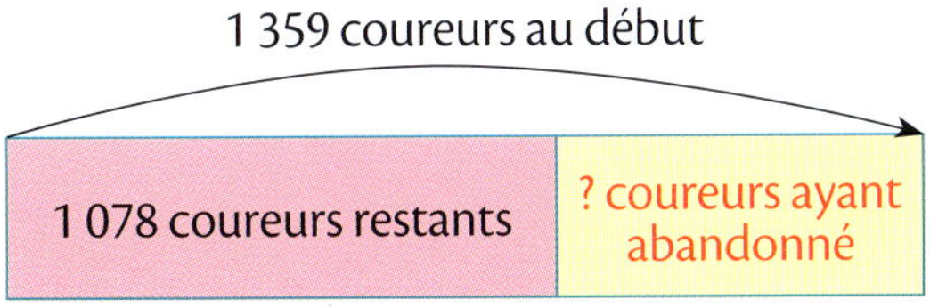

a. **Recopie** le problème. Souligne la question en **rouge** et les données utiles en **vert**.

b. **Choisis** ta méthode et **écris** l'opération que tu vas faire.

c. **Calcule**.

d. **Écris** ta phrase réponse.

16 **Indique** quelles droites sont les axes de symétrie de cette figure.

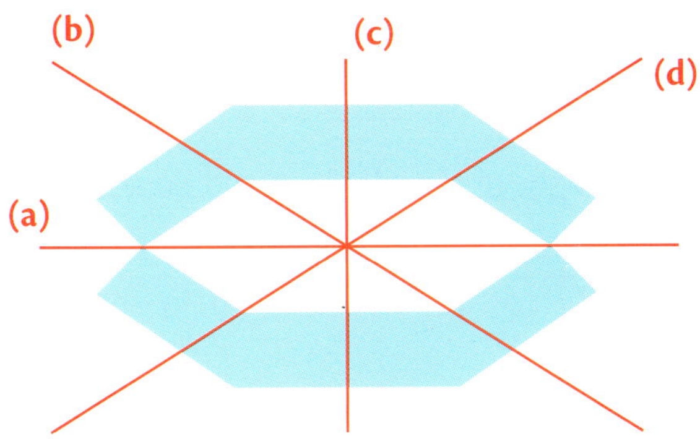

17 Le problème suivant est incomplet.

> Lou regarde un film qui a commencé à 17 h 30 min.
> **À quelle heure** se terminera le film ?

Parmi ces trois propositions, **choisis** la donnée manquante et **résous** le problème.

A Lou regarde la télévision depuis 1 h.

B Le film dure 1 h 25 min.

C Lou ira se coucher à 20 h.

LEÇON 1 p. 8

1 **Écris** en chiffres.

a. trois mille neuf cents b. trois mille neuf

2 **Écris** en lettres.

1 083 5 420

3 **Recopie** et **complète** ces décompositions de nombres.

3 274 = 3 000 + 200 + … + …

… = 6 000 + 900 + 8

LEÇON 3 p. 10-11

4 **Range** ces sommets des Alpes françaises du plus élevé au moins élevé.

Sommet	Altitude
Cime du Diable	3 685 m
Dent du Géant	4 013 m
Grand Galibier	3 228 m
Grand Mont	2 686 m
Grand Roc	3 316 m
Grand Serre	2 141 m
Haute-Pointe	1 958 m

5 **Arrondis** les nombres suivants à la dizaine la plus proche, comme dans l'exemple.

L'arrondi de 2 009 à la dizaine la plus proche est 2 010.

3 241 8 509 2 763 1 988

6

Qu'en penses-tu ? Luc a-t-il raison ? **Explique** pourquoi.

LEÇON 4 p. 12

7 **Trace** sur ton cahier :

a. 2 polygones.

b. 2 figures qui ne sont pas des polygones.

8 **Donne** le nom de chaque figure que tu peux voir dans ce puzzle.

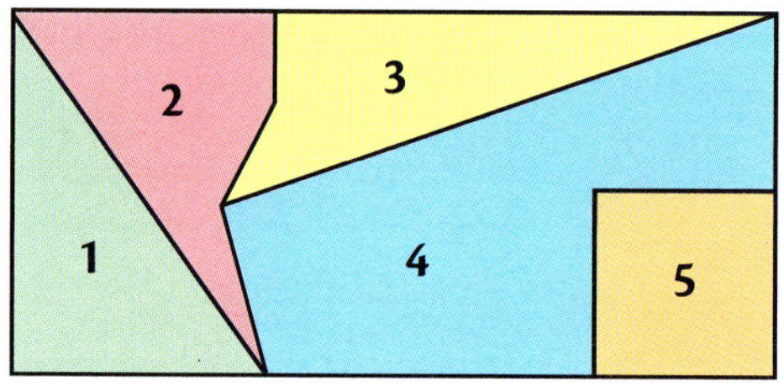

LEÇON 5 p. 13

9 Axel, Luc et Idriss s'entraînent au saut en longueur. Ils ont tous sauté du point Départ.
Qui est arrivé le plus loin ?
Utilise ton compas pour répondre.

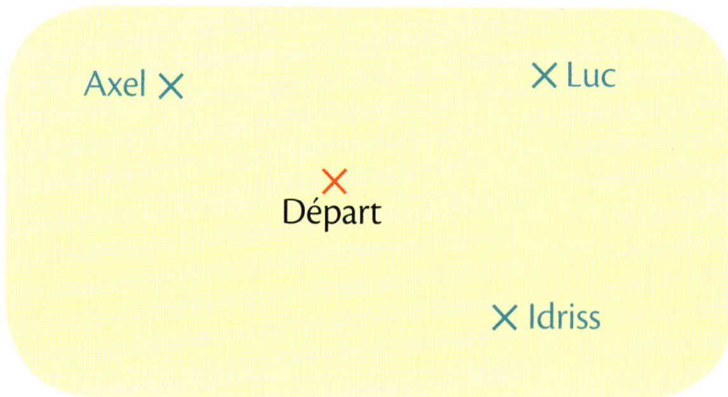

10 Les carrés CHAT et VITE sont-ils identiques ?
Pour le savoir, **utilise** ton compas.

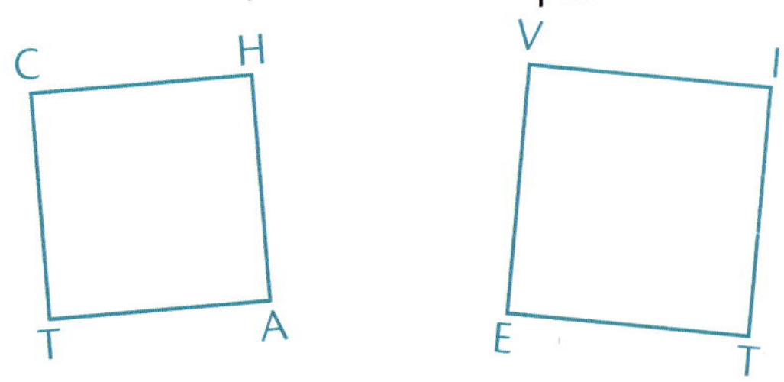

LEÇON 6 pp. 14-15

11 **Pose** et **calcule** ces additions sur ton cahier.

2 225 + 3 775 1 234 + 567 + 89

12 **Recopie** et **complète** ces additions sur ton cahier.

```
    3 4 5        2 0 0 9
  + . . .      + . . . .
  -------      ---------
    5 4 3        9 0 0 2
```

LEÇON 7 — pp. 16-17

13 **Quel enfant** a correctement effectué la soustraction ?

• **Yasmine**

	4	1	6	7
−	3	2	5	6
	1	1	1	1

• **Axel**

	4	$_1$1	6	7
−	3 ①	2	5	6
		9	1	1

PROBLÈMES 1 — pp. 18-19

14

Score de Steve
4 769 points

Calcule le score de Lou.

LEÇON 8 — p. 20

15 **Recopie** et **complète** ces décompositions de nombres.

65 031 = 60 000 + 5 000 + ...
270 900 = ...
... = 10 000 + 8 000 + 5
... = 400 000 + 300 + 60 + 8

LEÇON 10 — pp. 22-23

16 Pour chaque figure, **indique** si les deux droites sont perpendiculaires.

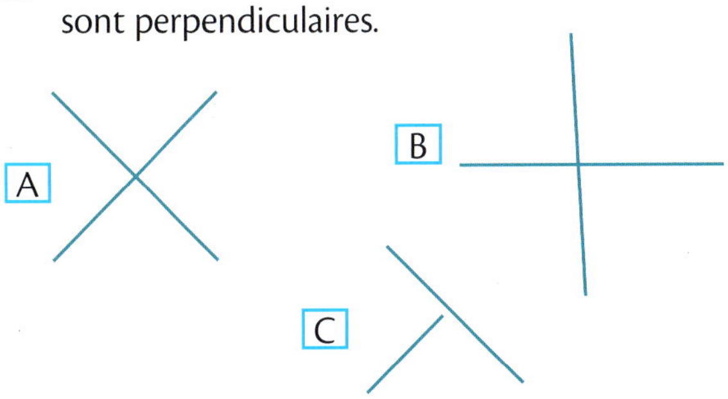

17 **Connais**-tu une figure qui a quatre angles droits ?
Écris son nom et **trace**-la sur ton cahier.

LEÇON 11 — pp. 24-25

18 **Range** les longueurs par ordre croissant, puis **écris** dans le même ordre les lettres correspondant à chaque longueur.
Quel mot obtiens-tu ?

20 dm 1 cm — R
2 m — C
19 dm — N
199 cm — A
210 cm — E

LEÇON 12 — pp. 26-27

19 **Trace** un carré de 6 carreaux de côté sur ton cahier.
Trace ensuite tous les axes de symétrie de ce carré (il y en a quatre).

20 **Réponds** aux questions.
Tu peux reproduire cette figure sur une feuille et faire des pliages pour vérifier.

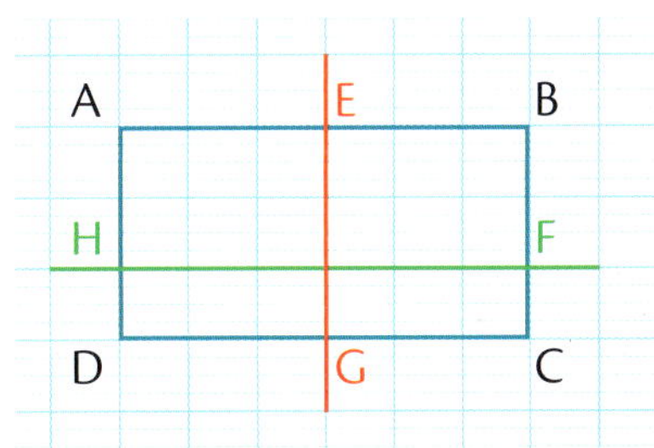

a. La droite (EG) est-elle un axe de symétrie du rectangle ABCD ?

b. Les segments [AE] et [EB] ont-ils la même longueur ?

c. La droite (HF) est-elle un axe de symétrie du rectangle ABCD ?

d. Les segments [HD] et [AH] ont-ils la même longueur ?

LEÇON 13 — p. 28

21

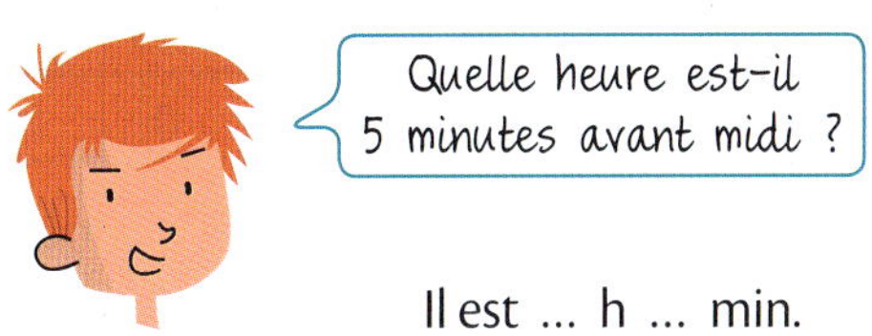

Il est ... h ... min.

15 Les longueurs : du mètre au kilomètre

▶ **Calcul mental :** Additionner des multiples de 5 (*du* + *du* et *cdu* + *du*).

▶ **Activité de découverte (Livre du maître) :** Convertir dans différentes unités la longueur d'un trajet de départ en vacances.

Je comprends

• Le mètre et ses sous-multiples (dm, cm, mm) sont des unités pratiques pour mesurer de petites longueurs.
Pour mesurer de grandes longueurs, on utilise d'autres unités : le kilomètre (km), l'hectomètre (hm) et le décamètre (dam).

1 dam = **10 m**
1 hm = 10 dam = **100 m**
1 km = 10 hm = 100 dam = **1 000 m**

km	hm	dam	m
		1	0
	1	0	0
1	0	0	0

Exemples :
- la distance entre Paris et Lille est d'environ 200 km.
- un tour de piste d'athlétisme fait environ 4 hm (ou 400 m).
- en athlétisme, pour mesurer des sauts en longueur, on utilise des décamètres à ruban qui mesurent 1 dam de long (10 m).

• **Pour convertir une longueur, on peut utiliser un tableau de conversion.**

km	hm	dam	m	dm	cm	mm
	8	0	0			
1	2	6	0	0		

→ 800 m = 80 dam = 8 hm
→ 12 600 dm = 1 260 m = 126 dam

Les unités les plus utilisées dans la vie courante sont le kilomètre, le mètre, le centimètre et le millimètre.

Je m'entraîne

1 * Pour chaque phrase, **écris** l'unité qui convient.
- L'altitude de l'Everest, la plus haute montagne du monde, est de 8 848 … .
- La distance entre Nantes et Brest est de 250 … .
- Cette année, Essi a grandi de 5 … .
- Une coccinelle mesure environ 7 … .
- Une piscine olympique mesure 50 … .
- Un pouce a une largeur d'environ 15 … .

2 * **Observe** les longueurs écrites dans chaque tableau, puis **convertis**-les en **km** et **m**.

km	hm	dam	m
6	9	8	5

6 km 985 m

a.

km	hm	dam	m
7	0	1	0

… km … m

b.

km	hm	dam	m
2	3	0	0

… km … m

c.

km	hm	dam	m
	5	2	0

… km … m

▶ **Objectifs :** Connaître et utiliser les unités légales de mesure de longueur et les relations entre ces unités.

3 À l'aide du tableau, **transforme** chaque longueur en **m**.

Pour convertir 37 hm en m, j'écris des zéros jusqu'à la case des m.

km	hm	dam	m
3	7	0	0

37 hm = 3 700 m

5 km — 47 dam — 8 m — 1 km — 7 dam — 9 hm

4 **Observe** le tableau, puis **recopie** et **complète** les égalités.

Tu dois parfois écrire ou supprimer des zéros !

km	hm	dam	m	dm	cm	mm
		1	0	0		
9	0	0	0	0	0	
	3	5	0			

→ 1 dam = ... dm = ... mm

→ 9 km = ... m = ... cm = ... dm

→ 350 m = ... cm = ... dam

5

Après l'école, Margot passe acheter du pain puis rentre chez elle à pied.
La boulangerie se trouve à **400 m** de l'école et la maison de Margot à **700 m** de la boulangerie.

Quelle distance Margot a-t-elle parcourue ? **Écris** le résultat en **m**, puis en **km et m**.

6 Voici une carte au trésor. **Lis** les instructions, puis **indique** le point où se trouve le trésor.

"Lorsque tu te trouveras au pied du grand palmier, marche 50 dam en direction de la mer, puis tourne à droite et marche 1 000 m. Le trésor est enterré là."

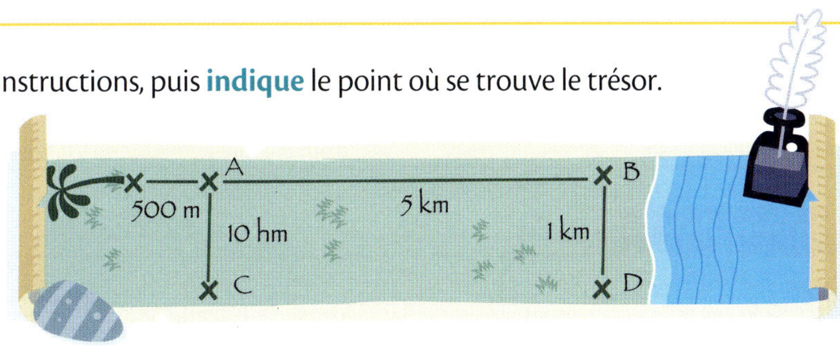

7 **Écris** les unités manquantes.
Tu peux écrire les longueurs dans un tableau de conversion en plaçant bien le chiffre des unités dans la case qui convient.

9 546 m = 9 ... 546 ...

203 m = 2 ... 3 ...

810 m = 8 ... 1 ...

792 dam = 7 ... 92 ...

8 **Recopie** et **complète** avec le signe qui convient (>, =, <).

2 km 61 dam ... 261 m

8 km 340 m ... 8 304 m

91 hm 3 dam ... 9 130 m

1 576 m ... 1 km 57 dam 6 m

Écris d'abord les longueurs en m.

Je sais déjà

9 **Écris** l'heure en utilisant le mot « moins ».

a. 

b. 

c. 

d. 

Si tu as terminé... exercices 1 à 3, p. 64

16 Les droites parallèles

▶ Calcul mental : Réviser la table de 2.
▶ Activités de découverte (Livre du maître) : Reconnaissance et tracés de droites parallèles.

Je comprends

- La distance entre les droites (a) et (b) est toujours la même : ces droites ne se couperont jamais, même si on les prolonge.
  On dit que (a) est **parallèle** à (b).
  On écrit **(a) // (b)**.

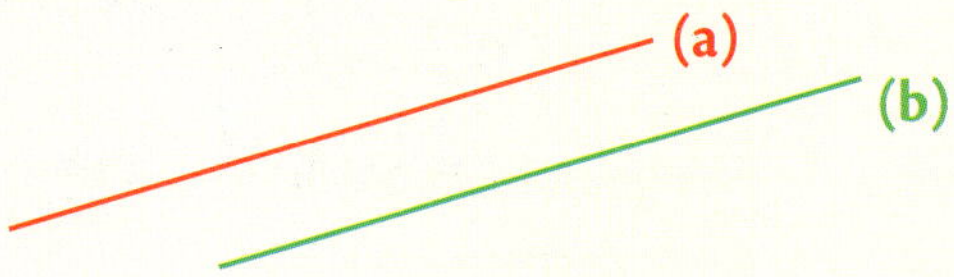

- Pour vérifier si des droites sont parallèles, tu peux utiliser un **réseau de parallèles**.

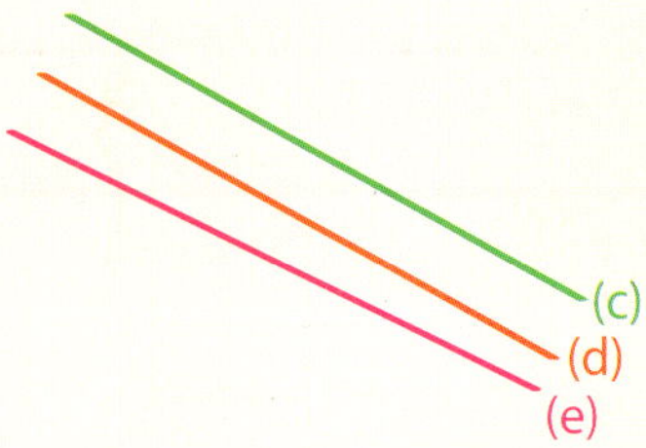

1. Je veux trouver quelles droites sont parallèles.

2. J'utilise un réseau de parallèles tracées sur un papier-calque.

3. Je place le réseau sur les droites à vérifier.
   (c) et (d) sont parallèles.
   (e) n'est parallèle ni à (c) ni à (d).

Je m'entraîne

1 * **Suis** les instructions pour tracer un réseau de parallèles.

a. **Fixe** un papier-calque sur une page de ton cahier.
Avec ta règle, **trace** des parallèles sur le papier-calque en utilisant le quadrillage.

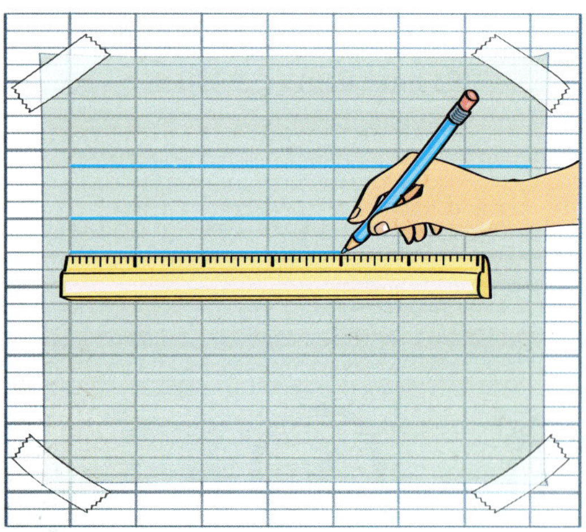

b. Tu dois obtenir le **réseau de parallèles** suivant.
Garde ton réseau, il te servira pour faire des exercices dans d'autres leçons.

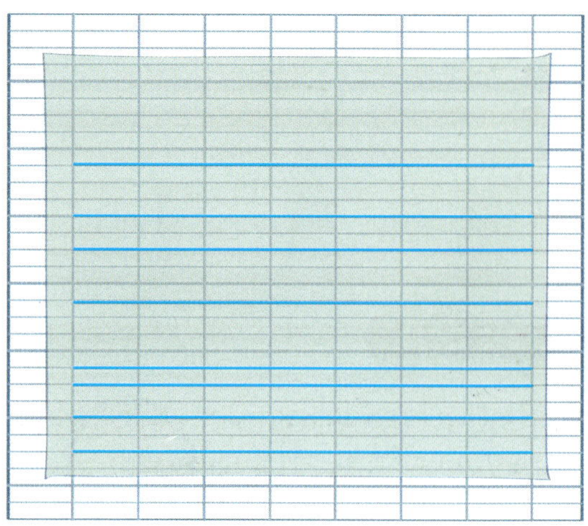

▶ **Objectifs:** Reconnaître des droites parallèles. Tracer des droites parallèles à main levée ou sur un quadrillage.

2 * **Quelles droites** sont parallèles à la droite rouge ? **Utilise** le réseau de parallèles que tu as tracé dans l'exercice 1.

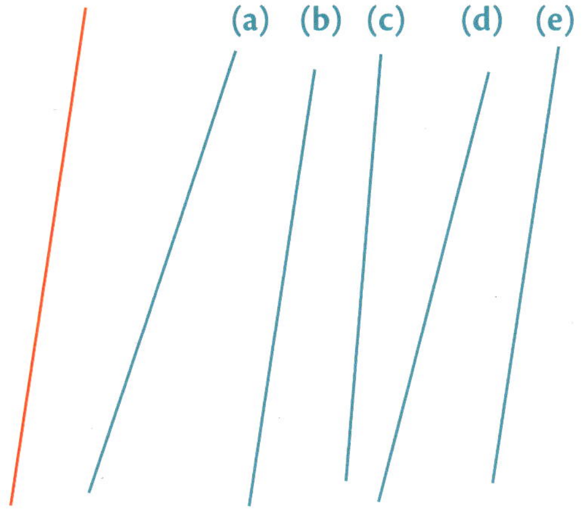

3 * **a.** Les droites **(a)** et **(f)** sont-elles parallèles ?

b. Les droites **2** et **4** sont-elles parallèles ?

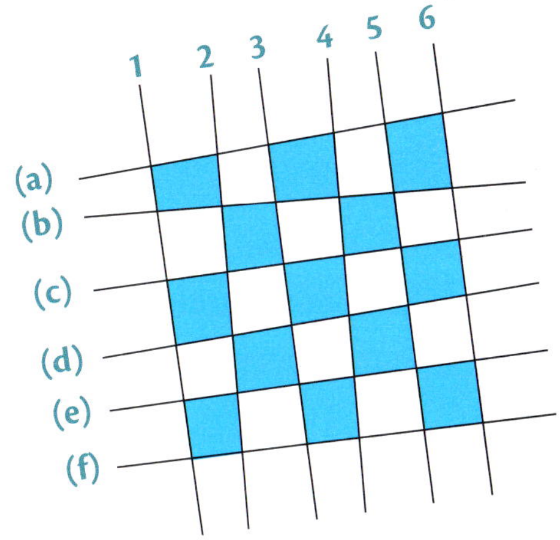

4 * **Associe** à chaque droite **verte** la droite **rouge** qui lui est parallèle.

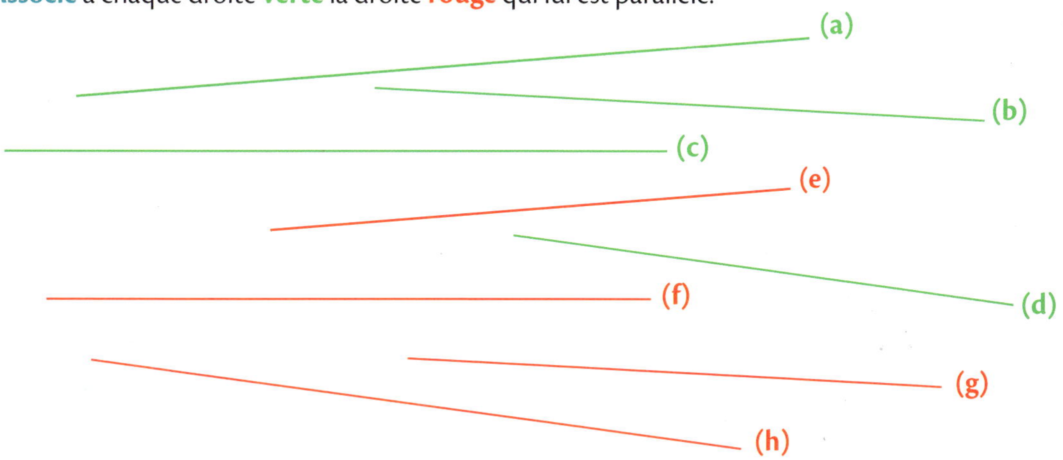

5 * **Reproduis** ces droites sur du papier pointé, puis **trace** une parallèle à chacune de ces droites.

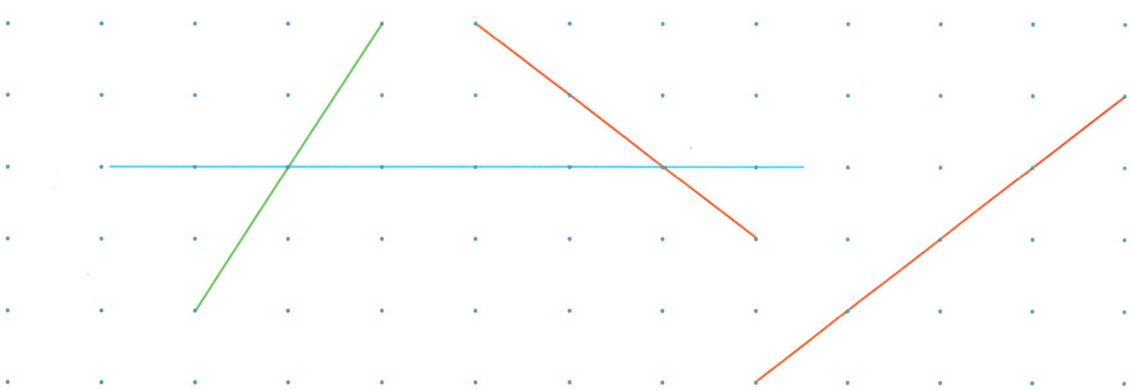

6 ** **a. Trace** une droite (d).

b. Trace deux droites (a) et (b) perpendiculaires à (d).

c. Que peux-tu dire des droites (a) et (b) ?

Si tu as terminé... exercice 4, p. 64

17 Les quadrilatères

▶ **Calcul mental :** Réviser la table de 3.
▶ **Activité de découverte (Livre du maître) :** Classer divers polygones par familles.

Je comprends

• Le carré, le losange et le rectangle sont des **quadrilatères** particuliers.

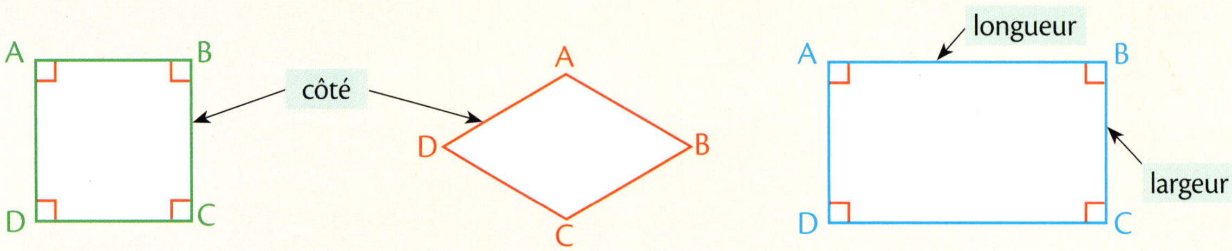

Le **carré** a
4 côtés égaux
et 4 angles droits.

Le **losange**
a 4 côtés égaux.

Le **rectangle**
a 4 angles droits.
Ses côtés opposés
sont égaux.

• Une **diagonale** est un segment qui relie deux sommets non consécutifs d'un polygone.

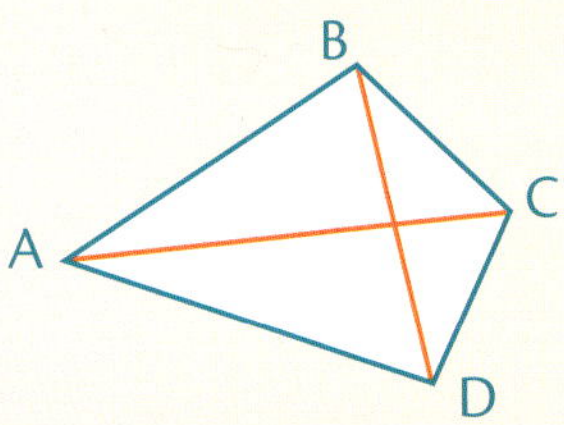

[AC] et [BD] sont les diagonales du quadrilatère ABCD.

Je m'entraîne

1 * **Observe** les quadrilatères, puis **recopie** et **complète** le tableau par **oui** ou par **non**.
Puis **écris** si chaque quadrilatère est un **rectangle**, un **carré** ou un **losange**.

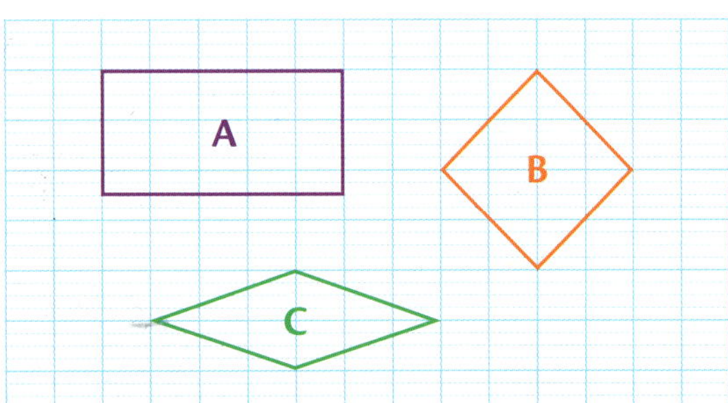

	A	B	C
Côtés opposés parallèles			
Côtés opposés égaux			
4 angles droits			

2 * **a.** Sur ton cahier, **trace** un carré de 4 carreaux de côté.
b. Sur une feuille blanche, **trace** un rectangle de 5 cm de longueur et de 3 cm de largeur.

3 * **Reproduis** le quadrilatère sur ton cahier,
puis **trace** ses diagonales.
Écris combien de diagonales il a.

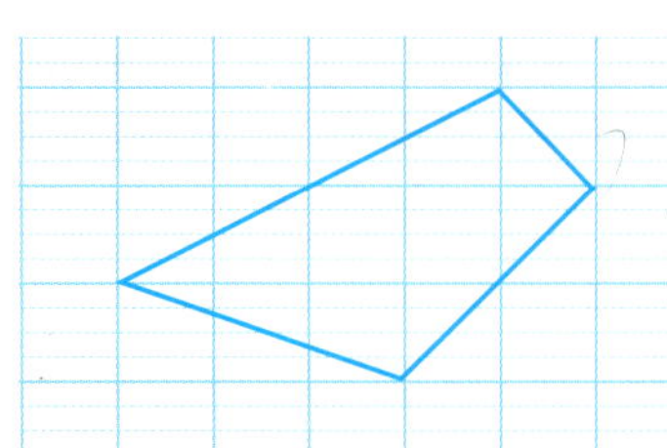

▶ **Objectifs :** Reconnaître, décrire, nommer, reproduire et tracer des figures géométriques simples (carré, rectangle) en utilisant la règle graduée, l'équerre et le compas. Tracer les diagonales de figures simples et mettre en évidence certaines propriétés.

4 Sur ton cahier, **trace** un rectangle de 8 carreaux de longueur et de 5 carreaux de largeur, puis **trace** un carré de 6 carreaux de côté.

a. Pour chaque figure, **trace** ses diagonales puis **compare** ses longueurs (avec ta règle ou ton compas). **Que remarques-tu ?**

b. Utilise ton équerre pour vérifier l'angle formé à l'intersection des diagonales.
Que remarques-tu ?

L'intersection de 2 droites est le point auquel elles se coupent.

---

5 **Trace** un losange en suivant les instructions.

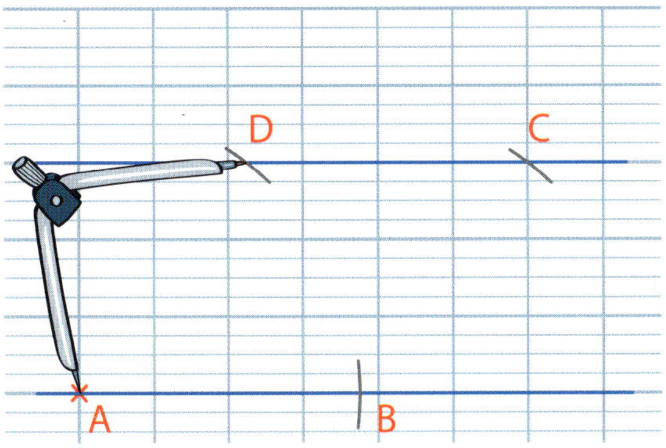

a. Trace 2 droites parallèles sur 2 lignes de ton cahier.
b. Marque un point A sur la droite du bas.
c. Ouvre ton compas à un écartement quelconque (environ 3 ou 4 cm).
d. En plaçant la pointe sur le point A, fais tourner ton compas et **marque** les points B et D.
e. En plaçant la pointe sur le point B, **marque** le point C.
f. Trace les côtés AD et BC.

Vérifie que le côté CD est égal aux autres côtés.

---

6 Sur le losange que tu as dessiné dans l'exercice 5, **trace** ses diagonales, puis **compare** leurs longueurs avec ton compas.

a. Les diagonales du losange sont-elles de longueur égale ?
b. Utilise ton équerre pour vérifier l'angle formé à l'intersection des diagonales. **Que remarques-tu ?**

---

7 **a. Trace** sur ton cahier un **rectangle**, un **carré** et un **losange**.
b. Trace leurs diagonales puis **recopie** et **complète** la phrase avec les mots **losange**, **carré** et **rectangle**.

Tu peux vérifier en pliant tes dessins.

Dans le .... et dans le .... , les diagonales sont aussi des axes de symétrie, mais pas dans le ....

Je sais déjà

8 Pour chacun des cas, **écris** si les deux droites dessinées sont **parallèles**, **perpendiculaires** ou **ni parallèles ni perpendiculaires**. Tu peux décalquer et prolonger les droites.

A
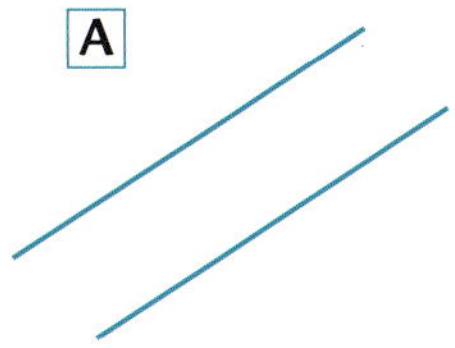

B
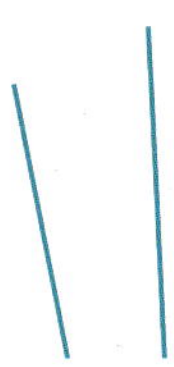

C
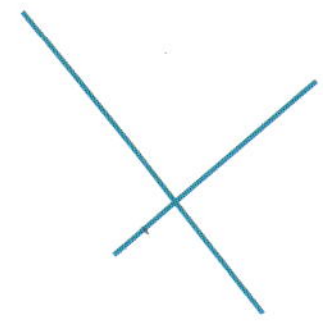

D

Si tu as terminé... exercices 5 et 6, p. 64

18 La calculatrice (1)

▶ Calcul mental : Réviser la table de 4.
▶ Activités de découverte (Livre du maître) : Montrer comment s'effectue une addition à deux termes ou plus, ou une soustraction. Expliquer l'utilisation de la/des touche(s) d'effacement.

Je comprends

La calculatrice permet de faire ce calcul rapidement.

Je veux calculer 52 000 + 46 500

- J'**allume** la calculatrice en appuyant sur ON.
- Je **tape** dans l'ordre les touches

5 2 0 0 0 + 4 6 5 0 0 =

Je lis 9 8 5 0 0

Donc 52 000 + 46 500 = 98 500.

Pour être sûr du résultat, je peux **faire l'opération** une deuxième fois avec la calculatrice.

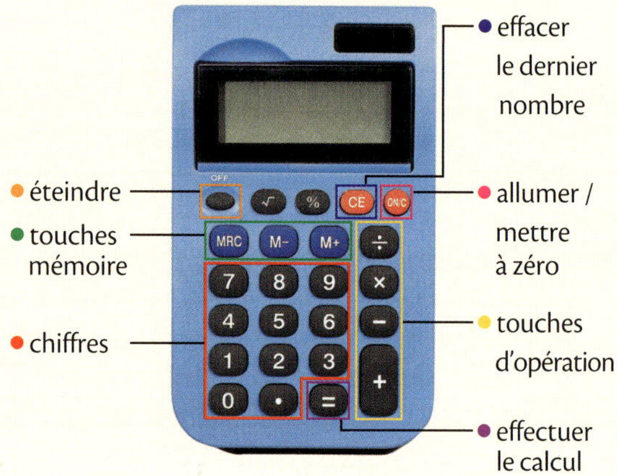

Je m'entraîne

1 * **Recopie** et **complète** les tableaux.

a. 2 305 + 638 = ?

Je tape les touches	2	3	0	5	+	...	...	...	...
Je lis sur l'écran de la calculatrice									

b. 1 918 + 7 065 = ?

Je tape les touches	1	...	...	...	...	...	...	...	...	...
Je lis sur l'écran de la calculatrice										

2 * Maël doit calculer 61 512 + 34 172 + 52 875.
Il a fait une erreur en tapant le dernier nombre :
5 2 7 8 5
Comment faut-il corriger sans avoir à tout recommencer ?

3 * À l'aide de ta calculatrice, **recopie** et **complète** avec <, > ou =. N'oublie pas les calculs intermédiaires.

a. 890 376 + 78 241 ... 999 999
b. 153 258 − 67 912 ... 84 000
c. 13 456 + 29 544 ... 100 000 − 57 000
d. 761 + 2 192 + 78 003 ... 253 000 − 147 239

▶ Objectifs : Connaître les touches d'opération de la calculatrice. Additionner et soustraire des grands nombres.

4 * Sur ton cahier, **pose** les opérations et **calcule**. **Vérifie** ensuite avec ta calculatrice.

478 072 + 43 634 — 246 907 − 36 731 — 47 720 + 7 680 + 112 678

---

5 ** **a. Calcule** le résultat de ces opérations avec ta calculatrice.

99 999 + 11 111 — 8 888 + 2 222 — 777 + 333

b. À partir des résultats de la question a., **recopie** et **complète** les calculs. **Vérifie** avec ta calculatrice.

66 666 + ... = 111 110 — 5 555 + ... = 11 110

---

6 ** **Calcule** mentalement, puis **recopie** et **complète** chacun des calculs. **Vérifie** ensuite avec ta calculatrice.

48 + 70 = ...	1 005 + 634 = ...	999 − 775 = ...
81 + ... = 200	4 800 − ... = 3 200	321 + ... = 1 000

---

7 ** **Recopie** et **complète** par les touches à taper sur ta calculatrice pour obtenir le résultat donné.

4 9 0 □ □ □ □ □ = 5 5 0 0

7 1 0 5 □ □ □ □ □ = 1 0 0

5 4 0 9 □ □ □ □ □ = 6 5 1 9

2 5 0 0 □ □ □ □ □ = 1 0 0 0

---

8 ** M. Gelato tient un très grand magasin de glaces. Il a taché la feuille où il avait noté le nombre de glaces vendues pendant la semaine !

Combien de glaces M. Gelato a-t-il vendues le 16 juillet 2009 ?
Écris la ou les opérations et **fais** le calcul avec la calculatrice.

Gelato • Glaces tous parfums

13 juillet 2009	2 345
14 juillet 2009	3 234
15 juillet 2009	2 480
16 juillet 2009	
17 juillet 2009	4 923
TOTAL	15 204

---

9 *** **Utilise** uniquement les touches indiquées pour obtenir les résultats. **Écris** comment tu as fait.

a. Avec les touches 5, 0, + et = **obtiens** 1 000 et 600.

b. Avec les touches 5, 2, + et = **obtiens** 27, 54, 77, 260 et 524.

Si tu as terminé... exercice 7, p. 64

19 Multiplication et multiples

▶ **Calcul mental :** Réviser la table de 6.

▶ **Activités de découverte (Livre du maître) :** Calculer le nombre de fenêtres lavées par un laveur de carreaux dans un immeuble. Jeux sur les tables de multiplication.

Je comprends

Cet immeuble a **7** étages.
Chaque étage a **6** fenêtres.
Combien de fenêtres y a-t-il dans cet immeuble ?

- Pour ajouter des nombres identiques, tu peux faire une addition ou une **multiplication** :

$7 + 7 + 7 + 7 + 7 + 7 = 6 \times 7 = 42$

$6 + 6 + 6 + 6 + 6 + 6 + 6 = 7 \times 6 = 42$

Il y a 42 fenêtres.

$6 \times 7 = 7 \times 6 = 42$

- L'ordre dans lequel tu multiplies les **termes** de la multiplication (6 et 7) ne change pas leur **produit** (42).

- Voici la **table de multiplication** de 6 :

X	0	1	2	3	4	5	6	7	8	9	10
6	0	6	12	18	24	30	36	42	48	54	60

Les nombres 0, 6, 12, 18… qui sont dans la table de 6 sont des **multiples** de 6.
Ils peuvent tous s'écrire 6 x … . Par exemple, 6 x 2 = 12.

Je m'entraîne

1 * **Recopie** et **complète** la table. Tu peux vérifier avec la table de Pythagore p. 168.

X	6	7	8	9
6	…	…	…	…
7	…	…	…	…
8	…	…	…	…
9	…	…	…	…

2 * **Recopie** et **complète** les calculs.

4 x 6 = …

4 x … = 28

2 x 9 = …

5 x … = 30

6 x 7 = …

10 x … = 60

3 * **a. Recopie** les phrases en choisissant la solution qui convient.

- Le produit d'un nombre par 0 est égal à 0 / 1 / ce nombre.
- Le produit d'un nombre par 1 est égal à 0 / 1 / ce nombre.

b. Recopie et **complète**.

1 x 100 = …
… x 4 = 4
234 x 0 = …
231 x … = 0

4 * **Recopie** et **complète**, comme dans l'exemple.

5 x 7 = 7 x 5 = 35
… x … = … x … = 42

… x … = … x … = 54
… x … = … x … = 63

▶ **Objectifs :** Connaître par cœur les tables de multiplication. Utiliser la propriété de commutativité. Reconnaître les multiples des nombres d'usage courant.

5 * **a.** Aide-toi de la table p. 168 et **complète** les phrases.

- Dans un multiple de 10, le chiffre des unités est toujours … .
- Dans un multiple de 5, le chiffre des unités est toujours … ou … .
- Dans un multiple de 2, le chiffre des unités est toujours …, …, …, … ou … .

b. Recopie et **complète** le tableau par **oui** ou **non**.

	… est multiple de		
	2	5	10
30…	…	…	…
52…	…	…	…
105…	…	…	…
120…	…	…	…

6 * **Recopie** en choisissant la solution qui convient.

6, 8 et 18 sont des multiples de 2 / 4 / 6 .
80, 90 et 100 sont des multiples de 4 / 9 / 10 .
36 et 40 sont des multiples de 4 / 5 / 10 .

7 ** **Complète** chaque suite de multiples et trouve s'ils sont multiples de 15, 20, 25 ou 50.

20, 40, 60, …, …, … sont des multiples de … .
50, 100, 150, …, … sont des multiples de … ou … .
15, 30, 45, …, …, … sont des multiples de … .
25, 50, …, …, …, … sont des multiples de … .

8 ** Un concours est organisé dans une classe de CM1.
Il y a plusieurs questions pour chaque matière.
Pour chaque bonne réponse :
- en histoire, l'élève obtient **5** points ;
- en français, l'élève obtient **6** points ;
- en mathématiques, l'élève obtient **7** points.

a. Recopie et **complète**.

Essi a répondu juste à **8 questions** en histoire.
Elle obtient … points.

Luc a répondu juste à **9 questions** en français.
Il obtient … points.

Idriss a répondu juste à **5 questions** en mathématiques.
Il obtient … points.

Margot a répondu juste à **7 questions** en mathématiques et **3 questions** en histoire.
Elle obtient … points.

b. Lou a obtenu 28 points en répondant juste dans une seule matière. **Laquelle ?**

Je sais déjà

9 **Recopie** et **complète**. Aide-toi d'un tableau.

3 km = … m
15 hm = … dam
400 cm = … m
1 km 250 m = … m
42 300 m = … km … m
25 dm = … cm = … m … cm

Si tu as terminé… exercice 8, p. 64

PROBLÈMES 3

▶ Calcul mental : Réviser la table de 7.
▶ Activité de découverte (Livre du maître) : Rendre la monnaie sur deux articles.

Je comprends

Pour résoudre certains problèmes, on a parfois besoin de plusieurs étapes.

1. Lis l'énoncé. Repère la question qui est posée et les données utiles.

Idriss a acheté une mangeoire et un paquet de graines. Il a payé avec un billet de 50 €. Combien le vendeur va-t-il lui rendre ?

2. Si tu veux, tu peux faire un schéma pour **représenter** la situation.

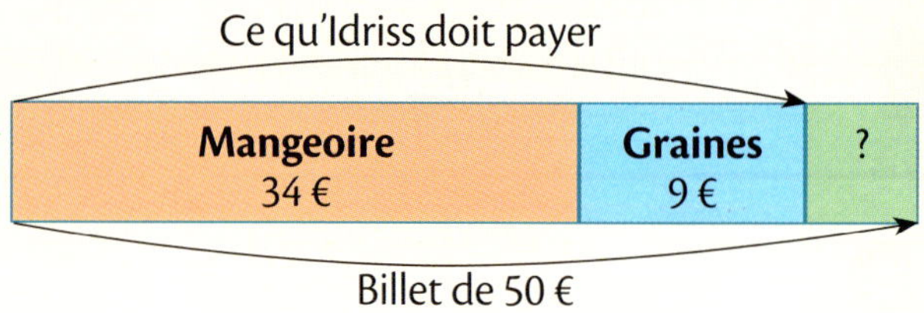

3. Pour résoudre ce problème, tu dois faire plusieurs **étapes**. On peut résoudre ce problème en **deux étapes.**

- **Étape 1**
  Je calcule combien Idriss doit payer en tout.
  $34 + 9 = 43$
- **Étape 2**
  Je calcule combien le vendeur rend à Idriss.
  $50 - 43 = 7$

4. Écris ta **phrase réponse.**

Le vendeur va rendre 7 € à Idriss.

5. Tu peux **vérifier** ta réponse.

43 € (Payé) + 7 € (Rendu) = 50 € (Billet)

1* Lou achète 3 tartes au citron et 5 pains.
Combien paie-t-elle en tout ?

a. Calcule combien Lou paie pour les tartes.
b. Calcule combien Lou paie pour les pains.
c. Calcule combien Lou paie en tout.
d. Écris ta phrase réponse.

2*

M. Simonnet a 1 000 €.
Il achète un téléviseur à 635 € et une chaîne stéréo à 175 €.
Combien d'argent lui reste-t-il après ses achats ?

a. Calcule le coût total des achats de M. Simonnet.
b. Calcule la somme qu'il reste à M. Simonnet après ses achats.
c. Écris ta phrase réponse.

▶ Objectif : Résoudre des problèmes en 2 étapes (d'abord guidés, puis non).

3 *

À la fête foraine, Essi a fait 3 tours de manège et 4 tours d'auto tamponneuse.

a. **Calcule** combien Essi a dépensé en tout au manège.

b. **Calcule** combien elle a dépensé en tout aux auto tamponneuses.

c. **Combien** a-t-elle payé en tout ?

4 *

Au marché, Yasmine a acheté des pommes, des poires et des cerises pour 22 €.
Les pommes ont coûté 7 € et les poires 6 €.

Combien ont coûté les cerises ?

5 **

Aujourd'hui, chez les fourmis, on fait la course du 900 mm.
Observe la figure. **Quelle** est la distance à parcourir entre le point boisson et l'arrivée ?

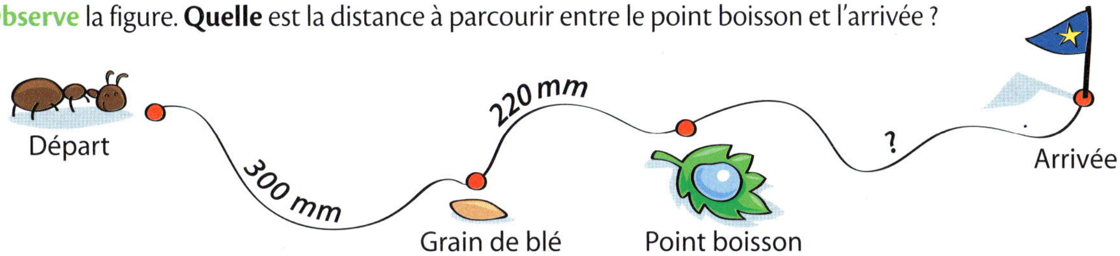

6 **

Les deux ascenseurs de la tour Eiffel peuvent prendre 92 personnes en tout.
38 personnes sont entrées dans le premier ascenseur et 27 dans le second.

Combien reste-t-il de places disponibles en tout ?

7 **

Pour faire une partie de billes à la récréation, Maël sort 15 billes de son sac.
Il gagne la partie et remet 20 billes dans son sac.
Il y a maintenant 50 billes dans le sac de Maël.

Combien de billes Maël avait-il avant de jouer la partie ?

8 **

Sandy a acheté 5 vêtements et a dépensé 22 €.
Quels vêtements a-t-elle pu acheter ?
(elle peut acheter plusieurs vêtements de la même sorte)

Trouve au moins deux réponses différentes et **justifie** ta réponse en écrivant les calculs.

9 **

Pour la rentrée, la maman d'Axel lui a acheté :
1 trousse, 5 cahiers, 2 stylos et 4 boîtes de crayons.
La facture s'est tachée.

a. **Combien** coûte chaque cahier ?

b. **Combien** coûte chaque stylo ?

c. **Vérifie** en recopiant la facture avec ce que tu as trouvé.

Trousse	
1 x 4 €	4 €
Cahier	
5 x 1 €	5 €
Stylo	
2 x	
B. de crayons	
4 x 3 €	12 €
TOTAL	**27 €**

Si tu as terminé… exercice 9, p. 64

20 Les triangles

▶ **Calcul mental :** Réviser la table de 8.
▶ **Activité de découverte (Livre du maître) :** Classer par familles des triangles préalablement découpés.

Je comprends

Un **triangle** est un polygone qui a 3 côtés. Chacun a un nom différent suivant ses propriétés.

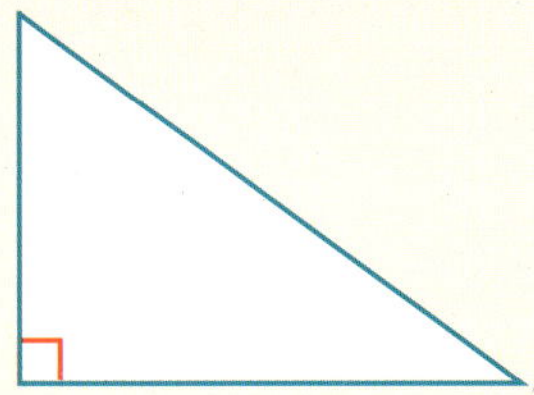

- Un **triangle rectangle** a 1 angle droit.

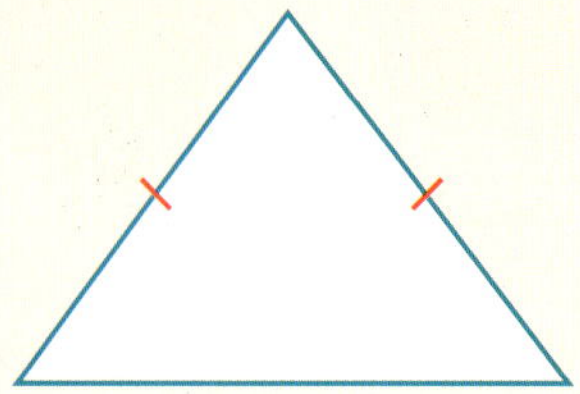

- Un **triangle isocèle** a 2 côtés égaux.

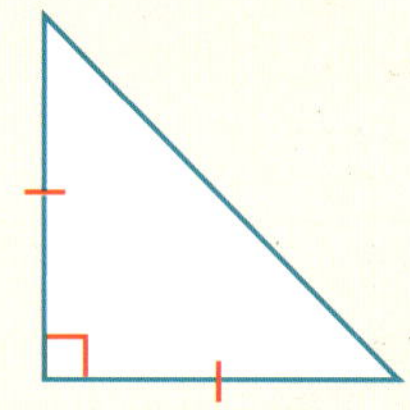

- Un **triangle rectangle isocèle** a 1 angle droit et 2 côtés égaux.

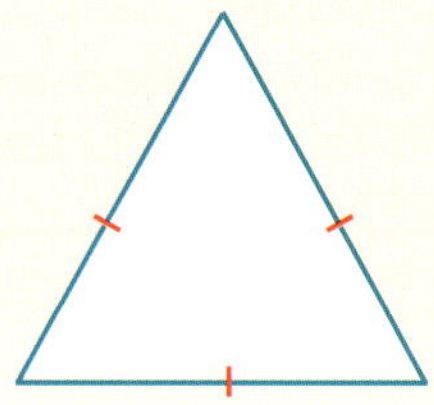

- Un **triangle équilatéral** a 3 côtés égaux.

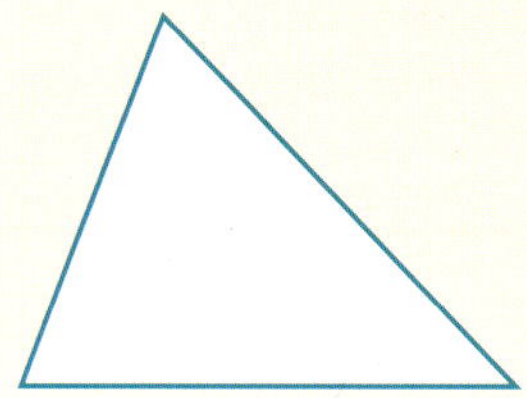

- Un triangle qui n'a aucune particularité est un **triangle quelconque**.

Je m'entraîne

1 * **Observe** bien les triangles. Puis **recopie** et **complète** le tableau en cochant les bonnes cases.

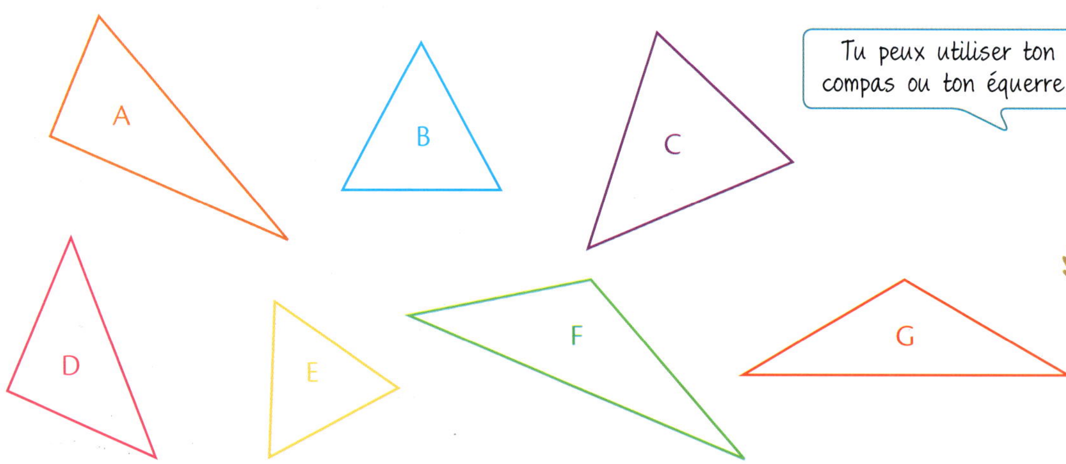

	A est un ...	B est un ...	C est un ...	D est un ...	E est un ...	F est un ...	G est un ...
triangle rectangle	X						
triangle isocèle							
triangle équilatéral							
triangle quelconque							

▶ **Objectifs :** Découvrir et décrire les différentes sortes de triangles et dégager leurs propriétés. Reproduire un triangle simple sans compas.

2 * Sur ton cahier, **trace** un triangle rectangle isocèle. Ses côtés perpendiculaires mesurent 5 carreaux.

3 ** **Reproduis** sur ton cahier le modèle de la frise puis **continue**-la.
Colorie en vert les triangles quelconques, en rouge les triangles rectangles isocèles et en orange les triangles rectangles.

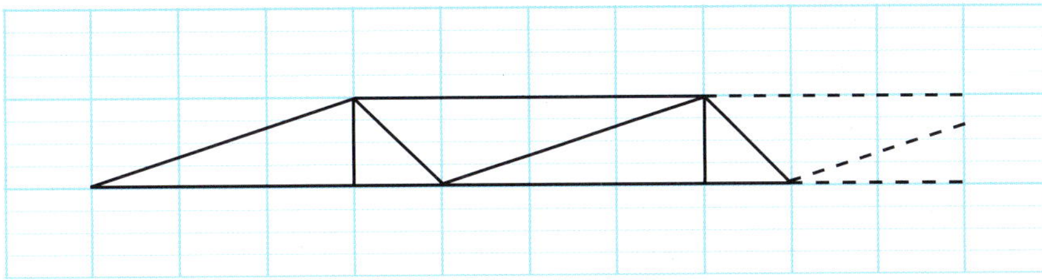

4 **

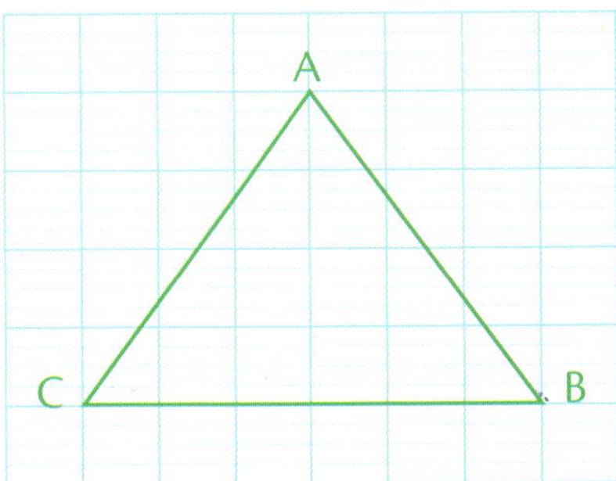

a. Sur ton cahier, **reproduis** le triangle ABC.
Que peux-tu dire de ce triangle ?

b. Trace son axe de symétrie.
Tu as fait apparaître 2 triangles.

c. Que peux-tu dire de ces 2 triangles ?

5 **

a. Trace un rectangle ABCD sur ton cahier.

b. Trace les deux diagonales qui se coupent en O. Elles font apparaître 8 triangles.

c. Écris la liste des triangles puis **indique** leurs noms, comme dans l'exemple.

ABC est un triangle rectangle.

6 **

a. Reproduis le triangle DEF sur ton cahier.

b. Sur la même ligne horizontale que D, **place** le point G.
Il se trouve 8 carreaux à droite de D.

c. Relie le point G à E et à F.

d. Recopie et **complète** les phrases.

DEF est un triangle ....
Le quadrilatère obtenu est un ....

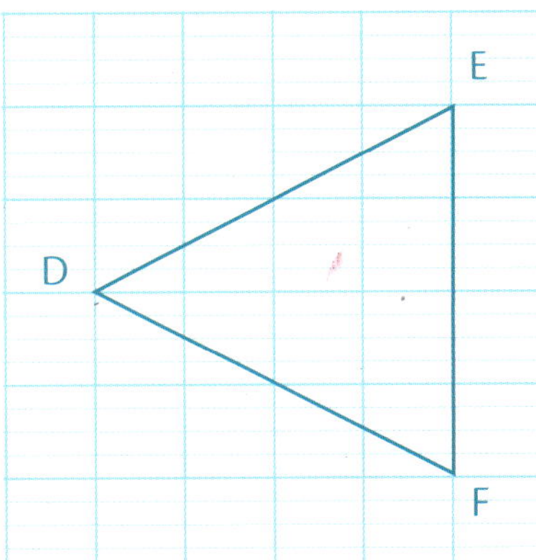

Je sais déjà

7 **Encadre** les nombres suivants entre les centaines de milliers les plus proches.

345 874 | 109 873 | 590 801 | 615 102 | 888 888

Si tu as terminé... exercice 10, p. 64

21 Multiplier par 10, 100, 1 000 et leurs multiples

▶ Calcul mental : Réviser la table de 9.
▶ Activité de découverte (Livre du maître) : Compter des liasses de billets de 10 € ou de 20 €.

Je comprends

• Pour multiplier par 10, 100 ou 1 000 :
écris 1, 2 ou 3 zéros à droite du chiffre des unités.

23 x 10 = 230
23 x 100 = 2 300
23 x 1 000 = 23 000

On écrit autant de zéros qu'il y en a dans 10, 100 ou 1 000.

• Pour multiplier par des multiples de 10 ou de 100 :
multiplie les nombres sans tenir compte des zéros, puis écris le **nombre total** de zéros qu'il y a dans les deux termes de la multiplication.

50 x 20
5 x 10 x 2 x 10
10 x 100 = 1 000

30 x 200
3 x 10 x 2 x 100
6 x 1 000 = 6 000

300 x 600
180 000

Je m'entraîne

1 * **Recopie** et **complète** les calculs.

8 x 10 = …
9 x 100 = …

72 x 10 = …
… x 100 = 60 000

900 x 100 = …
450 x … = 450 000

2 * **Recopie** et **complète** les calculs.

6 x … = 6 000
… x 100 = 8 000
… x 21 = 210
… x 1 000 = 10 000

67 x … = 67 000
… x 10 = 7 000
320 x … = 320 000
… x 1 000 = 40 000

Compte le nombre de zéros !

3 * **Écris** chaque multiplication puis **calcule** le résultat.

3 x 30 | 20 x 70 | 300 x 40 | 300 x 200

9 x 20 | 40 x 40 | 800 x 30 | 800 x 800

▶ Objectif : Multiplier un nombre par une dizaine, une centaine entière et un millier entier, en particulier par 10, 100 et 1 000.

4 * **Recopie** et **complète** avec <, > ou =.

Tu peux écrire les calculs intermédiaires.

60 x 30 ... 200 x 9

80 x 50 ... 200 x 6

700 x 40 ... 70 x 500

2 x 700 ... 50 x 30

400 x 60 ... 30 x 800

30 x 30 ... 3 x 300

5 * L'imprimeur a rangé des carnets dans des boîtes qui contiennent chacune 1 000 carnets.

a. Il a fait un envoi de 430 boîtes.
Combien de carnets y a-t-il dans cet envoi ?
b. Un client commande 20 000 carnets à l'imprimeur.
Combien de boîtes l'imprimeur doit-il envoyer ?

6 *

Dans le parc, il y a 800 oiseaux.
Chaque oiseau mange 600 graines par jour.
Tous les jours, il faut renouveler les graines.

Combien de graines faut-il acheter chaque jour ?

7 ** Avec les cartes suivantes, **écris** toutes les multiplications possibles pour obtenir 24 000.

3 30 40 80 300 600 800 8000

Il y a 8 multiplications possibles.

8 *** Maël, Lou, Axel et Sandy ont joué chacun à deux parties d'un jeu vidéo.

Recopie et **complète** les phrases avec les noms des enfants, comme dans l'exemple.

Lou a obtenu 100 fois plus de points à la partie 1 que Sandy.

- .... a obtenu 1 000 fois plus de points à la partie 2 que ....
- .... a obtenu 10 fois plus de points à la partie 1 que ...... à la partie 2.
- .... et .... ont obtenu 100 fois plus de points à la partie 1 qu'à la partie 2.

Si tu as terminé... exercices 11 et 12, p.65

22 La multiplication par un nombre à un chiffre

▶ Calcul mental : Réviser les tables de 6, 7, 8 et 9.
▶ Activité de découverte (Livre du maître) : Calculer le nombre de joueurs présents dans un tournoi de basket, de volley, de handball, de football ou de rugby.

Je comprends

Mme Lamode achète 3 robes à 87 € l'une. **Combien** va-t-elle payer ?

Tu peux calculer 87 x 3 de plusieurs façons :

• En ligne :

87 x 3 = (80 x 3) + (7 x 3)
87 x 3 = 240 + 21
87 x 3 = 261

• Dans un tableau :

x	3	
80	240	← 80 x 3
7	21	← 7 x 3
	261	

87 x 3 = 261 Mme Lamode va donc payer 261 €.

Je m'entraîne

1 * **Calcule** en ligne.

a. 24 x 3 = …
b. 78 x 4 = …
c. 39 x 6 = …

2 * **Calcule** en ligne, comme dans l'exemple.

165 x 7 = (100 x 7) + (60 x 7) + (5 x 7)
= 700 + 420 + 35 = 1 155

a. 243 x 4 = …
b. 319 x 2 = …

3 * **Calcule** dans un tableau.

a. 53 x 5 = …
b. 91 x 6 = …
c. 82 x 7 = …

4 * **Calcule** dans un tableau, comme dans l'exemple.

503 x 5

x	5
500	2 500
0	0
3	15
	2 515

402 x 8

246 x 6

5 * **Écris** ces multiplications et **calcule** selon la méthode de ton choix.

56 x 3 7 x 348 9 x 39 471 x 7

6 * Pour la kermesse de l'école, la directrice a commandé à la boulangerie 13 tartes au citron, 11 gâteaux au chocolat et 15 tartelettes aux fraises.

Combien a-t-elle payé en tout ?

▶ Objectifs : 1. Multiplier un nombre à trois chiffres par une unité entière à l'aide d'un tableau ou en décomposant.
2. Multiplier en colonnes *cdu* x *u*.

Je comprends

M. Iraloin a acheté 4 billets d'avion à 763 € chacun. **Combien** a-t-il payé en tout ?
Tu dois calculer la multiplication **4 x 763**.
Pose l'opération en colonnes :

		7	6	3	1
x				4	
	...	...	...	2	

1. 4 x 3 = 12.
J'écris 2 et je retiens 1.

		7	6	3	2 1̸
x				4	
	...	...	5	2	

2. 4 x 6 = 24.
J'ajoute la retenue 1, ce qui fait 25.
J'écris 5 et je retiens 2.

		7	6	3	2̸ 1̸
x				4	
	3	0	5	2	

3. 4 x 7 = 28.
J'ajoute la retenue 2, ce qui fait 30.
J'écris 30.

4 x 763 = 3 052 Donc M. Iraloin a payé 3 052 €.

Je m'entraîne

7 * **Recopie** et **calcule**.

```
  1 7 8        5 0 4
x     2      x     3
-------      -------
```

8 * **Pose** et **calcule** chacune des multiplications suivantes.

95 x 3 — 7 x 205 — 36 x 4 — 9 x 929

9 * Un camion transporte 8 motos de 307 kg chacune. **Quel poids** total transporte-t-il en tout ?

10 ** **Trouve** qui a bien posé son calcul, et **explique** pourquoi les autres se sont trompés.

a.

- Axel

```
  7 0 9
x     6
-------
4 2 5 4
```

- Lou

```
  7 0 9
x     6
-------
  4 7 4
```

- Maël

```
  7 0 9
x     6
-------
4 2 5 6
```

b.

- Axel

```
      5 5 5
x         8
-----------
4 0 4 0 4 0
```

- Lou

```
  5 5 5
x     8
-------
4 0 0 0
```

- Maël

```
  5 5 5
x     8
-------
4 4 4 0
```

11 **

Au cinéma Multiplix, 731 adultes et 306 enfants ont vu le film « Là-bas » la première semaine de la projection.
Combien d'argent le cinéma a-t-il gagné cette semaine-là ?

Je sais déjà

12 **Lequel** de ces triangles est équilatéral ? **Vérifie**-le avec tes instruments de géométrie (règle graduée et compas).

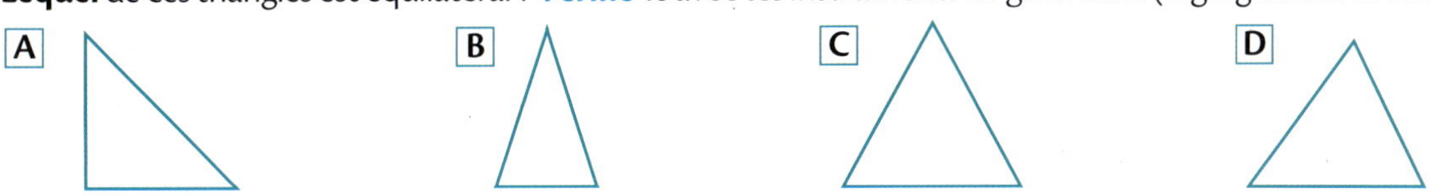

Si tu as terminé... exercices 13 et 14, p. 65

23 Le périmètre

▶ Calcul mental : Nombre et chiffre des dizaines dans *cdu* et *mcdu*.

▶ Activités de découverte (Livre du maître) :
Calculer la longueur de la clôture du jardin d'une fourmi.
Calculer les périmètres de carrés et de rectangles.

Je comprends

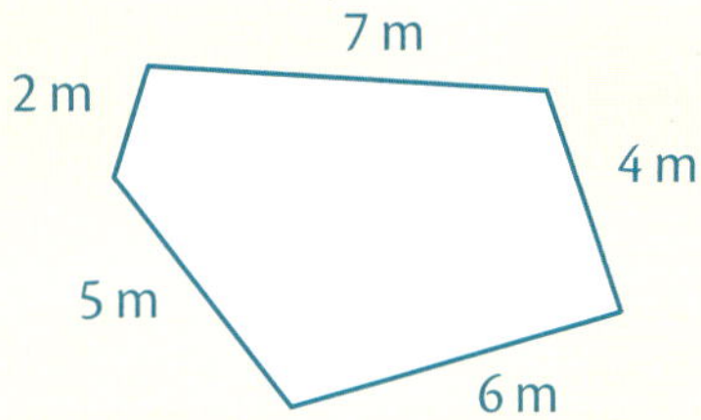

Le **périmètre (P)** d'un polygone est la somme des longueurs de ses côtés.

P = **2** + **7** + **4** + **6** + **5** = **24**

P = **24** m

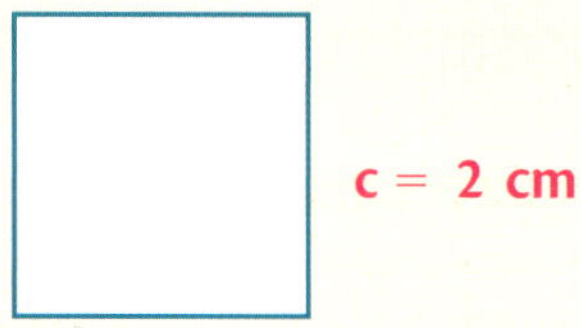

- Le **carré** a ses 4 côtés égaux, donc :

P = 4 x (**longueur du côté**)

P = 4 x **c**

P = 4 x **2**

P = 8 cm

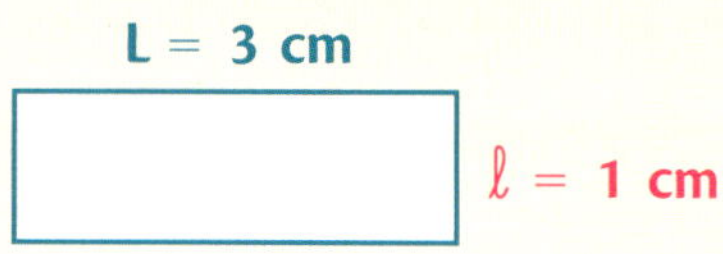

- Le **rectangle** a ses côtés opposés égaux 2 à 2, donc

P = 2 x (**longueur** + **largeur**)

P = 2 x (**L** + **ℓ**)

P = 2 x (**3** + **1**) = 2 x 4 = 8

P = 8 cm

Longueur + largeur, c'est le demi-périmètre.

Je m'entraîne

1 * **Mesure** les côtés en mm et **calcule** le périmètre de chaque polygone.

A

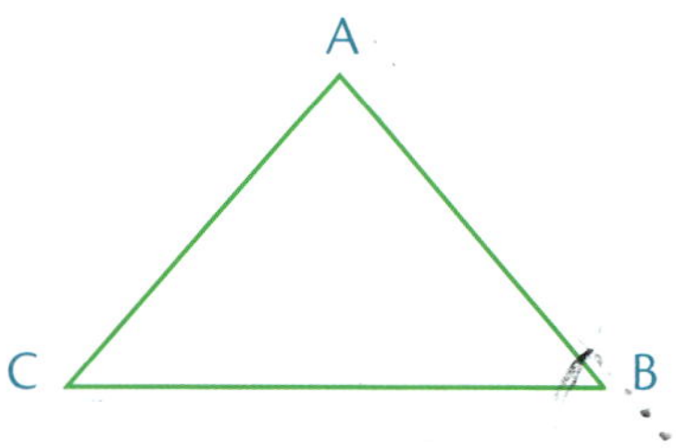

B

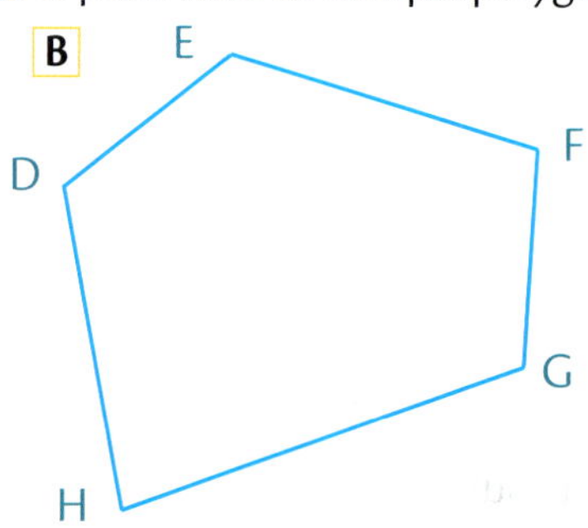

C

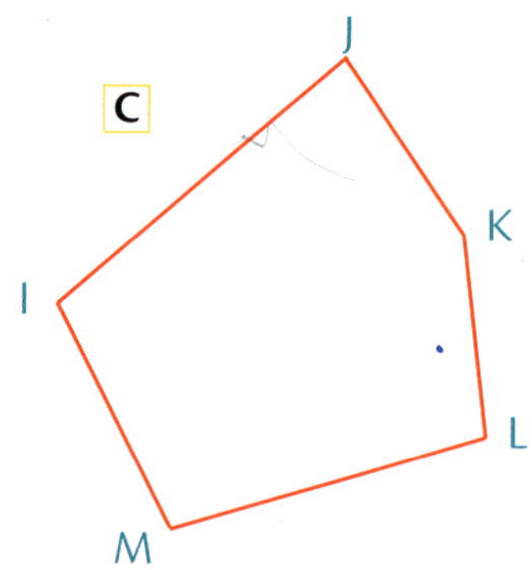

2 *

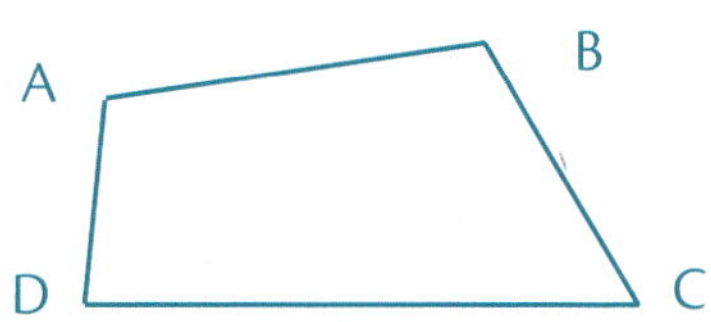

Mesure les côtés de ce quadrilatère, puis **calcule** son périmètre.
Écris l'opération que tu fais.

3 * Un terrain de basket a pour dimensions réglementaires 28 m de longueur et 15 m de largeur.
Calcule son périmètre.

4 * **Calcule** le périmètre :

a. d'un **carré** de 12 cm de côté.

b. d'un **rectangle** de longueur 80 cm et de largeur 4 cm.

c. d'un **rectangle** de 120 mm de long et de 34 mm de large.

▶ Objectifs : Calculer le périmètre d'un polygone. Connaître les formules du périmètre du carré et du rectangle.

5 *
a. Sur ton cahier, **trace** une ligne droite, puis **reporte** les longueurs des côtés du polygone en les plaçant bout à bout.

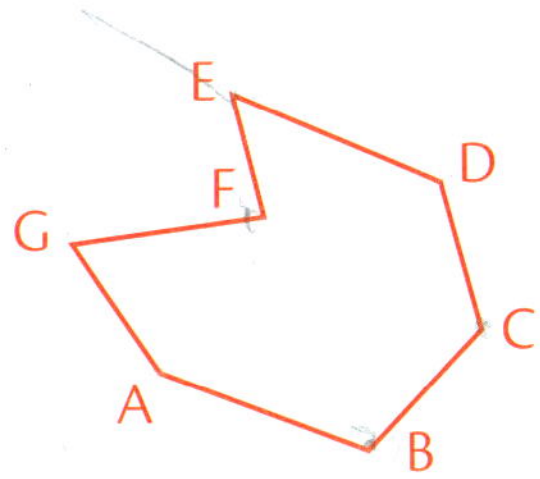

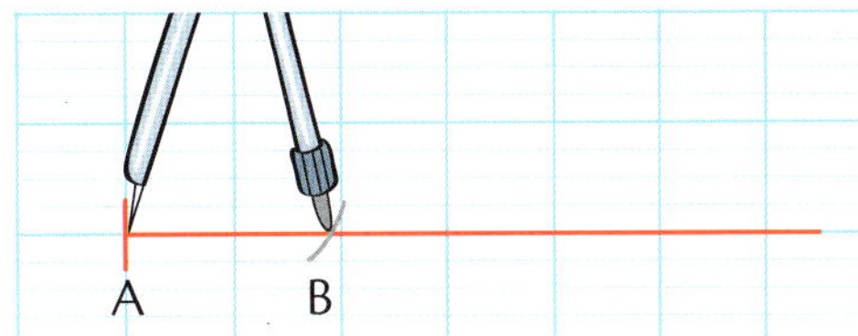

b. Mesure la longueur du segment obtenu sur ton cahier. **Que représente** cette longueur ?

6 **
Essi a taché sa feuille. **Calcule** la longueur manquante dans chaque polygone.

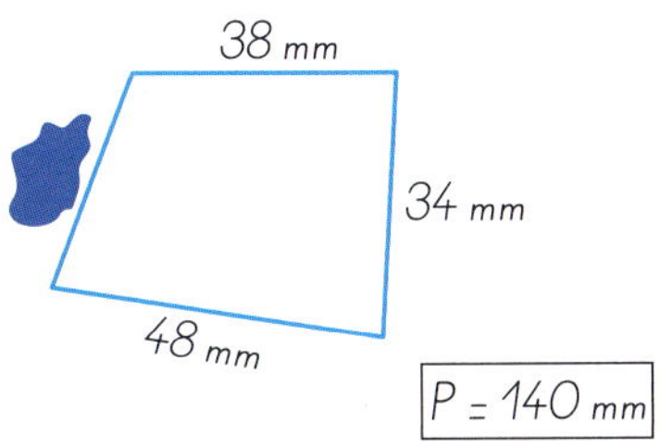

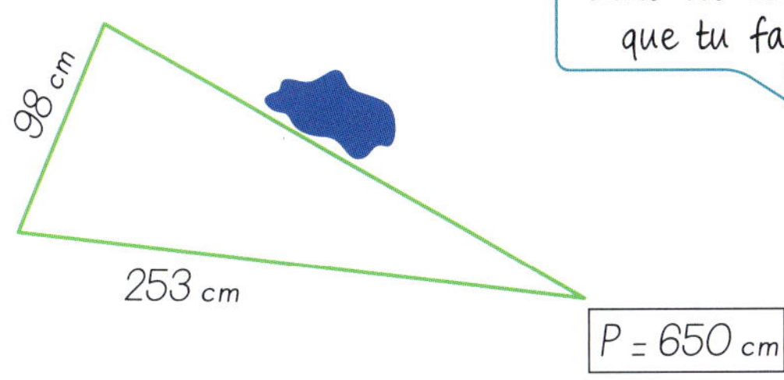

7 **
Calcule les périmètres des potagers de M. Court et de Mme Gette.
Écris toutes les longueurs en cm.

8 **
M. Legarde construit une clôture autour de sa maison. La clôture est située à 10 m de la maison.

Quel est le périmètre de la clôture ?

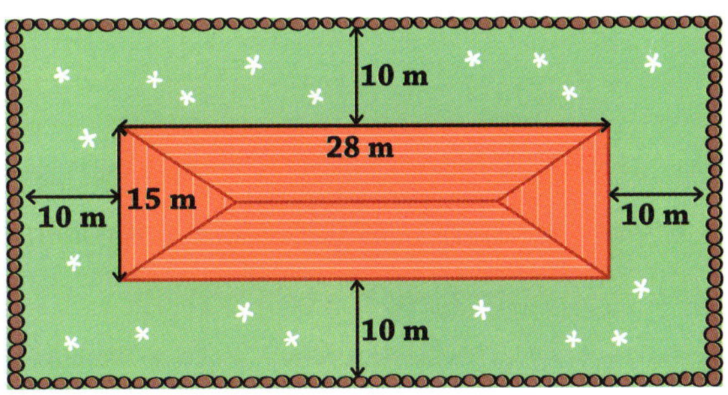

9 ***
Idriss a tracé un carré de 12 cm de côté.
Lou veut tracer un rectangle qui a le même périmètre.

Calcule la longueur et la largeur d'un rectangle comme veut le tracer Lou.
Tu peux commencer par calculer le demi-périmètre.

Si tu as terminé... exercice 15, p. 65

24 Les nombres jusqu'au milliard

▶ Calcul mental : Dictée de nombres supérieurs à 10 000.
▶ Activité de découverte (Livre du maître) :
Lire le prix de différents modèles d'avions.

Je comprends

En France, au 1er janvier 2009, il y avait **65 073 482** habitants.

classe des millions			classe des milliers			classe des unités		
c	d	u	c	d	u	c	d	u
	6	5	0	7	3	4	8	2

chiffre des millions (flèche vers le 5)

chiffre des dizaines de millions (flèche vers le 6)

Population de quelques pays (en habitants)
Brésil : 191 464 000
Espagne : 45 828 172
Maroc : 31 491 578
Thaïlande : 63 389 730

Attention, le mot « mille » est invariable, mais le mot « million » prend un s au pluriel.

- Lorsque tu écris un grand nombre en chiffres, **sépare la classe des millions, la classe des milliers et la classe des unités par des espaces.**
- Lorsque tu lis un grand nombre ou que tu écris en lettres, **sépare les classes par les mots « millions » et « mille ».**

soixante-cinq millions soixante-treize mille quatre cent quatre-vingt-deux

Je m'entraîne

1 * **Recopie** les nombres en mettant les espaces où il faut.

1604957   11349619   301884425   917021034

2 * **Relis** les données du Je comprends et **écris** en lettres le nombre d'habitants…

a. de l'Espagne.
b. du Maroc.
c. du Brésil.

Je fais attention aux mots « million », « mille » et aux tirets.

3 * **Décompose** les nombres, comme dans l'exemple.

5 206 070 = 5 000 000 + 200 000 + 6 000 + 70

1 008 900   20 050 000   99 400 000   91 703 060

4 * **Recopie** et **complète** les égalités, comme dans l'exemple.

3 200 500 = (3 x 1 000 000) + (2 x 100 000) + (5 x 100)
60 080 040 = (6 x 10 000 000) + …
… = (8 x 10 000 000) + (5 x 100 000) + 7
500 002 200 = …

Tu peux t'aider d'un tableau.

5 * **Écris** en chiffres.

a. Seize millions huit cent neuf mille sept cent quatre-vingts
b. Cinq millions trois cent cinquante mille
c. Deux cent quarante millions

▶ Objectifs : Lire, décomposer et écrire en chiffres et en lettres un nombre de neuf chiffres, connaître la valeur de chaque chiffre dans un nombre.

25 Comparaison et encadrement des nombres jusqu'au milliard

▶ Calcul mental : Dictée de nombres supérieurs à 100 000.
▶ Activité de découverte (Livre du maître) : Comparer les prix de différents modèles d'avions.

Je comprends

• **Pour comparer deux grands nombres, commence par comparer la classe des millions.**

470 254 000 [?] 18 395 999

470 > 18

donc 470 254 000 > 18 395 999

Si la classe des millions est identique, compare la classe des milliers, puis, si nécessaire, la classe des unités.

170 356 605 [?] 170 623 230

170 = 170

356 < 623

donc 170 356 605 < 170 623 230

• **Pour encadrer un grand nombre entre deux millions consécutifs, sers-toi de la classe des millions.**

Par exemple, **23** 000 000 < **23** 451 578 < **24** 000 000

Je m'entraîne

1 * **Complète** avec $<$ ou $>$.

73 600 129 … 140 851 350
7 591 904 … 8 295 524
65 432 109 … 65 432 190
989 052 981 … 99 005 299

2 * **Range** chaque série de nombres dans l'ordre **décroissant**.

a. 960 000 000, 99 999 999, 98 765 432
b. 4 045 780, 39 000 000, 5 948 126
c. 99 999 999, 100 000 000, 99 909 999, 99 999 909

3 * **Recopie**, puis **encadre** chaque nombre par deux millions consécutifs, comme dans l'exemple.

43 millions < 43 352 569 < 44 millions

74 908 451 9 452 708

4 ** **Écris** en chiffres…

a. un nombre plus grand que 195 millions.
b. un nombre situé entre 99 millions et 100 millions.

5 ** Il y a 27 927 125 pièces d'or dans le trésor du roi Fripon. Un de ses conseillers s'enfuit en emportant 2 millions de pièces d'or.
Combien de pièces d'or reste-t-il au roi ?
Encadre ton résultat entre deux millions consécutifs.

Je sais déjà

6 **Pose** et **calcule** les multiplications suivantes.

12 x 3 37 x 4 29 x 8 121 x 5 402 x 6 789 x 9

▶ Objectifs : Comparer et ranger des nombres de 1 à 9 chiffres. Encadrer au million près.

Si tu as terminé… exercice 16, p. 65

26 Interpréter et construire des tableaux

▶ **Calcul mental** : *cdu* ou *mcdu* + *d* (sans franchir la centaine supérieure, puis en la franchissant).

▶ **Activité de découverte (Livre du maître)** : Lire et construire l'emploi du temps d'un élève de collège.

Je comprends

Un tableau permet de présenter de façon claire de nombreuses informations.
Dans le tableau qui suit, chaque ligne est réservée à un **animal** et chaque colonne à **une caractéristique des animaux.**
Le **titre** indique quelles données sont représentées dans le tableau.

Caractéristiques de certains animaux

Caractéristiques / **Animal**	Poids	Hauteur	Nourriture
Girafe	600 à 1 800 kg	5 à 6 m	herbivore
Autruche	120 à 140 kg	2 m	omnivore
Gazelle	40 à 80 kg	1 m	herbivore
Hyène	45 à 85 kg	70 à 90 cm	carnivore

Pour connaître le poids d'une autruche, consulte la case qui se trouve au croisement de la ligne « Autruche » et de la colonne « Poids ». Une autruche pèse de 120 à 140 kg.

Je m'entraîne

1* **Lis** bien le tableau du Je comprends, puis **réponds** aux questions suivantes.

a. **Combien** pèse une hyène ?
b. **Quel animal** est carnivore ?
c. **Quels animaux** pèsent plus de 100 kg ?
d. **Quel animal** mesure 1 m de hauteur ?

2* **Lis** bien le tableau suivant, puis **écris** si chaque phrase est **vraie** ou **fausse**.

Station de ski
La bosse Dématte

Tarifs des forfaits de remontée mécanique

Prix par personne / Forfait	Adulte	Enfants (moins de 14 ans)	Groupe (10 personnes ou plus)
Demi-journée	20 €	13 €	12 €
Journée	30 €	17 €	15 €
Week-end	50 €	30 €	25 €
Semaine	150 €	80 €	70 €

A Le prix du forfait à la journée pour un adulte est 17 €.

B Le prix du forfait à la semaine pour un enfant de moins de 14 ans est 80 €.

C Yasmine a 10 ans. Son père l'emmène skier un week-end. Il devra payer 80 € en tout.

D Un groupe de 20 personnes passe la journée à la station de ski. Ils devront payer 150 € en tout.

▶ **Objectifs** : Interpréter, construire un tableau à double entrée en vue d'un traitement des données.

3 ** Essi a fait le compte des élèves de son école.

- En CP, il y a **32** élèves : **18** garçons et **14** filles.
- En CE1, il y a **27** élèves, dont **12** garçons.
- En CE2, il y a **17** garçons et **11** filles.
- En CM1/CM2, il y a **25** élèves, dont **12** filles.

Elle veut présenter ces données dans un tableau.

a. Recopie le tableau ci-contre, puis **complète**-le avec les données d'Essi.

b. Complète les cases vides. **Écris** tes calculs.

c. Réponds aux questions suivantes.

- **Dans quelle classe** y a-t-il le moins de filles ?
- **Dans quelles classes** y a-t-il plus de garçons que de filles ?
- **Combien** de garçons y a-t-il en tout dans l'école ? **Pose** l'opération sur ton cahier.

Élèves / Classe	Garçons	Filles	Total
CP			
CE1			
CE2			
CM1/CM2			

4 ** **Lis** le texte suivant.

« Au parc de loisirs Luna Plus, il y a eu 12 100 entrées en juin, 14 550 en juillet, et 13 820 en août. Au parc de loisirs Europarc, il y a eu 9 390 entrées en juin, 10 370 en juillet et 11 010 en août. »

Lou et Axel ont représenté dans un tableau les données de ce texte.

- Lou

	Juin	Juillet	Août
Luna Plus	9 390	10 370	11 010
Europarc	12 100	14 550	13 820

- Axel

	Juin	Juillet	Europarc
Luna Plus	12 100	14 550	13 820
Août	9 390	10 370	11 010

a. Quelles erreurs ont faites Lou et Axel ?

b. Construis un tableau correct représentant les données du texte.

5 ** **Lis** le texte suivant, puis **construis** un tableau. **Remplis**-le et **complète**-le à partir des données du texte.

Théo a 10 ans. Il a les yeux bleus, pèse 36 kg et mesure 1 m 40 cm.
Jade a 9 ans. Elle pèse 30 kg et mesure 1 m 35 cm. Elle a les yeux marron.
Mathis mesure 1 m 45 cm et pèse 40 kg. Ses yeux sont marron et il a 12 ans.

Avant de construire ton tableau, **repère** les différentes informations qui sont données sur chacun des enfants pour bien identifier le nombre de colonnes (pour les caractéristiques) et de lignes (pour les enfants) nécessaires.

Si tu as terminé... exercice 17, p. 65

PROBLÈMES 4

▶ Calcul mental : *mcdu* + *c* (sans franchir le millier supérieur, puis en le franchissant).
▶ Activité de découverte (Livre du maître) :
Représenter des situations additives et soustractives à l'aide de schémas.

Je comprends

Dessiner un schéma pour représenter les données d'un problème aide à le résoudre facilement.

1. **Lis** bien l'énoncé. **Repère** la question et les données utiles.

→ Le compteur de la voiture de Mme Peunault indique 17 500 km. Elle doit passer un contrôle technique à 20 000 km. Dans combien de kilomètres doit-elle passer le contrôle ?

2. Tu peux **faire** différents types de schémas pour représenter la situation.

→ • **Schéma n° 1**

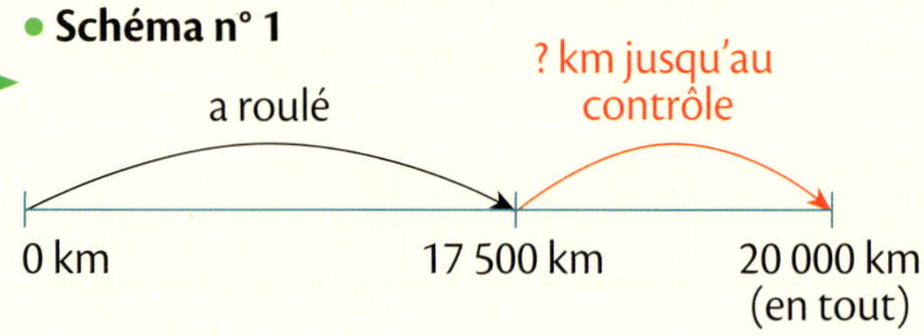

• **Schéma n° 2**

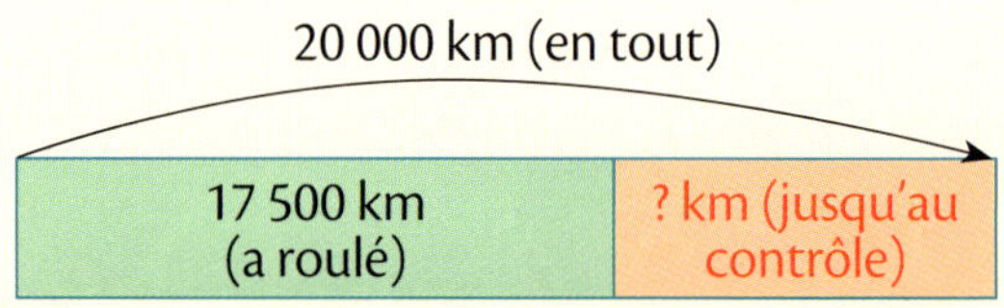

3. **Choisis** ta méthode pour résoudre le problème.

→ • On peut faire une soustraction.
20 000 − 17 500 = 2 500
• On peut aussi faire une addition à trou.
17 500 + ... = 20 000
17 500 + 2 500 = 20 000

4. **Écris** ta **phrase réponse.**

→ La voiture devra parcourir 2 500 km jusqu'au prochain contrôle.

1* **Lis** chaque problème, puis **recopie** le schéma et **complète**-le avec les données du problème qui conviennent. **Écris** la phrase réponse.

a. Le grand frère de Steve a acheté une console de jeux vidéo qui coûte 169 €. Il a payé avec un billet de 200 €. **Combien** va-t-on lui rendre ?

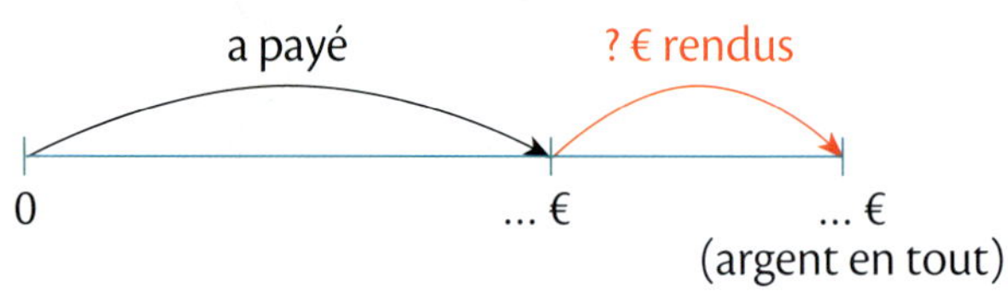

b. Lou a 650 vignettes. Maël en a 45 de moins que Lou. Essi en a 65 de plus que Maël. **Combien** Essi a-t-elle de vignettes ?

• **Étape 1**
Je cherche le nombre de vignettes de Maël.

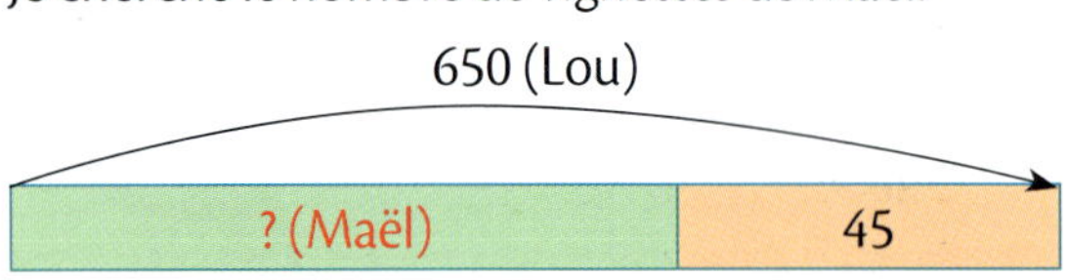

• **Étape 2**
Je cherche le nombre de vignettes d'Essi.

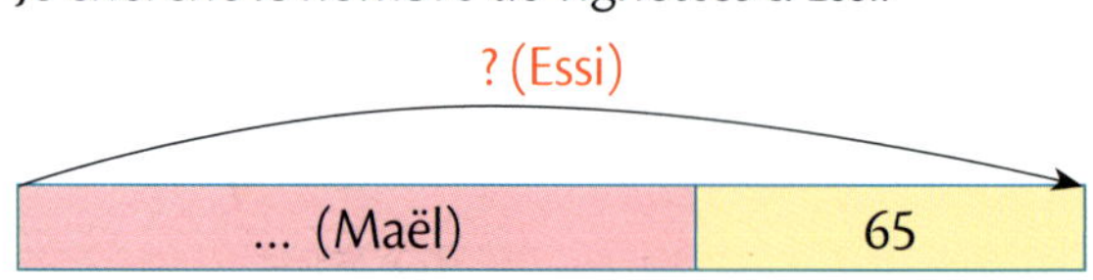

▶ Objectif : Résoudre des problèmes à l'aide d'un dessin ou d'un schéma.

2 * **Regarde** bien le dessin.

Combien M. Armano va-t-il devoir payer ?

Aide-toi d'un schéma pour répondre.

3 ** Un cycliste de 20 ans parcourt un circuit de 540 km.
Le premier jour, il roule 120 km.
Le deuxième jour, il roule 210 km.
Le troisième jour, il finit le circuit.
Quelle distance a-t-il parcourue le troisième jour ?

a. **Trouve** le schéma qui correspond au problème et **recopie**-le.

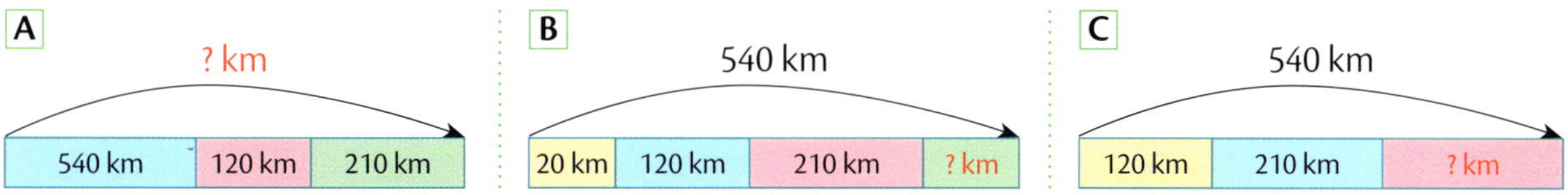

b. **Complète** le schéma que tu as recopié.

c. **Résous** le problème et **écris** ta phrase réponse.

4 ** **Lis** le problème puis **recopie** le schéma.

Luc a 153 €. Axel a deux fois plus d'argent. **Combien** d'argent ont-ils en tout ?

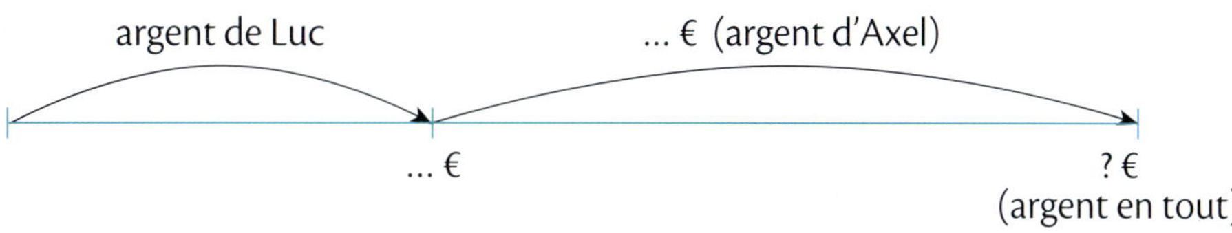

5 ** **Résous** les problèmes suivants en t'aidant d'un schéma.

a. Essi a ramassé 17 oranges. Idriss en a ramassé 12 de plus. **Combien** d'oranges ont-ils ramassées **en tout** ?

b. La population de l'Égypte en 2009 était de 83 100 000 habitants. Celle du Maroc la même année comptait 48 200 000 habitants en moins.

Combien d'habitants y avait-il en tout dans ces deux pays en 2009 ?

6 ** La classe de CM1 participe à un cross. Il faut faire 2 fois le parcours suivant (le départ et l'arrivée se font de l'arbre).

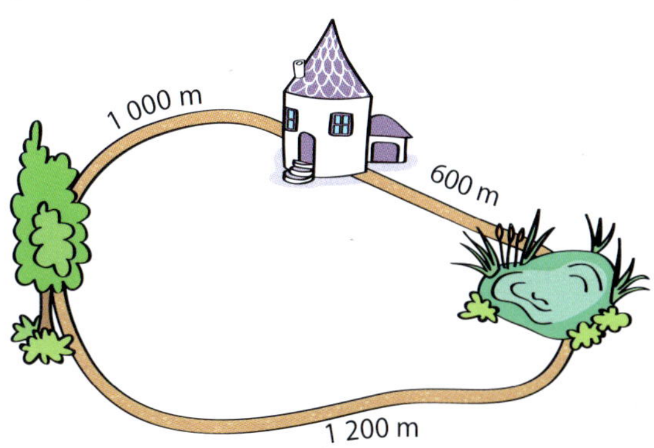

Quelle distance doivent parcourir les élèves dans ce cross ? **Aide-toi** d'un schéma.

Si tu as terminé… exercice 18, p. 65

JE FAIS LE POINT 2

1 Dans un tableau de conversion, **écris** les longueurs suivantes.

123 hm — 2 km 34 dam — 2 km 6 m — 420 m

2 **Recopie** et **complète**.

20 m = ... dam

2 km = ... m

9 km = ... dam

7 m = ... cm

3 À l'aide d'un réseau de parallèles, **écris** les droites qui sont parallèles à (a).

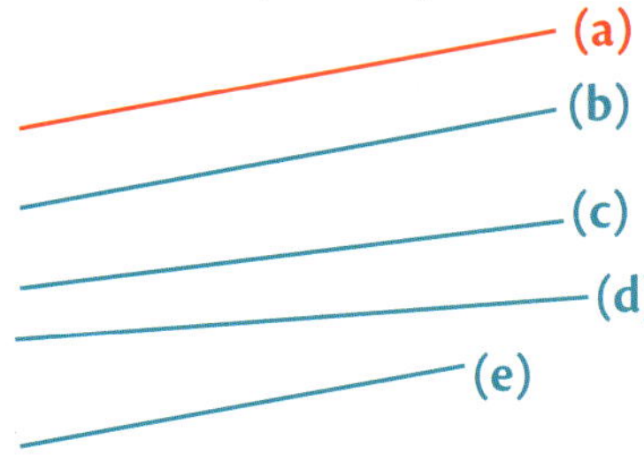

4

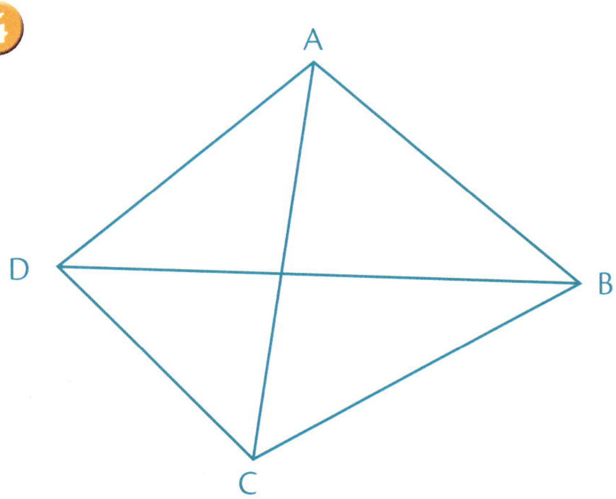

Recopie et **complète** les phrases avec les mots **côté(s)**, **sommets**, **diagonales**, **quadrilatère**.

a. AD est un ... du ... ABCD.

b. ABCD est un ... qui a 4 ... et 4 ... .

c. BD et AC sont des ... du ... ABCD.

5 **Écris** pour chaque phrase si elle est **vraie** ou **fausse**.

a. Les côtés opposés d'un rectangle sont parallèles.

b. Les côtés opposés d'un quadrilatère sont égaux.

c. Les côtés opposés d'un losange sont égaux

d. Un losange a 4 angles droits.

6 **Écris** le résultat des multiplications suivantes.

4 x 7 — 8 x 6 — 7 x 9

7 **Recopie** en choisissant la bonne réponse.

a. 12, 18 et 36 sont des multiples de 4 / 6 / 8.

b. 20, 40 et 80 sont des multiples de 15 / 20 / 30.

8 La grand-mère d'Axel a acheté 7 pizzas et 9 bouteilles de jus d'orange.
Combien a-t-elle payé en tout ?

9 **Observe** bien le dessin. **Trouve** quel triangle est…

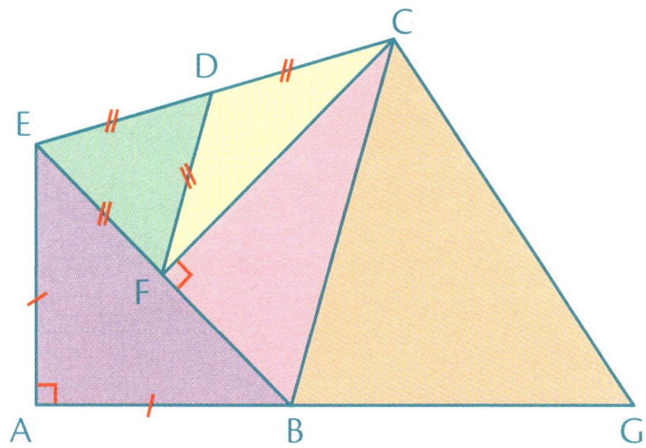

a. rectangle.
b. isocèle.
c. quelconque.
d. rectangle isocèle.
e. équilatéral.

10 **Recopie** et **complète**.

100 x 100 = …
20 x 300 = …

30 x … = 300
… x 500 = 15 000

200 x … = 20 000
40 x … = 20 000

11 **Pose** et **calcule**.

12 Mme Lartiste a acheté un cadre carré.
Calcule son périmètre.

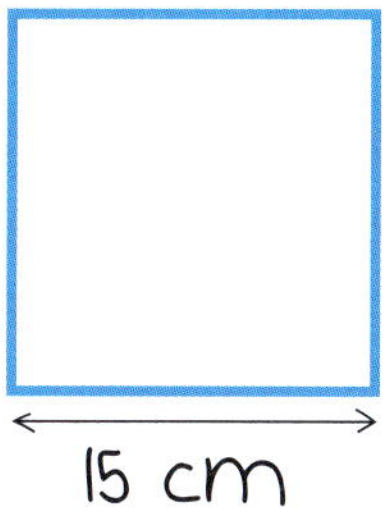

13 **Écris** en chiffres.

Soixante-deux millions sept mille quatre-vingt-cinq

14 **Range** ces nombres dans l'ordre croissant.

80 800 128 000 8 000 800 80 088

15 **Recopie** et **complète** le tableau avec les données.
- Axel a eu **12** en maths, **15** en français et **18** en histoire.
- Sandy a eu **16** en français, **12** en maths et **14** en histoire.
- Luc a eu **8** en histoire, **10** en maths et **11** en français.

	Maths	Français	Histoire
Axel			
Sandy			
Luc			

16 Maël, Essi et Lou ont acheté chacun un ticket pour voir un film.
Ils ont payé avec un billet de 50 €. **Combien** le caissier va-t-il leur rendre ?
Indique quel schéma correspond au problème puis **résous** le problème.

A

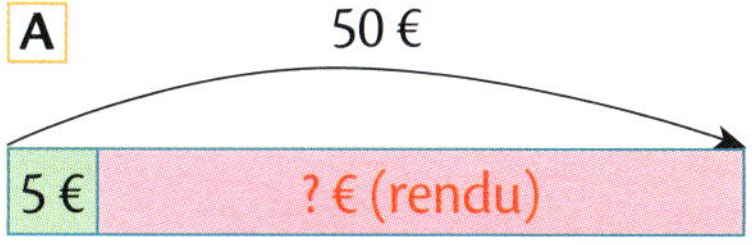

B

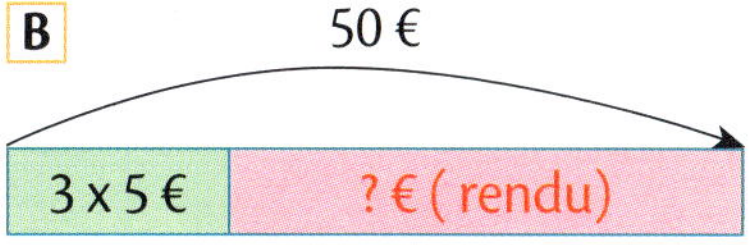

C

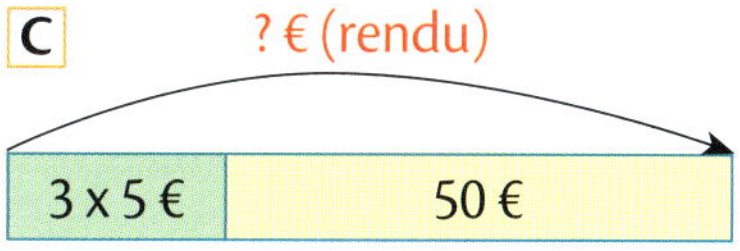

LEÇON 15 — pp. 36-37

1 **Recopie** et **complète**.

90 dam + ... dam = 1 km

90 m + ... m = 1 km

1 m + ... m = 1 dam

1 m + ... m = 1 hm

2 Luc a besoin de dix bandes de tissu de 120 cm chacune. **Quelle longueur** de tissu doit-il acheter en tout ? **Écris** ta réponse en **dam** et **m**.

3 **Recopie** et **complète** avec les bonnes unités.

23 hm = 2 ... 3 ... — 2 km 34 dam = ... dam

420 m = 42 ... — 2 km 6 hm = 26 ...

LEÇON 16 — pp. 38-39

4 **Observe** bien le dessin, puis **recopie** et **complète** le tableau avec **vrai** ou **faux.**

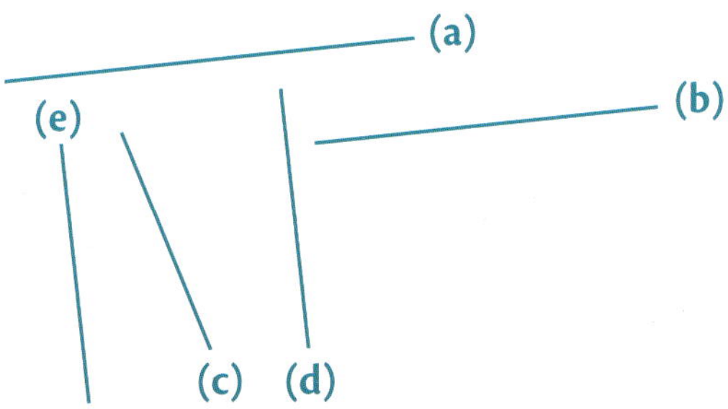

(a) ⊥ (b)	
(d) // (e)	
(a) ⊥ (d)	
(d) // (c)	

LEÇON 17 — pp. 40-41

5 **a. Trace** 2 quadrilatères différents qui ont chacun 2 côtés parallèles.

b. Trace 2 quadrilatères différents qui ont chacun 2 côtés perpendiculaires.

6 **Trace** un quadrilatère qui a 3 angles droits. **Que** peux-tu dire du quatrième angle ?

LEÇON 18 — pp. 42-43

7 En utilisant les touches 6, 7, + et =, **obtiens** les résultats suivants.

73 — 83 — 673

LEÇON 19 — pp. 44-45

8 **Recopie** et **complète** avec >,< ou =.

4 x 8 ... 5 x 7 — 3 x 10 ... 40 − 10

7 x 8 ... 6 x 9 — 6 x 7 ... 100 − 58

PROBLÈMES 3 — pp. 46-47

9 Le conducteur du bus note dans un tableau le nombre de passagers qui sont **montés** et **descendus** à chaque arrêt. Le bus est vide au départ.

	Montent	Descendent
Avenue des Maths	15	0
Rue des Billes	12	0
Parc aux Oiseaux	23	7
Hôtel de Ville	3	15
Place des Orangers	7	?

a. Combien de passagers y avait-il dans le bus après l'arrêt « Parc aux Oiseaux » ?

b. Après l'arrêt « Place des Orangers », il y avait 23 passagers dans le bus. **Combien** de passagers sont descendus à cet arrêt ?

LEÇON 20 — pp. 48-49

10 **a. Trace** un carré puis ses diagonales. Tu as fait apparaître 8 triangles.

b. Recopie et **complète** la phrase avec le mot **isocèles, rectangles**, **rectangles isocèles** ou **équilatéraux**.

Tous les triangles sont des triangles ... .

LEÇON 21 pp. 50-51

11 Un fabricant de DVD doit ranger 500 000 DVD dans des paquets.
Combien de paquets doit-il faire s'il les range dans des paquets...

a. de 1 000 ?
b. de 500 ?
c. de 2 000 ?
d. de 5 000 ?

Tu peux faire un multiplication à trou : 1 000 x ? = 500 000

12 **Complète** avec les nombres qui conviennent.

20 x 400 = 2 x ...
600 x 400 = 30 x ...
100 x 200 = 40 x ...
2 000 x 20 = 500 x ...

LEÇON 22 pp. 52-53

13 **Pose** et **calcule** ces produits. Tu peux vérifier avec ta calculatrice.

39 x 8 119 x 8 309 x 8

Observe bien le chiffre des unités de chaque résultat. **Que** remarques-tu ?
Peux-tu expliquer pourquoi ?

14 Dans une classe de CM1, la maîtresse a demandé aux élèves de calculer 347 x 9.

Voici 4 résultats obtenus.

3 126 3 123 3 097 3 209

Sans effectuer la multiplication, pourrais-tu dire quel résultat est le bon ?

Observe le chiffre des unités.

LEÇON 23 pp. 54-55

15 Mme Tomate a deux parcelles dans son jardin.
La parcelle jaune est un carré
La parcelle verte est un rectangle.

Calcule le périmètre...
a. de la parcelle jaune.
b. de la parcelle verte.
c. du jardin de Mme Tomate.

LEÇON 25 p. 57

16 **Qui** suis-je ?

- Je suis un nombre de 9 chiffres.
- Chaque classe est formée par les chiffres 3, 4 et 5.
- Je suis situé entre 340 et 350 millions.
- Mon chiffre des centaines de mille est égal au chiffre des centaines de millions et au chiffre des dizaines.
- Mon chiffre des milliers est égal au chiffre des dizaines de millions et au chiffre des centaines.

LEÇON 26 pp. 58-59

17 À eux deux, Margot et Idriss ont 25 romans et 25 BD.

Avec ces données, **recopie** et **complète** le tableau.

	Margot	Idriss	Ensemble
Romans	12		
Magazines	5	7	
BD		18	

PROBLÈMES 4 pp. 60-61

18 **Lis** le problème et **résous**-le en t'aidant d'un schéma.

Mme Hifi a acheté une télévision. Il lui reste maintenant 220 €.
Combien d'argent avait-elle au départ ?

27 Tracé de symétriques

▶ Calcul mental : Multiplier *du* ou *cdu* par 10, 100 ou 1 000.

▶ Activité de découverte (Livre du maitre) : Distinguer le symétrique d'une figure de sa reproduction à l'identique.

Je comprends

Axel veut tracer le symétrique du bateau par rapport à l'axe rouge.

1. Il **reporte** les sommets de la figure sur les nœuds du quadrillage à la même distance de l'axe, mais de l'autre côté.

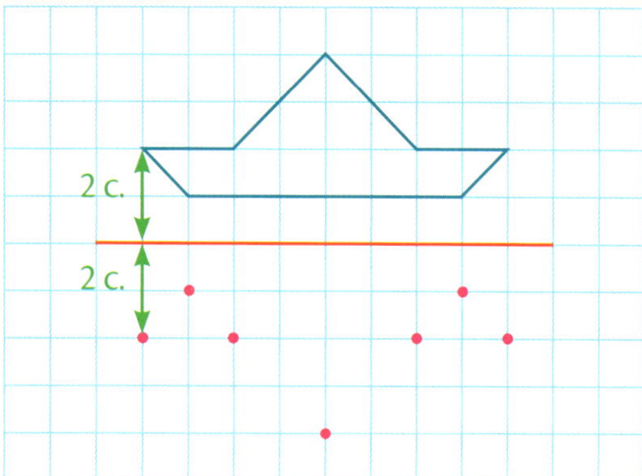

2. Il **relie** ces points à la règle ou à main levée.

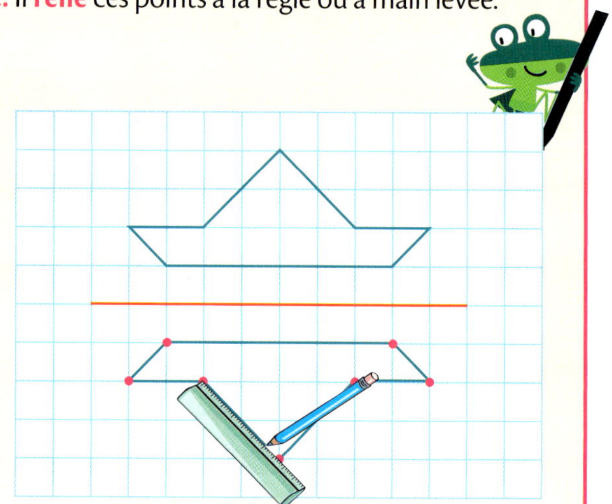

Je m'entraîne

1 * Margot, Steve et Yasmine ont tracé le symétrique de la figure ci-dessous par rapport à l'axe rouge.
Un seul a correctement fait son tracé. **Lequel ?**

Figure de départ

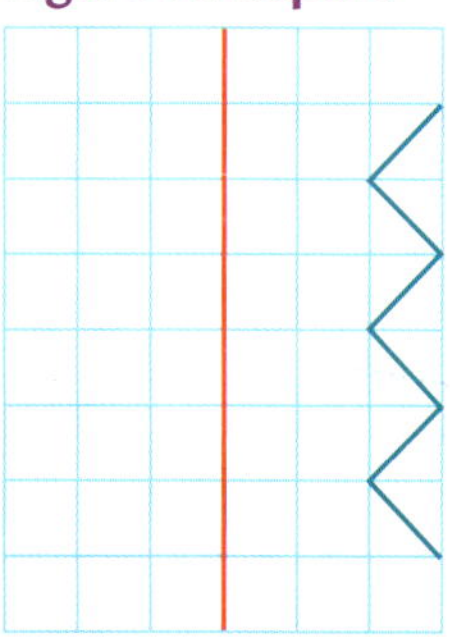

• **Margot**

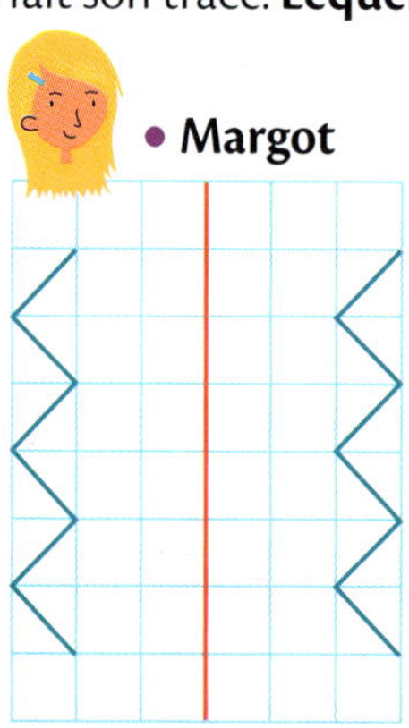

• **Steve**

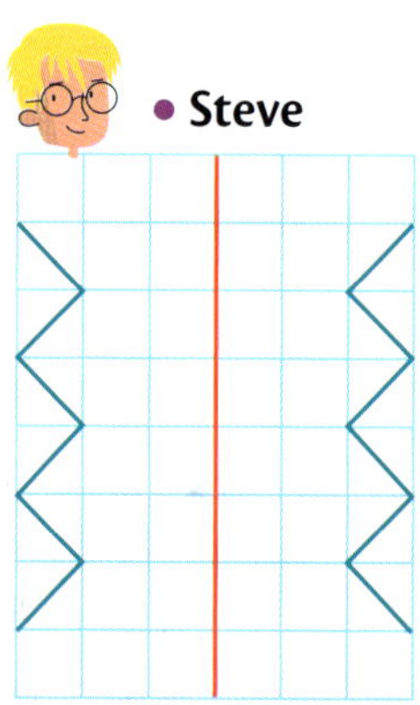

• **Yasmine**

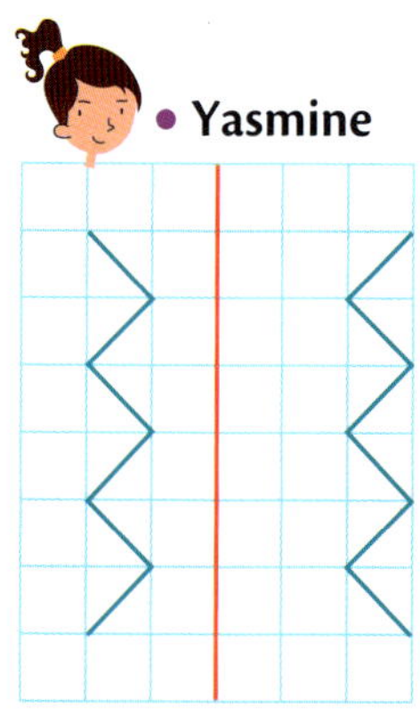

2 * **Reproduis** les figures sur le papier qui convient et **trace** l'axe rouge. Puis **complète** chaque figure en respectant la symétrie.

A

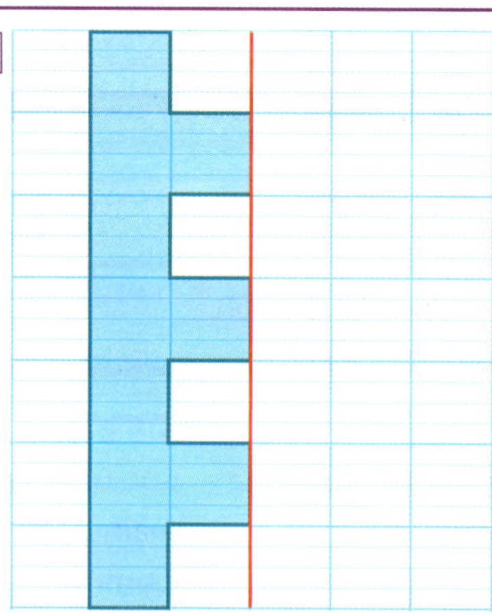

B

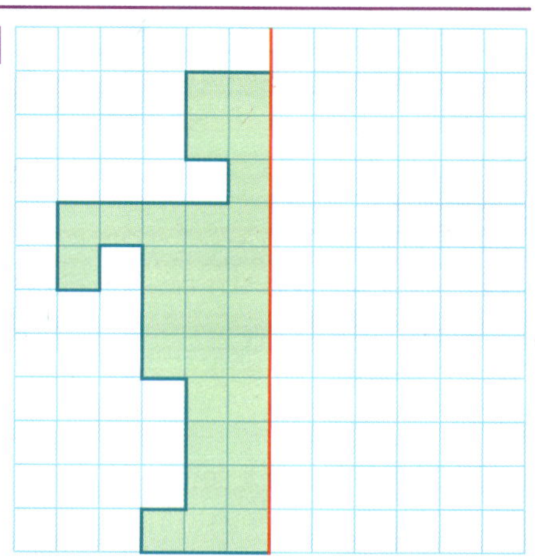

▶ Objectif : Tracer, sur papier quadrillé ou à l'aide de papier calque, le symétrique d'une figure donnée par rapport à une droite donnée.

3 * **Reproduis** les figures sur le papier qui convient, puis **trace** le symétrique de la figure par rapport à l'axe rouge.

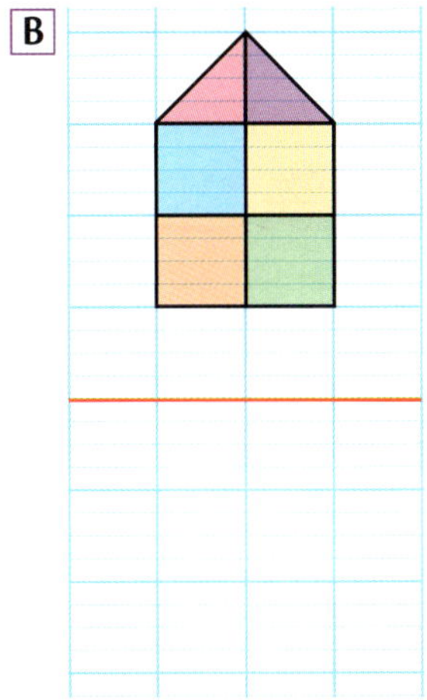

4 ** **Trace** à main levée chaque figure sur une feuille blanche, puis son symétrique par rapport à l'axe rouge. **Quels mots** obtiens-tu ?

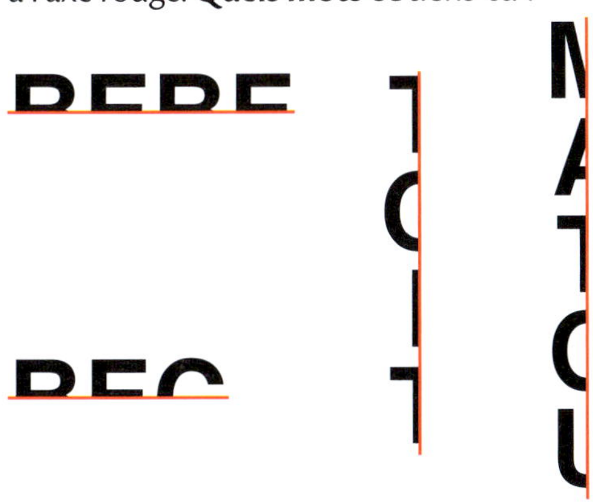

5 ** **Reproduis** la figure sur papier-calque et **trace** son symétrique par rapport à l'axe rouge. Tu peux plier pour t'aider.

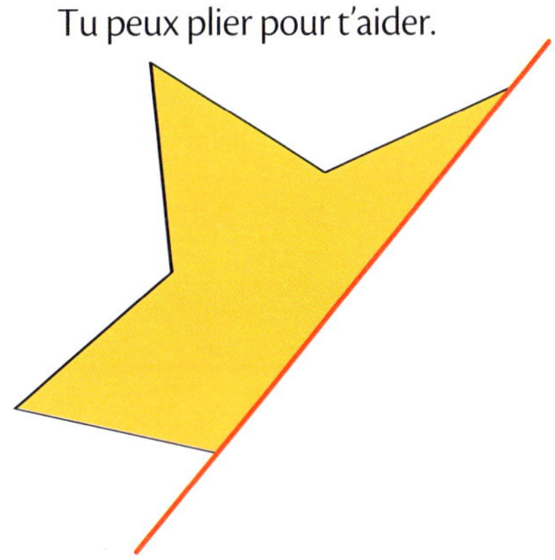

6 **

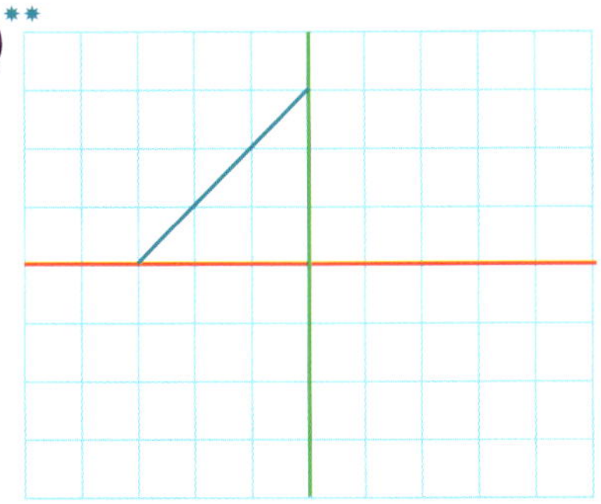

a. Reproduis la figure sur le papier qui convient.

b. Trace le symétrique du segment bleu par rapport à l'axe rouge, puis **trace** le symétrique de la figure obtenue par rapport à l'axe vert.

c. Quelle figure obtiens-tu ?

Utilise ton compas et ton équerre pour vérifier.

Je sais déjà

7 **Calcule** le périmètre des carrés et des rectangles suivants.

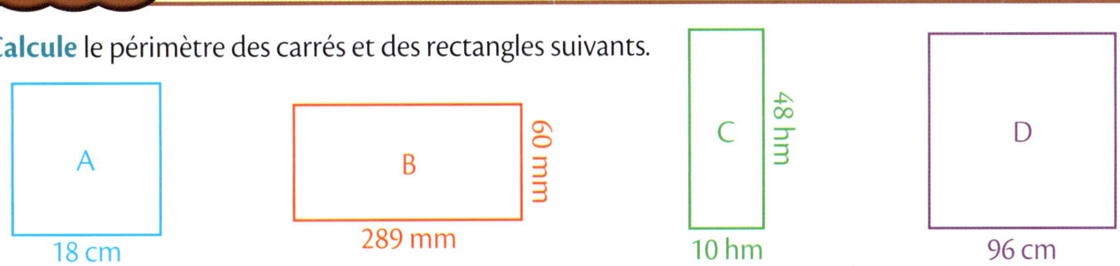

Si tu as terminé... exercice 1, p. 94

28 La multiplication posée

▶ Calcul mental : Multiplier *du* par *d* ou *c*.
▶ Activité de découverte (Livre du maître) : Calculer le prix de plusieurs articles identiques.

Je comprends

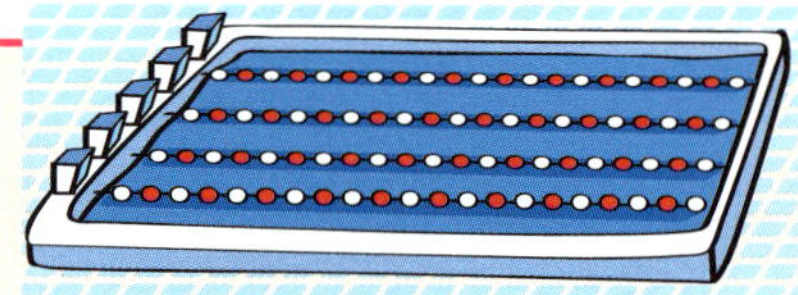

Pour son entraînement aux Jeux olympiques, le champion de France doit parcourir 53 bassins de 25 m chacun.
Quelle distance a-t-il parcourue en tout ?
Pour répondre à la question, tu dois **calculer** 53 x 25.

• À l'aide d'un tableau

x	3	50	
5	15	250	265
20	60	1 000	1 060
			1 325

• En posant la multiplication

Calcule d'abord 5 x 53. ⟶ 265
Ensuite, **calcule** 20 x 53. ⟶ 1060
Puis **additionne**. ⟶ 1325

		5	3	$\not{1}$
x		2	5	
	2	6	5	
1	0	6	0	
1	3	2	5	

53 x 25 = 1 325

Le champion de France a parcouru 1 325 m.

• 5 fois 3, 15. J'écris 5 et je retiens 1.
5 fois 5, 25. J'ajoute la retenue, 26. J'écris 26.
• J'écris 0 sur la deuxième ligne.
2 fois 3, 6. J'écris 6.
2 fois 5, 10. J'écris 10.

Je m'entraîne

1 * **Calcule** les mutiplications suivantes sur ton cahier en utilisant les deux méthodes du Je comprends.

62 x 24

x	2	60	
4	...	...	...
20	...	...	...
			...

		6	2
x		2	4
	.	.	.
.	.	.	0
.	.	.	.

56 x 18

72 x 43

2 * **Pose** et **calcule** les multiplications suivantes.

38 x 51

82 x 19

71 x 23

42 x 92

3 * Un seul enfant a commencé son calcul correctement.
Trouve qui a bien répondu puis **recopie** et **termine** l'opération qui est juste. **Explique** quelle erreur ont faite les deux autres.

• Idriss

		8	3	$\not{2}$
x		2	8	
	6	6	4	
	1	6	6	

• Yasmine

		8	3	$\not{2}$
x		2	8	
	6	6	4	
1	6	6	0	

• Luc

		8	3	$\not{2}$
x		2	8	
	6	6	4	
1	8	6	0	

▶ Objectifs : 1. Calculer une multiplication posée *du* x *du*.
2. Calculer une multiplication posée *cdu* x *du*.

Je comprends

Dans sa boutique de photographies, M. Flash a 358 boîtes contenant chacune 36 photos.
Combien a-t-il de photos en tout ?
Pour répondre à la question, tu dois calculer 358 x 36.

		3	5	8	
x			3	6	
	2	1	4	8	
1	0	7	4	**0**	
1	2	8	8	8	

1. Commence par **calculer** 358 x 6.
2. Pour calculer 358 x 30, **écris le 0 puis calcule** 358 x 3.
3. **Additionne** les deux nombres obtenus.

358 x 36 = 12 888 — M. Flash a 12 888 photos.

N'oublie pas de dire ce que tu fais :
« 6 fois 8, 48. Je pose 8 et je retiens 4… »

Je m'entraîne

4 * **Pose** et **calcule** les multiplications suivantes.

67 x 341 — 765 x 66 — 408 x 35

Vérifie avec ta calculatrice.

5 ** **a.** Pourrais-tu dire **comment** Sandy sait que Lou s'est trompée ?

b. Sans faire l'opération, **trouve** le chiffre des unités du produit 418 x 56. **Vérifie** avec ta calculatrice.

6 ** **Lis** attentivement les énoncés suivants puis **résous** chaque problème en posant bien les opérations et en écrivant une phrase réponse.

a. Une machine automatique remplit 184 bouteilles par heure.
Combien de bouteilles remplira-t-elle en 24 heures ?

b. Un paquet de biscuits contient 26 biscuits.
Un carton contient 8 paquets.
Combien y a-t-il de biscuits dans 12 cartons ?

Pour résoudre ce problème, tu dois faire plusieurs opérations.

Si tu as terminé… exercices 2 et 3, p. 94

29 Unités de mesure de durée

▶ Calcul mental : Additionner 9, 19, 29 à *du* ou *cdu*.

▶ Activité de découverte (Livre du maître) : Calculer la durée d'une course de relais.

Je comprends

Le temps que tu mets pour réaliser une action s'appelle la durée.
Pour exprimer une durée, tu peux utiliser les unités suivantes :
la **seconde (s)**, la **minute (min)**, l'**heure (h)** et la **journée (j)**.

1 **min** = 60 **s**
1 **h** = 60 **min** = 60 x 60 **s** = 3 600 **s**
1 **j** = 24 **h**

Le champion olympique du 200 m court la distance en moins de 20 **secondes**.

Il faut 30 **minutes** pour cuire ce bon gâteau.

Un voyage en TGV de Poitiers à Bordeaux dure environ 2 **heures**.

Pendant les vacances, l'école est fermée plusieurs **jours**.

Je m'entraîne

1 * **Recopie** et **complète** les phrases avec les mots **jours**, **heure(s)**, **minutes** ou **secondes**.
- Le matin, Axel met 5 ... pour s'habiller.
- Il faut environ 15 ... à un élève de CM1 pour écrire son nom et son prénom sur une feuille.
- Ce samedi, la maman de Sandy a fait la sieste pendant 1 ... et demie.
- Le record de la traversée de l'Atlantique à la voile est d'un peu moins de 10 ... .

2 * **Recopie** et **complète** sur ton cahier les égalités suivantes.
Tu peux écrire les opérations nécessaires sur ton cahier de brouillon pour t'aider.

1 minute = ... secondes
2 minutes = ... secondes
5 minutes 30 secondes = ... secondes

1 heure = ... minutes
4 heures = ... minutes
1 heure 40 minutes = ... minutes = ... secondes

▶ Objectifs : Utiliser différentes unités de mesure du temps. Effectuer des conversions. Résoudre des problèmes faisant intervenir des durées.

3 Deux TGV ont fait le trajet de Paris à Lyon.

Le TGV n° 256 a mis 2 h 3 min pour faire le trajet.

Le TGV n° 351 a mis 121 min pour faire le trajet.

Lequel des deux trains a mis le plus de temps pour faire le trajet ?

4 **Réponds** aux questions suivantes.

a. **Combien** y a-t-il d'heures dans une semaine (7 jours) ?

b. **Combien** y a-t-il de minutes dans un jour entier ?

c. **Combien** y a-t-il de secondes dans un jour entier ?

5 Maël et Luc sont partis tous les deux pour l'école à la même heure ce matin.
Maël a mis 6 min 15 s pour faire le trajet.
Luc est arrivé à l'école 30 s après Maël.

Combien de temps Luc a-t-il mis pour se rendre à l'école ?

6 **Recopie** et **complète** les égalités suivantes.
N'oublie pas que 1 min = 60 s.

40 s + ... = 1 min

1 min 50 s + ... = 2 min

4 min 20 s + ... = 5 min

6 min 30 s + ... = 8 min

7 **Combien** font 3 min 55 s + 20 s ?
Pour le savoir, **recopie** et **complète** le schéma sur ton cahier.

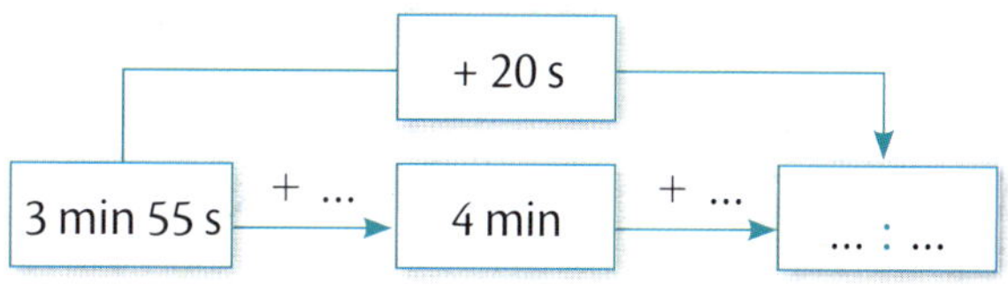

8 **Lis** les énoncés suivants puis **résous** les problèmes. Tu peux t'aider d'un schéma.

a. Idriss a parié avec Yasmine qu'il peut faire deux fois le tour de la cour de récréation en moins de 2 minutes.
Il fait un premier tour en 1 min 2 s, puis un second, en 59 s.

Combien de temps Idriss a-t-il mis pour faire les deux tours ?
A-t-il gagné son pari ?

b. Sandy et Steve ont reçu en même temps un exercice à faire en maths.
Sandy a fait son exercice en 4 min 20 s, Steve a terminé 45 s plus tard.

En **combien de temps** Steve a-t-il fait son exercice ?

Je sais déjà

9 **Pose** et **calcule** les multiplications suivantes.

43 x 52   68 x 23   29 x 39   54 x 45

Si tu as terminé... exercice 4, p. 94

30 Les angles

▶ **Calcul mental :** Tables de multiplication (2, 3, 4 et 5) à trou (? x 4 = 32).

▶ **Activité de découverte (Livre du maître) :** Comparer la manière qu'ont plusieurs personnages d'ouvrir les bras.

Je comprends

• Pour comparer deux angles Â et B̂, tu peux utiliser du papier-calque.

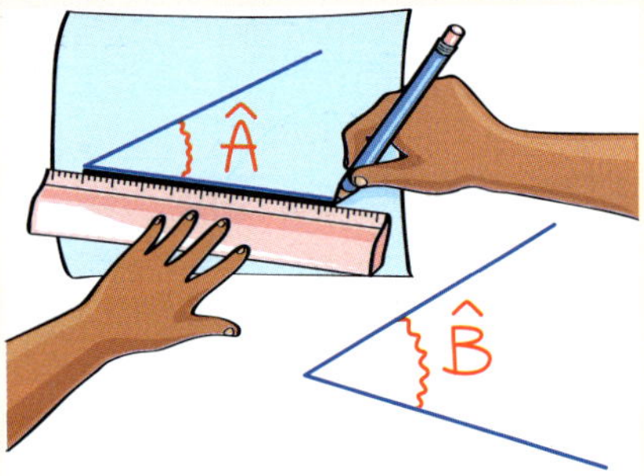

1. **Reproduis** l'angle Â sur ta feuille de papier-calque.

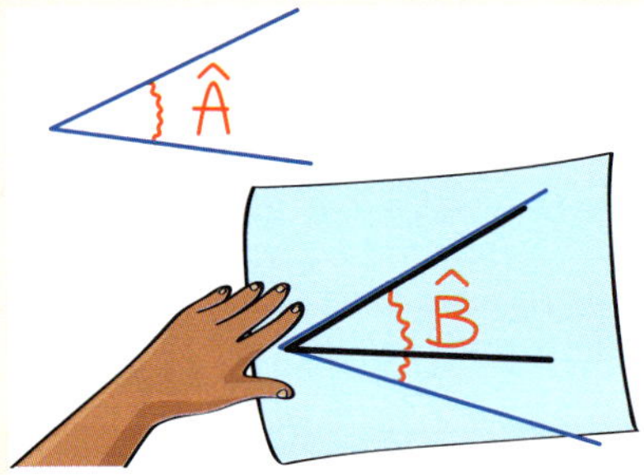

2. Place ton calque en le **superposant** sur le sommet et un côté de l'angle B̂.

• Certains angles sont particuliers. Tu dois utiliser l'équerre pour les identifier.

Angle droit

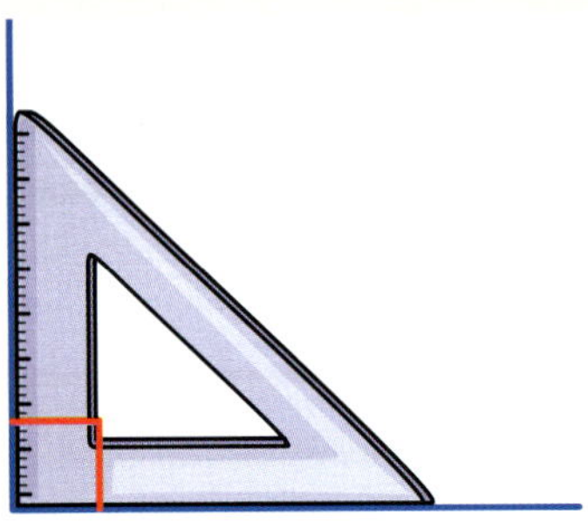

Angle aigu

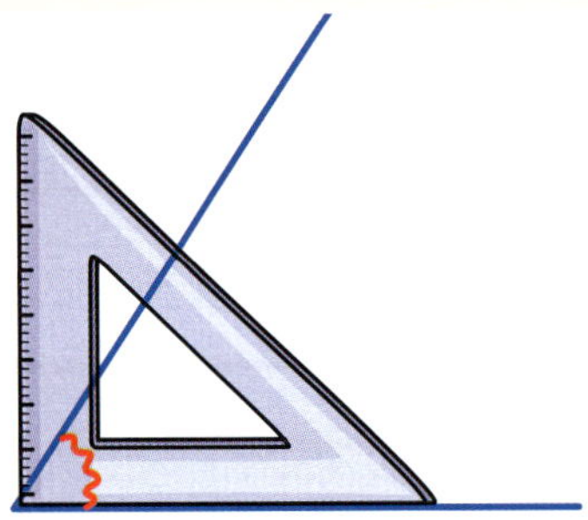

L'angle aigu est **plus petit** que l'angle droit.

Angle obtus

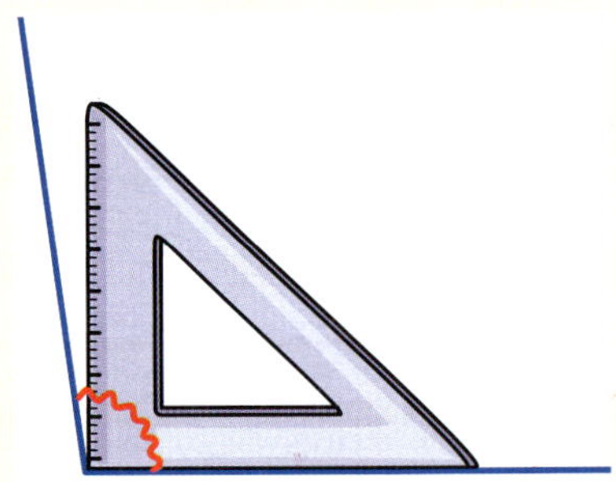

L'angle obtus est **plus grand** que l'angle droit.

Je m'entraîne

1* Aide-toi du papier-calque pour comparer les angles avec l'angle Â. Puis **recopie** et **complète** le tableau.

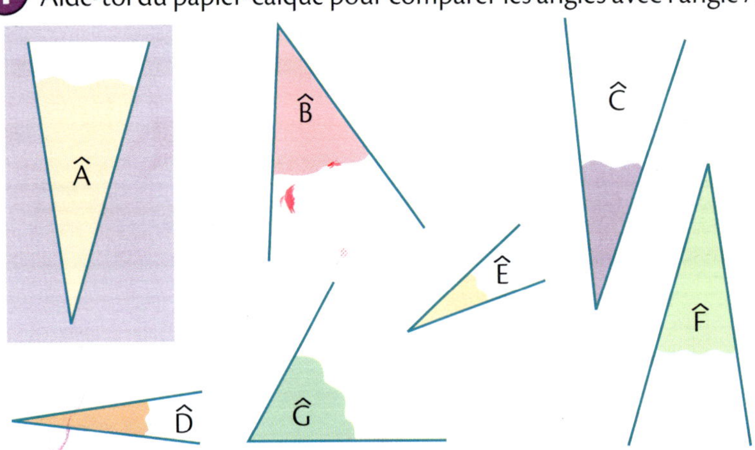

	Angles
Plus petits que Â	
Égaux à Â	
Plus grands que Â	

▶ **Objectifs :** Comparer les angles d'une figure. Estimer et vérifier en utilisant l'équerre qu'un angle est droit, aigu, obtus.

2 * **Range** les angles, du plus petit au plus grand.

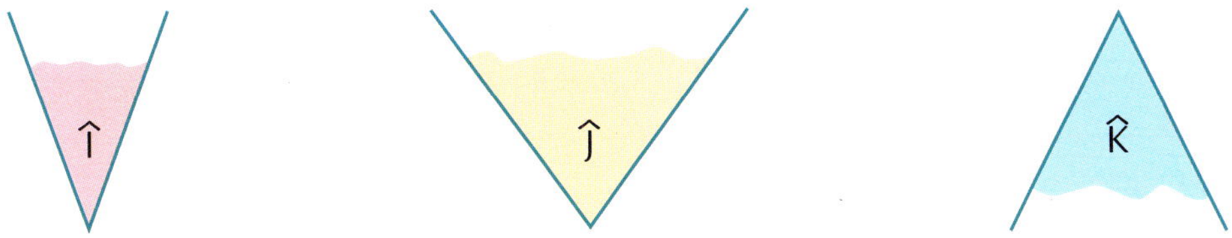

3 * **Compare** l'angle formé par les aiguilles de chacune de ces horloges.

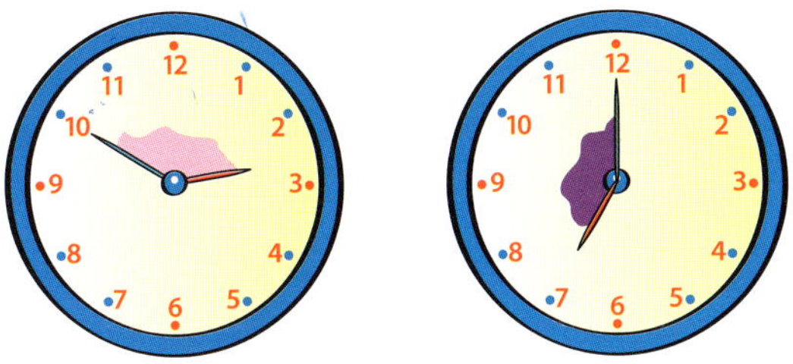

4 ** **Compare** les angles de ces triangles équilatéraux. **Que remarques**-tu ?

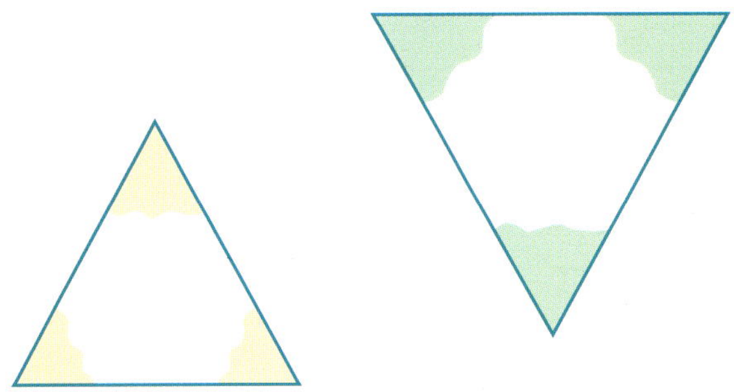

5 ** Avec ton équerre, **trouve** les angles **droits**, **aigus** et **obtus**. **Écris**-les sur ton cahier.

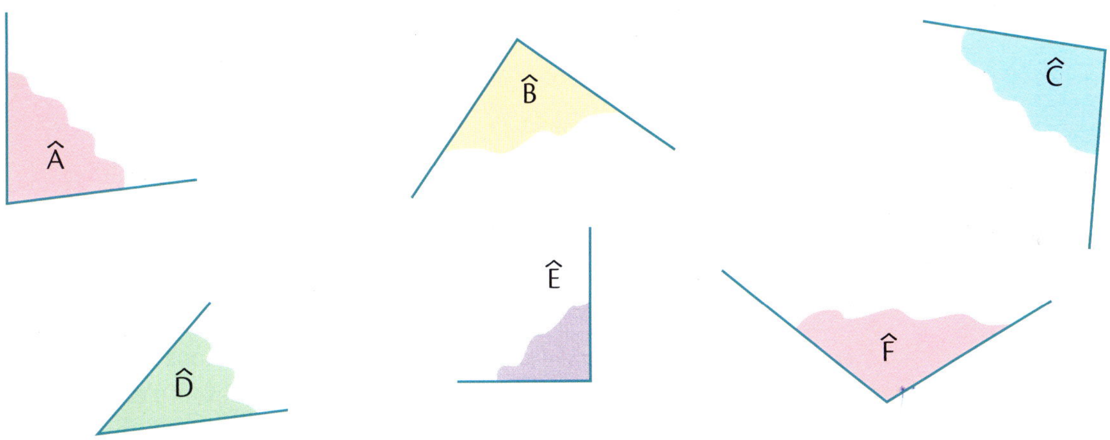

6 ** Sur ton cahier, **trace**…

a. 1 angle droit.

b. 2 angles aigus différents.

c. 2 angles obtus différents.

7 ** Dans chaque polygone…

a. trouve combien il y a d'angles **aigus**, **droits** et **obtus**.

b. trouve quel angle est **le plus grand**.

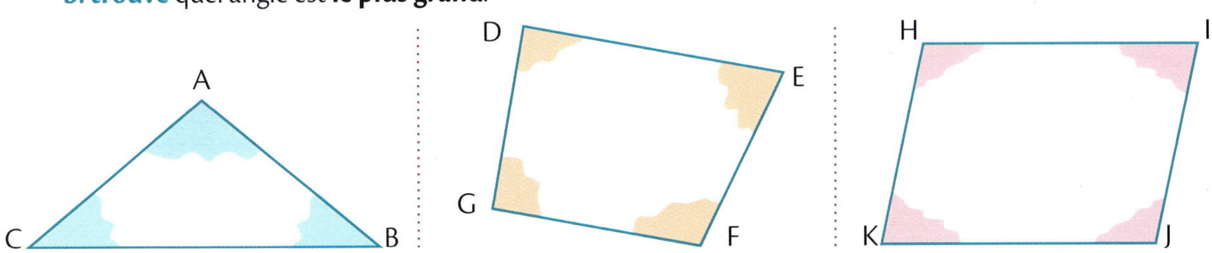

Si tu as terminé… exercice 5, p. 94

31 La division par partages

▶ Calcul mental : Tables de multiplication (6 et 7) à trou (? x 6 = 42).

▶ Activité de découverte (Livre du maître) : Partager l'argent de poche entre des jumeaux, des triplés, des quadruplés.

Je comprends

6 enfants jouent à un jeu de 52 cartes.
Ils doivent se les partager **équitablement** :
chaque joueur doit recevoir le même nombre de cartes.
Combien de cartes recevra chaque enfant ?

Partager équitablement 52 en 6, c'est diviser 52 en 6.
Tu dois chercher **combien de fois il y a 6 dans 52**.

$7 \times 6 = 42$
$8 \times 6 = 48$ ← 52
$9 \times 6 = 54$
$10 \times 6 = 60$

52 se trouve entre deux multiples de 6 (48 et 54).

$8 \times 6 < 52 < 9 \times 6$

Il y a 8 fois 6 dans 52 et il reste 4.

Chaque ami va donc recevoir 8 cartes. Il restera 4 cartes dans la pioche.

Tu peux écrire la division de deux façons :

$52 = \underbrace{(8 \times 6)}_{48} + 4$ ou $52 : 6 \rightarrow q = 8 \quad r = 4$

6 est le diviseur, 8 est le **q**uotient et 4 est le **r**este.

Quand le reste est égal à 0, on dit que la division **tombe juste**.
Par exemple, $40 = 8 \times 5 + 0$. On écrit $40 : 5 = 8$

Je m'entraîne

1 * **Encadre** les nombres par leurs multiples de 5 les plus proches, comme dans l'exemple. Aide-toi de la table de Pythagore p. 168.

$8 \times 5 < 43 < 9 \times 5$

... x 5 < 37 < ... x 5

... x 5 < 48 < ... x 5

... x 5 < 39 < ... x 5

2 * **Calcule** les divisions suivantes, comme dans l'exemple.

$44 : 8 = ?$
$5 \times 8 < 44 < 6 \times 8$
$44 = (5 \times 8) + 4$
$44 : 8 \rightarrow q = 5 \quad r = 4$

26 : 6

62 : 7

3 * **Lis** les énoncés des problèmes suivants et **résous**-les. **Écris** bien les opérations que tu fais.

a. Margot a 57 perles. Elle veut fabriquer des colliers qui ont 6 perles chacun.
Combien de colliers pourra-t-elle faire ?
Combien de perles lui restera-t-il ?

b. M. Duchamp a récolté 36 kg de pommes de terre. Il doit remplir des sacs de 5 kg.
Combien de sacs peut-il remplir ? **Combien** de kg de pommes de terre lui restera-t-il ?

▶ Objectifs : Diviser une quantité en parts égales. Écrire le résultat de la division 34 : 8 sous la forme 34 = 4 x 8 + 2. Effectuer des divisions à reste nul.

4 * M. Edmond met ses 68 bouteilles dans des cartons de 8 bouteilles chacun.
De **combien** de cartons aura-t-il besoin ? **Combien** de bouteilles va-t-il lui rester ?
Lis les trois solutions proposées par Yasmine, Lou et Steve.
Écris qui a raison et **explique** pourquoi les autres enfants se sont trompés.

5 * **Recopie** les divisions dans lesquelles le reste est égal à 0.
Puis **écris** leur quotient.

20 : 4	23 : 4	26 : 4
21 : 4	24 : 4	27 : 4
22 : 4	25 : 4	28 : 4

6 * **Complète** les égalités, puis **écris** les divisions correspondantes, comme dans l'exemple.

48 = 6 x 8
48 : 8 = 6
48 : 6 = 8

45 = ... x 5

54 = 6 x ...

72 = ... x 8

21 = 3 x ...

7 ** Idriss a acheté 35 vignettes. Il veut les ranger par paquets de 6.
Combien de vignettes doit-il encore acheter pour pouvoir ranger toutes ses vignettes en paquets ?

8 ** **Recopie** et **complète** les égalités suivantes.

53 : 8 → q = ... r = 5
53 = (... x 8) + 5

53 : ... → q = 7 r = 4
53 = (7 x ...) + 4

46 : ... → q = 7 r = 4
46 = (7 x ...) + 4

46 : ... → q = 8 r = 6
46 = (8 x ...) + 6

Je sais déjà

9 Dans le quadrilatère ci-contre, **indique** pour chaque angle s'il est **aigu**, **droit** ou **obtus**.

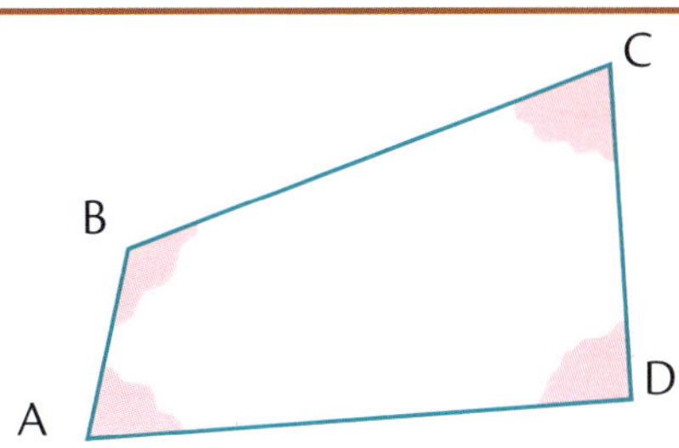

Si tu as terminé... exercices 6 et 7, p.94

▶ Calcul mental : Soustraire 9, 19 et 29 à *du* ou *cdu*.
▶ Activité de découverte (Livre du maître) : Identifier des erreurs commises par les élèves lors des précédentes leçons.

Je comprends

Quand tu résous un problème, tu peux faire différentes sortes d'erreurs, par exemple en lisant trop rapidement l'énoncé ou en ne faisant pas l'opération qui convient.

Lis le problème suivant.

« Léa a 5 paquets de 80 feuilles de papier chacun. Elle a 8 feuilles de moins que Mathis. Combien de feuilles de papier a Mathis ? »

Regarde bien les réponses des élèves et les erreurs qu'ils ont faites.

• Axel
« Moins » indique une soustraction.
5 x 80 = 400
400 − 8 = 392
Mathis a 392 feuilles.

L'erreur d'Axel
« Moins » ne veut pas toujours dire qu'il faut faire une soustraction.
Ici, Mathis a 8 feuilles de plus que Léa :
400 + 8 = 408.

• Luc
Il suffit de tout additionner.
5 + 80 + 8 = 93
Mathis a 93 feuilles.

L'erreur de Luc
Dans un problème, tu peux avoir besoin de faire plusieurs opérations.
Léa a 5 x 80 = 400 vignettes.
Mathis en a 8 de plus : 400 + 8 = 408.

• Yasmine
5 x 80 = 400
Ensuite, je pose l'addition :

		4	0	0
+		8		
	1	2	0	0

Mathis a 1 200 feuilles.

L'erreur de Yasmine
Il faut faire attention à bien poser l'addition en plaçant les unités sous les unités.

	4	0	0
+			8
	4	0	8

• Sandy
J'utilise les parenthèses.
5 x (80 + 8) = 5 x 88 = 440
Mathis a 440 feuilles.

L'erreur de Sandy
Il faut faire attention à bien placer les parenthèses.
(5 x 80) + 8 = 400 + 8 = 408

1 * Le car scolaire quitte la mairie à 8 h 50 min. Il arrive 50 minutes plus tard à l'école. **À quelle heure** arrive-t-il à l'école ?

Regarde les réponses de Lou et de Maël.

a. Écris qui a raison.

b. Trouve l'erreur de l'autre enfant.

Lou
8 h 50 min + 50 min = 9 h
Il sera 9 h.

Maël
8 h 50 min + 10 min = 9 h
9 h + 40 min = 9 h 40 min
Il sera 9 h 40 min.

 ▶ Objectif : Résoudre convenablement un problème en identifiant les erreurs à éviter.

2 * **Lis** le problème puis **résous**-le. **Trouve** ensuite les erreurs que les élèves ont faites.

Pour le mariage de sa sœur, Flore a rempli 30 sachets de 12 dragées chacun. Il lui reste 4 dragées.
Combien de dragées avait-elle en tout ?

• Idriss

30 x (12 + 4) = 30 x 16
30 x 16 = 480
En tout, Flore avait 480 dragées.

• Essi

30 + 12 + 4 = 46
En tout, Flore avait 46 dragées.

• Steve

30 x 12 = 360
360 − 4 = 356
En tout, Flore avait 356 dragées.

• Margot

30 x 12 = 360

	3	6	0
+	4		
	7	6	0

En tout, Flore avait 760 dragées.

3 ** Monsieur Lapresse a envoyé 400 cartons de 80 magazines et 200 cartons de 40 magazines.
Combien de magazines a-t-il envoyés en tout ?
Voici les réponses des élèves. **Trouve** qui a raison, puis **corrige** les erreurs des autres élèves.

• Maël

400 x 80 = 32 000
200 x 40 = 8 000
32 000 + 8 000 = 40 000
En tout, Monsieur Lapresse a envoyé 40 000 magazines.

• Lou

400 x 80 =		3	2	0	0	0
200 x 40 =			8	0	0	0
	1	1	2	0	0	0

En tout, Monsieur Lapresse a envoyé 112 000 magazines.

• Axel

400 + 200 = 600 cartons
80 + 40 = 120 magazines
600 x 120 = 72 000
En tout, Monsieur Lapresse a envoyé 72 000 magazines.

4 ** À l'entraînement, Julie Champion a parcouru 700 m.
Sophie Lacourse, sa grande rivale, a parcouru une distance 3 fois plus grande.
Quelle distance a parcourue Sophie ?
Regarde les réponses des élèves. **Trouve** qui a raison et **pourquoi** les autres se sont trompés.

Si tu as terminé... exercice 8, p. 94

32 Graphiques (1) Les histogrammes

▶ Calcul mental : Réciter les multiples de 2, 3, 4, 5 et 6 plus grands que 20, 30, 40, 50 ou 60.

▶ Activité de découverte (Livre du maître) : Lire un diagramme de pluviosité.

Je comprends

200 élèves d'une école ont été interrogés : on leur a demandé comment ils venaient à l'école. Les résultats sont présentés dans le tableau ci-contre.

Moyens de transport pour venir à l'école

Moyen de transport	À pied	À vélo	En bus	En voiture
Nombre d'élèves	40	60	30	70

Tu peux représenter ces données dans un graphique appelé **histogramme**.

- Le **titre** de ce graphique est : « Moyens de transport pour venir à l'école ».
- On donne aux axes le nom de ce qu'ils représentent. Ici, **l'axe vertical** représente le **nombre d'élèves** et **l'axe horizontal** représente les **moyens de transport**.
- **Construis** ensuite une colonne pour chaque moyen de transport.
  Tu dois remplir chaque colonne par le bas. Tu peux choisir un carreau pour 10 élèves.
  Dans ce cas, pour représenter les 40 élèves qui viennent à pied, il te faudra 4 carreaux.

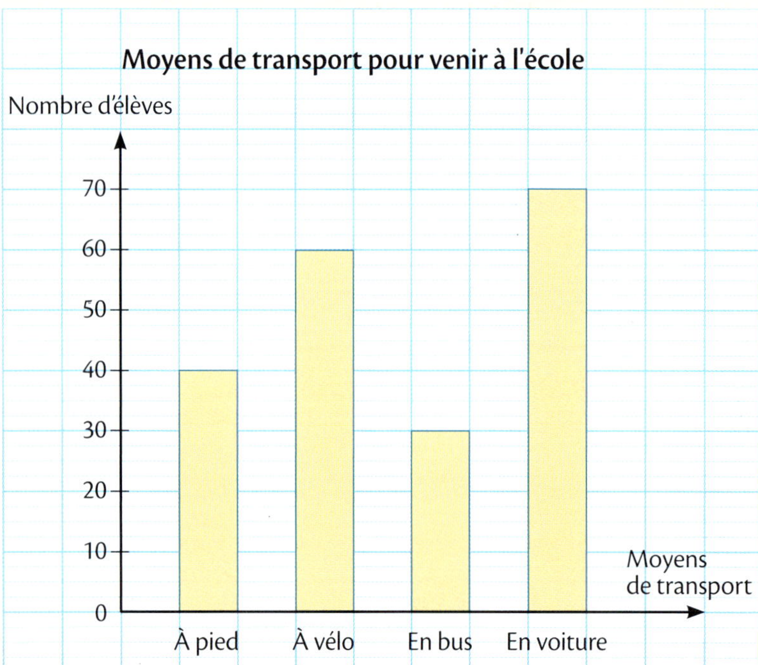

Un histogramme permet de voir en un coup d'œil comment les données se répartissent.
Ici, tu peux voir que le moyen le plus fréquent pour se rendre à l'école est la voiture (70 élèves) et que le moins utilisé est le bus (30 élèves).

Je m'entraîne

1 * **Observe** l'histogramme du Je comprends pour répondre aux questions. Tu peux vérifier avec le tableau.

a. **Combien** d'élèves viennent à l'école à vélo ?

b. **Y a-t-il** plus d'élèves qui arrivent à pied qu'en bus ?

c. **Combien** d'élèves arrivent ni en bus, ni en voiture ? **Écris** les calculs sur ton cahier.

▶ Objectifs : Lire et construire un histogramme.

2 L'histogramme ci-contre présente la couleur des cheveux des élèves d'une classe de CM1.
Réponds aux questions suivantes.

a. Combien d'élèves ont les cheveux blonds ?

b. Quelle est la couleur de cheveux la plus fréquente ?
Combien d'élèves ont cette couleur de cheveux ?

c. Combien d'élèves n'ont pas les cheveux noirs ?

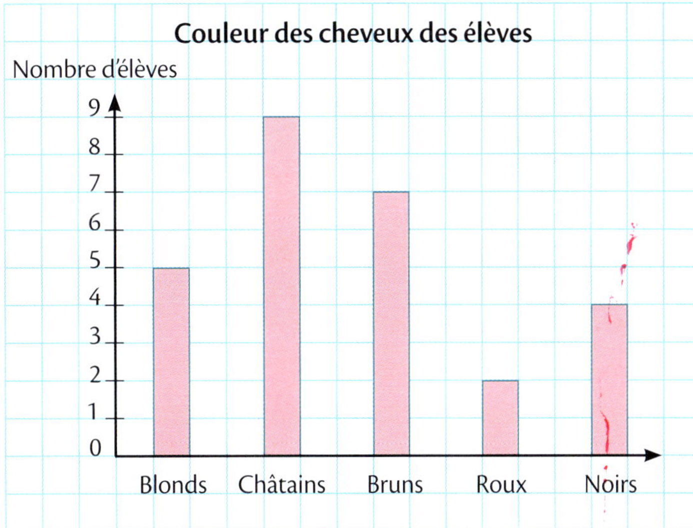

3 Le tableau suivant donne les populations de quelques départements français.
Sandy a commencé à construire l'histogramme représentant les données du tableau.

a. Reproduis et **complète** l'histogramme. N'oublie pas d'ajouter un titre.

Départements	*Population en habitants*
Ain	*500 000*
Cantal	*150 000*
Doubs	*500 000*
Jura	*250 000*
Lot-et-Garonne	*300 000*
La Réunion	*700 000*
Vienne	*400 000*

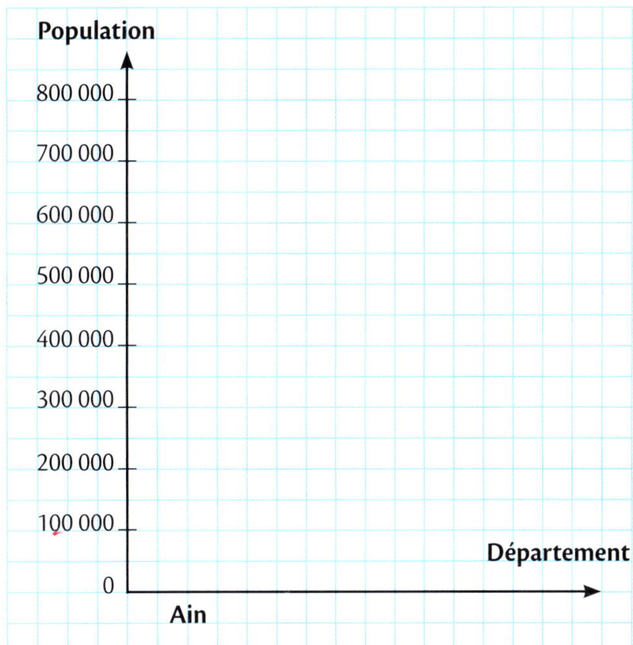

b. Réponds aux questions suivantes.
- **Quel** département est le moins peuplé ?
- **Combien** de départements ont plus de 450 000 habitants ?
- **Combien** de départements ont entre 100 000 et 600 000 habitants ?

Je sais déjà

4 Voici les populations en habitants de quelques pays en juillet 2009.
Range ces pays, du moins peuplé au plus peuplé.

Pakistan : 176 242 949 — Russie : 140 041 247 — États-Unis : 307 212 123

Bangladesh : 156 050 883 — Indonésie : 240 271 522

Si tu as terminé... exercice 9, p.95

33 La division posée (1)

▶ **Calcul mental :** Tables de multiplication (8 et 9) à trou.
▶ **Activité de découverte (Livre du maître) :** Répartir les enfants d'une colonie de vacances en équipes sportives.

Je comprends

Lors d'une brocante, Maël, Lou, Idriss et Essi ont collecté 95 €. Ils veulent se répartir l'argent équitablement.
Combien d'argent aura chaque enfant ?

Pour le savoir, tu dois calculer la **division** 95 : 4.

Il y a plus de 10 fois 4 dans 95 (10 x 4 = 40). Il y a moins de 100 fois 4 dans 95 (100 x 4 = 400).
Le quotient sera donc entre 10 et 100. Il aura **2** chiffres.

Ensuite, tu peux poser la division.

9 5	4
– 8	2
1	

1. Tu dois d'abord diviser les dizaines : dans 9, combien de fois 4 ?
Dans 9 d, il y a 2 fois 4 d :
on a distribué 8 d et il reste 1 d à diviser.

9 5	4
– 8 ↓	2
1 5	

2. Ensuite, abaisse le 5 :
1 d + 5 u = 15 u.
Il reste 15 u à partager.

9 5	4
– 8	2 3
1 5	
– 1 2	
3	

3. Tu dois diviser les unités :
dans 15, combien de fois 4 ?
Dans 15 u, il y a 3 fois 4 u :
on a distribué 12 u et il reste 3 u.
La division s'arrête car il n'y a plus de chiffres à abaisser.

N'oublie pas de **vérifier**.
(23 x 4) + 3 = 92 + 3 = 95.

95 : 4 → q = 23 r = 3

Chaque enfant aura 23 euros, et il restera 3 euros dans la cagnotte.

Je m'entraîne

1 * **Recopie** et **effectue** les divisions puis vérifie ton résultat.

4 5	4

45 : 4 → q = ... r = ...
45 = (... x 4) + ...

6 4	5

64 : 5 → q = ... r = ...
64 = (... x 5) + ...

9 7	7

97 : 7 → q = ... r = ...
97 = (... x 7) + ...

2 * **Pose** et **effectue** les divisions suivantes.

85 : 6 97 : 4 94 : 8 72 : 2

▶ **Objectifs :** **1.** Poser et calculer des divisions du type *du* : *u*. Quotient à 2 chiffres.
2. Calculer dans le cas d'un quotient à 1 chiffre.

Je comprends

8 aventuriers doivent se partager équitablement 55 statuettes.

Combien de statuettes va recevoir chaque aventurier ?

Pour le savoir, tu dois calculer la division 55 : 8.
Comme 10 x 8 = 80, il y a moins de 10 fois 8 dans 55.
Le quotient sera plus petit que 10, il aura **1** chiffre.

Tu ne peux pas diviser 5 par 8.
Tu dois diviser 55 par 8. →

Dans 55, il y a 6 fois 8 (48). →

Il reste 7. →

5 5	8
− 4 8	6
7	

Chaque aventurier aura 6 statuettes. Il en reste 7.

Je m'entraîne

3 * **a.** Sans la poser, **écris** pour chaque division si le quotient aura 1 ou 2 chiffres.

b. Pose la division et **calcule**.

23 : 3 — 78 : 9 — 76 : 7 — 54 : 6 — 37 : 3

4 ** **Observe** les calculs d'Axel, Sandy et Lou pour la division 66 : 7.

Recopie et **complète** ces phrases avec le nom d'un des enfants.

- ... et ... ont fait une erreur de calcul.
- ... a fait juste.
- ... a son reste plus grand que le diviseur, donc le quotient doit être plus grand.

5 ** **Résous** les problèmes suivants en posant la division.

a. Un groupe de 48 skieurs monte en haut de la piste avec des télésièges de 4 places chacun.

Combien de télésièges leur faudra-t-il ?

b. Yasmine a un ruban de 73 m qu'elle découpe en morceaux de 8 m.

Combien de morceaux pourra-t-elle faire ?

Si tu as terminé... exercice 10, p. 95

34 Le parallélogramme

▶ **Calcul mental :** Dictée de nombres plus grands que 10 000 000.

▶ **Activité de découverte (Livre du maître) :** Reconnaître des parallélogrammes à l'aide d'un réseau de parallèles.

Je comprends

Un parallélogramme est un quadrilatère dont les côtés opposés sont parallèles.

ABCD est un parallélogramme :

AD // BC

AB // DC

Je m'entraîne

1 * **Indique** les figures qui sont des parallélogrammes.
Pour celles qui ne sont pas des parallélogrammes, **explique** pourquoi.

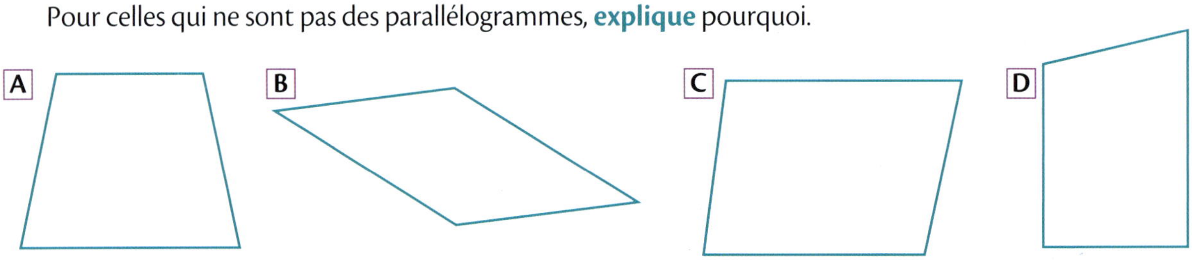

2 * **Reproduis** ce parallélogramme sur ton cahier.

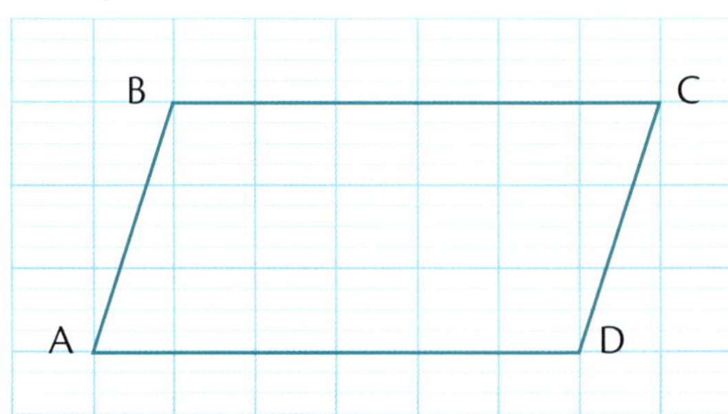

a. Compare la longueur de ses côtés opposés, puis **recopie** et **complète** avec <, > ou =.

AD ... BC AB ... DC

b. Trace ses diagonales, puis **compare** leur longueur.
Recopie et **complète** avec <, > ou =.

AC ... BD

c. Écris sur ton cahier la phrase qui convient.

En général, dans un parallélogramme, les diagonales sont / ne sont pas des axes de symétrie.

▶ **Objectifs :** Connaître les propriétés des quadrilatères. Décrire, identifier et reproduire le parallélogramme.

3 ** Sur papier-calque, **reproduis** le parallélogramme ci-dessous.

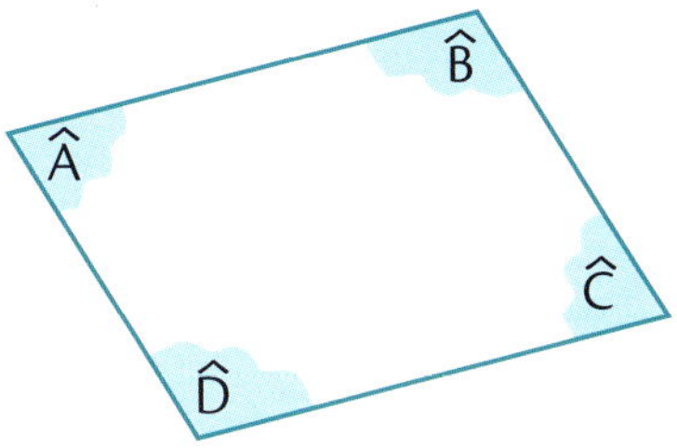

a. Compare les angles opposés ($\widehat{A}$ et $\widehat{C}$, puis $\widehat{B}$ et $\widehat{D}$).

b. Recopie et **complète**.

Dans un parallélogramme, les angles opposés sont … .

4 ** **Recopie** et **complète** le tableau suivant par **oui** ou par **non**.

	Carré	Losange	Rectangle	Parallélogramme
Côtés opposés parallèles	oui	oui	oui	oui
Côtés opposés égaux				
Au moins 1 angle droit				
Les 4 côtés sont égaux				

5 **

> *Tous les parallélogrammes ne sont pas des rectangles, mais tous les rectangles sont des parallélogrammes.*

Es-tu d'accord avec ce qu'a écrit Axel ?

Est-ce que le carré et le losange sont aussi des parallélogrammes ?

6 *** **Construis** un parallélogramme en suivant les instructions.

a. Trace une droite (c), puis avec ton équerre trace 2 droites perpendiculaires à (c) : (f) et (g).

b. Place un point A sur (f) et un point B sur (g).

c. Avec ton compas, **trace** 2 segments égaux : [AD] sur (f) et [BC] sur (g).

d. Relie les points A et B, puis C et D.

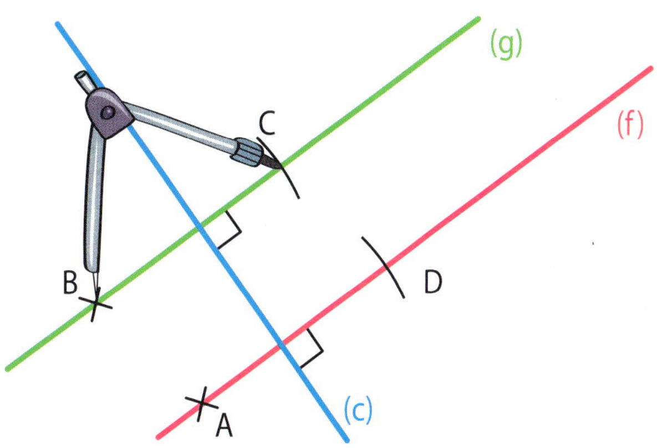

Je sais déjà

7 Pour la fête de l'école, on a placé dans le préau 12 rangées de 24 chaises chacune.
Combien de chaises a-t-on placées en tout ?

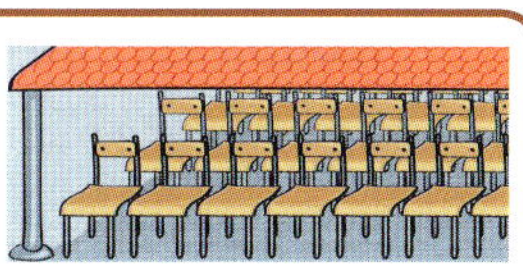

Si tu as terminé… exercice 11, p. 95

35 Le cercle

▶ **Calcul mental :** Division à quotient exact par 3, 4, 5 ou 6.
▶ **Activité de découverte (Livre du maître) :** Dessiner un arc-en-ciel circulaire.

Je comprends

La roue d'un vélo a la forme d'un **cercle**.
Son **rayon** mesure 35 cm et son **diamètre** mesure 70 cm.

Pour tracer un cercle, tu dois utiliser un compas.

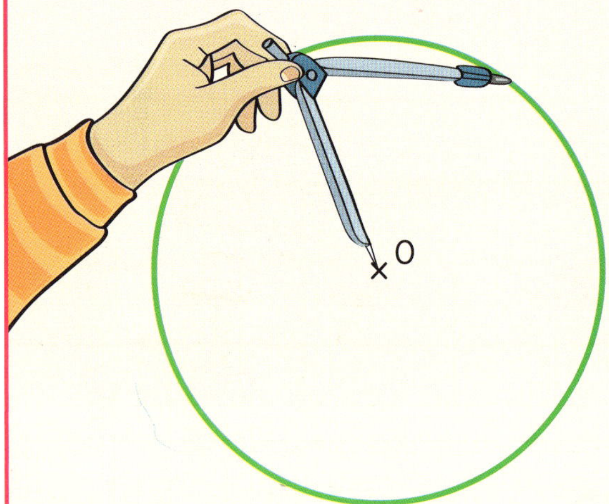

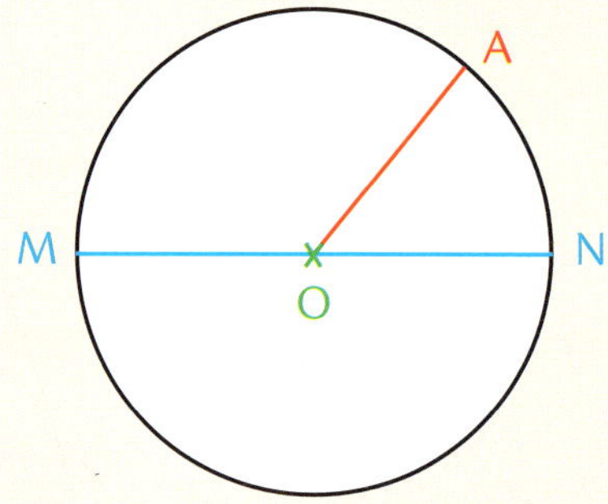

- **O** est le **centre** du cercle : c'est le point où tu piques la pointe du compas pour tracer le cercle.
- **OA** est un **rayon** du cercle : c'est l'écartement du compas.
- **MN** est un **diamètre**. Il est égal au double du rayon.

Je m'entraîne

1 *

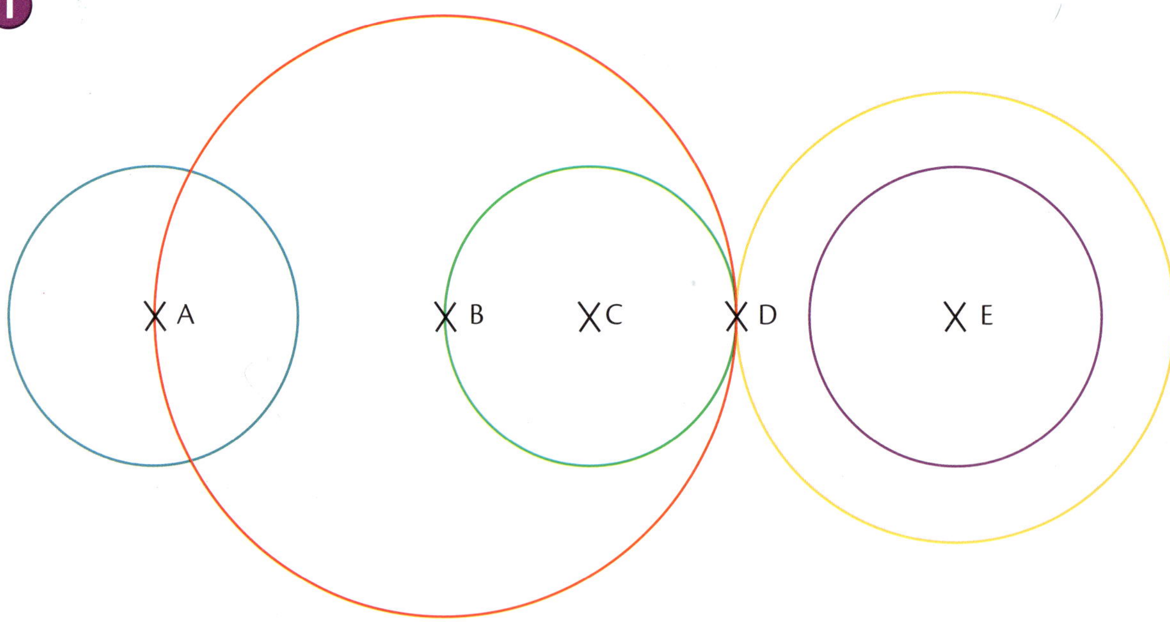

Indique la couleur du ou des cercle(s)…

a. dont le diamètre mesure 4 cm.
b. dont le rayon mesure 4 cm.
c. qui ont le même centre.
d. dont le rayon mesure 30 mm.

▶ **Objectifs :** Décrire, reproduire et construire le cercle à l'aide du compas. Utiliser en situation le vocabulaire géométrique (cercle, rayon, diamètre, centre).

2 * **Observe** la figure de l'exercice 1 et **recopie** les phrases qui sont vraies.

- Le cercle de centre B passe par le point D.
- Le cercle de centre B est vert.
- Le cercle de centre C passe par les points B et D.
- D est le centre du cercle jaune.
- Le segment [DE] est un diamètre du cercle jaune.

3 * **a. Trace** un cercle de rayon 3 cm.

b. Trace un cercle de diamètre 3 cm.

4 ** **Reproduis** et **colorie** la rosace. Ton compas doit toujours conserver le même écartement.

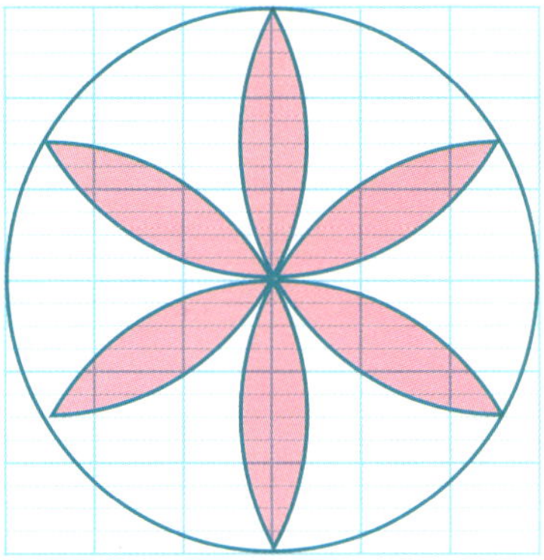

5 ** **a. Trace** 2 cercles de même centre O et de rayons différents (2 cm et 3 cm).

b. À partir du centre O, **trace** 2 droites (e) et (f) qui coupent les cercles en A, B, C et D comme sur la figure.

c. Que peux-tu dire des segments [AB] et [CD] ?

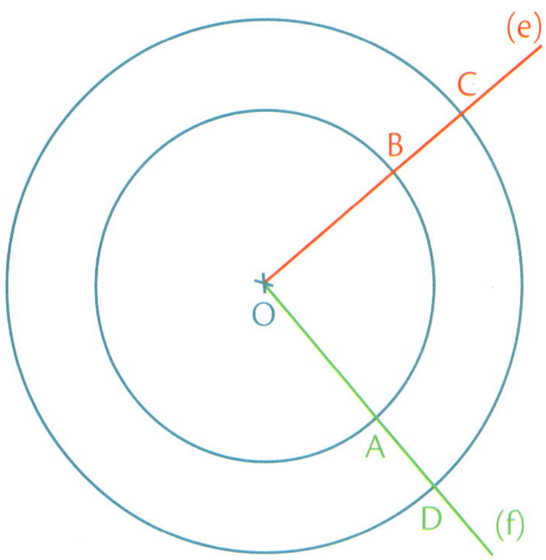

6 **

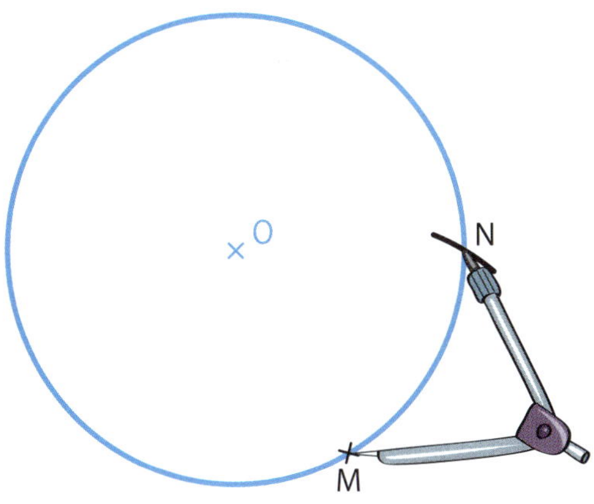

a. Trace un cercle de centre O. Conserve l'écartement de ton compas.

b. Place un point M sur le cercle.

c. Pique la pointe du compas sur M et avec ton compas ouvert au même écartement, **place** le point N comme sur le dessin.

d. Trace le triangle OMN. Que peux-tu dire de ce triangle ?

Si tu as terminé… exercice 12, p.95

36 La division posée (2)

▶ Calcul mental : Tables de multiplication (2 à 10) à trou.
▶ Activité de découverte (Livre du maître) : Diviser entre plusieurs amis le prix à payer pour un cadeau.

Je comprends

- 3 pirates doivent se partager équitablement 475 diamants. **Combien** chaque pirate va-t-il avoir de diamants ?

Pour le savoir, tu dois trouver combien de fois il y a 3 dans 475, c'est-à-dire calculer **la division** 475 : 3.

Il y a plus de 100 fois 3 dans 475 (100 x 3 = 300) et moins de 1 000 fois 3 dans 475 (1 000 x 3 = 3 000). Donc le quotient aura **3** chiffres.

```
   4  7  5 | 3
 – 3  ↓  ↓ |______
   1  7  ↓ | 1 5 8
 – 1  5  ↓ |
      2  5 |
    – 2  4 |
         1 |
```

1. Je commence par les centaines : je dessine un arc de cercle au-dessus de 4. Dans 4 c, il y a 1 fois 3 c. Il reste 1 c. J'abaisse le 7.

2. Je divise 17 d par 3. Dans 17 d, il y a 5 fois 3 d. Il reste 2 d. J'abaisse le 5.

3. Je divise 25 u par 3. Dans 25 u, il y a 8 fois 3. Il reste 1.

Je n'ai plus de chiffres à abaisser : ma division est terminée.

475 : 3 → q = 158 r = 1

Chaque pirate aura 158 diamants. Il en restera 1.

N'oublie pas de vérifier : 475 = (3 x 158) + 1

- Quand le chiffre des centaines est plus petit que le diviseur, tu dois diviser le nombre de dizaines.

Je m'entraîne

1 * **Pose** et **calcule** les divisions suivantes après avoir cherché le nombre de chiffres du quotient.

6 1 2 | 3

612 : 3 → q = ... r = ...
612 = (... x 3) + ...

7 0 3 | 5

703 : 5 → q = ... r = ...
703 = (... x 5) + ...

2 7 3 | 8

273 : 8 → q = ... r = ...
273 = (... x 8) + ...

2 * **a.** Sans la poser, **écris** pour chaque division si le quotient aura 2 ou 3 chiffres.
b. **Pose** les divisions et **calcule** le résultat.

283 : 3 476 : 7 437 : 3
978 : 9 504 : 6

▶ Objectifs : Poser et calculer des divisions du type *cdu* : *u*. Quotient à 2 ou à 3 chiffres.

3 *
Essi et Luc ont effectué la division 707 : 7.

Regarde leurs réponses.
Trouve qui a raison et **corrige** l'erreur de l'autre enfant.

• Essi

	7	0	7	7
−	7			1 1
	0	0	7	
		−	7	
			0	

• Luc

	7	0	7	7
−	7			1 0 1
	0	0	7	
		−	7	
			0	

4 **
Pour le couronnement du roi Glouton, la pâtisserie royale a préparé 985 gâteaux qui sont rangés dans des boîtes de 6 gâteaux chacune.

Combien de boîtes de gâteaux va-t-elle remplir ?

Résous le problème en posant les opérations.
Écris ta phrase réponse.

5 **
136 enfants se sont inscrits à une course de tandem.

Combien de tandems y aura-t-il sur la route ?

6 ***
Pour l'anniversaire de Lou, ses 4 grands-parents lui ont acheté une console de jeux vidéo et une paire de raquettes.

Combien devra payer chacun de ses grands-parents ?

Je sais déjà

7

Lors d'une compétition sportive, Margot a fini sa course en 1 h 17 min et Idriss en 78 min.

Qui a été le plus rapide ?

Si tu as terminé... exercice 13, p.95

37 Mesures de masse

▶ Calcul mental : Diviser *d*, *c* ou *m* par 10, 100 ou 1 000 avec quotient exact.
▶ Activité de découverte (Livre du maître) : Confectionner des masses marquées.

Je comprends

Pour mesurer des masses, tu peux utiliser le **gramme (g)** et ses multiples : le **décagramme (dag)**, l'**hectogramme (hg)** et le **kilogramme (kg)**.
Tu peux aussi utiliser les sous-multiples du g : le **décigramme (dg)**, le **centigramme (cg)** et enfin le **milligramme (mg)**.

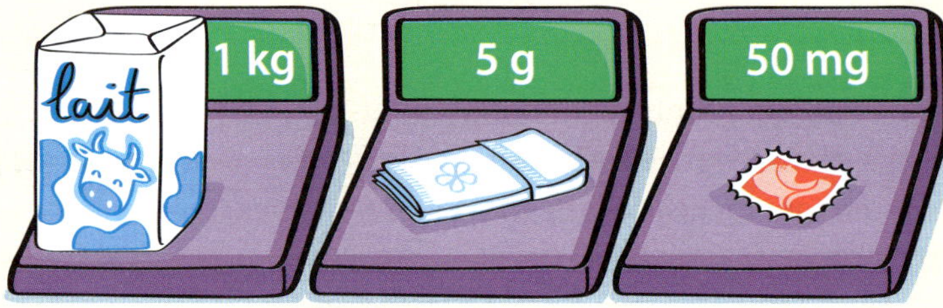

Une brique de lait pèse **1 kg**.
Un mouchoir en papier pèse environ **5 g**.
Un timbre-poste pèse **50 mg**.

1 kg = 10 hg = 100 dag = 1 000 g

1 g = 10 dg = 100 cg = 1 000 mg

5 g = 50 dg = 500 cg = 5 000 mg

kg	hg	dag	g	dg	cg	mg
1	0	0	0	0	0	0
			1	0	0	0
			5	0	0	0

Les unités les plus utilisées dans la vie courante sont le gramme et le kilogramme.

Je m'entraîne

1 * **Recopie** chaque masse puis **complète** par **g** ou par **kg**.

a.

700 …

b.

12 …

c.

5 …

d.

25 …

2 * **Recopie** et **complète** avec les unités manquantes.

3 kg = 3 000 …
2 g = 2 000 …
7 kg 25 dag = 7 250 …

100 g = 1 …
1 358 g = 1 … 358 …
1 hg 25 g = 125 …

500 dg = 50 …
3 dag = 30 …

Aide-toi du tableau de conversion. Le chiffre des unités doit figurer dans la case qui convient.

▶ Objectifs : Connaître les unités légales de masse (le gramme, ses multiples et sous-multiples). Connaître les relations entre les unités les plus utilisées.

3 *

Une tablette de chocolat pèse 100 g.
Elle est composée de 8 carrés de masse égale.

a. Calcule la masse de la tablette en dg.

b. Quelle est la masse d'un carré en dg ?

4 *

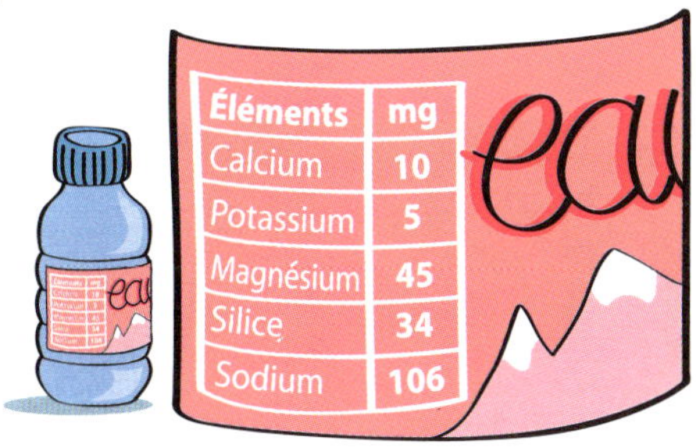

L'étiquette d'une bouteille d'eau minérale indique sa composition en éléments par litre.

a. Calcule la masse totale des éléments contenus en mg dans un litre de cette eau.

b. Quelle est cette masse en cg ? en dg ?

5 **

Quelle masse en grammes faut-il ajouter sur le plateau vide pour que les balances soient en équilibre ?

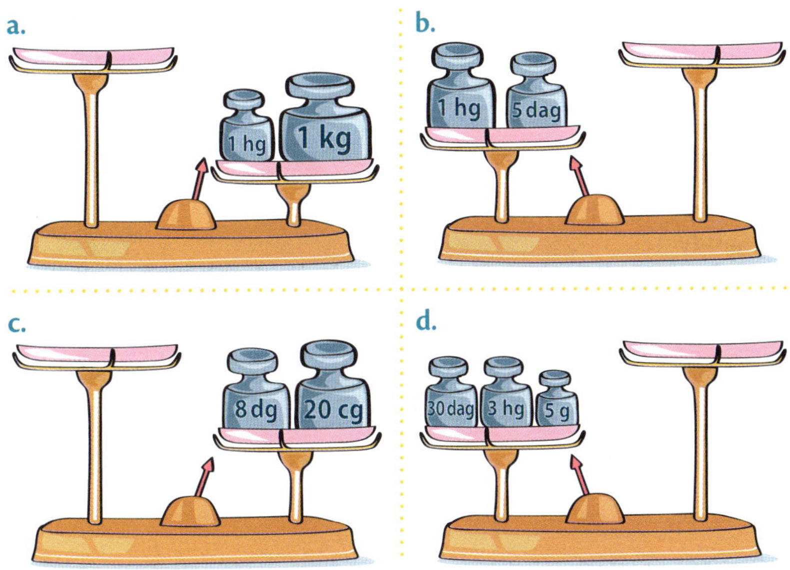

6 **

Pour préparer sa pâte à pizza, Lucia utilise les ingrédients suivants.

Ingrédients	Masse
Farine	12 kg
Sel	150 g
Levure	4 hg
Huile d'olive	140 dag
Sucre	20 dag

Calcule la masse totale en g des ingrédients dont a besoin Lucia.

7 **

Classe ces paquets, du plus léger au plus lourd.

Si tu as terminé... exercice 14, p. 95

PROBLÈMES 6

▶ Calcul mental : Réciter les multiples de 6, 7, 8, 9 et 10 plus grands que 60, 70, 80, 90 ou 100.
▶ Activité de découverte (Livre du maître) : Appliquer et comparer différentes méthodes pour résoudre un problème simple.

Je comprends

Il existe plusieurs façons de résoudre un problème.
Des opérations différentes et plus ou moins rapides permettent d'obtenir le même résultat.

Sandy et Axel doivent résoudre le problème suivant.

Enzo et Louna cueillent des pêches. Enzo en cueille 185. Louna en cueille 25 de plus.
***Combien** de pêches ont-ils cueillies en tout ?*

Sandy et Axel ont proposé deux manières différentes de résoudre le problème.

• **Sandy** 

Louna a cueilli 185 + 25 = 210 pêches.
185 + 210 = 395
En tout, Enzo et Louna ont cueilli 395 pêches.

• **Axel** 

S'ils avaient cueilli le même nombre de pêches, le total serait 2 x 185 = 370.
Mais Louna en a cueilli 25 de plus :
370 + 25 = 395.
En tout, Enzo et Louna ont cueilli 395 pêches.

Avec deux méthodes différentes, Sandy et Axel sont arrivés au même résultat.

1 * M. Kaba sort faire les courses avec 50 € en poche.
Il dépense 12 € à la boulangerie, 21 € au supermarché et 15 € à la poissonnerie.
Combien d'argent lui reste-t-il à la fin des courses ?

a. **Résous** le problème comme Idriss puis comme Margot.
b. **Obtiens**-tu le même résultat avec les 2 méthodes ?
c. **Préfères**-tu faire comme Idriss ou comme Margot ? Pourquoi ?

▶ Objectifs : Résoudre un problème de différentes manières.

2 * Dans la classe de CM1, il y a 13 filles et 12 garçons. Pour la kermesse de l'école, chaque élève apporte 3 brownies et 5 cakes. **Combien** de gâteaux y a-t-il en tout ? **Regarde** la solution des élèves.

Luc

$13 + 12 = 25$

$3 + 5 = 8$

$25 \times 8 = 200$

En tout, il y a 200 gâteaux.

Yasmine

$3 + 5 = 8$

$13 \times 8 = 104$

$12 \times 8 = 96$

$104 + 96 = 200$

En tout, il y a 200 gâteaux.

Steve

$13 + 12 = 25$

$3 + 5 = 8$

$25 + 8 = 33$

En tout, il y a 33 gâteaux.

a. Trouve qui s'est trompé et **explique** pourquoi.

b. Écris chacune des étapes des bonnes réponses et **explique** ce que l'élève cherche à chaque étape.

3 ** Dans le bus, il y a 32 personnes au départ. Au premier arrêt, 12 personnes descendent et 8 personnes montent. Au deuxième arrêt, 15 personnes montent et 6 personnes descendent.

Combien y a-t-il de passagers après le deuxième arrêt ?

Résous ce problème comme Essi, puis comme Maël.

4 *** Lili et Antoine ont acheté 1 veste, 1 jupe et 2 pantalons. **Combien** ont-ils payé en tout ?

Parmi les trois méthodes proposées, **choisis**-en **deux** pour résoudre ce problème.

A **Calcule** le prix avant la réduction, puis **divise** le total par 2.

B **Calcule** le nouveau prix de chaque vêtement, puis **calcule** le total.

C **Commence** d'abord par tenir compte du prix des 2 pantalons.

Je sais déjà

5 **Pose** et **effectue** les divisions suivantes.

642 : 9   504 : 8   412 : 6   777 : 5

Si tu as terminé... exercice 15, p. 95

1 **Reproduis** la figure et **trace** son symétrique par rapport à la droite rouge.

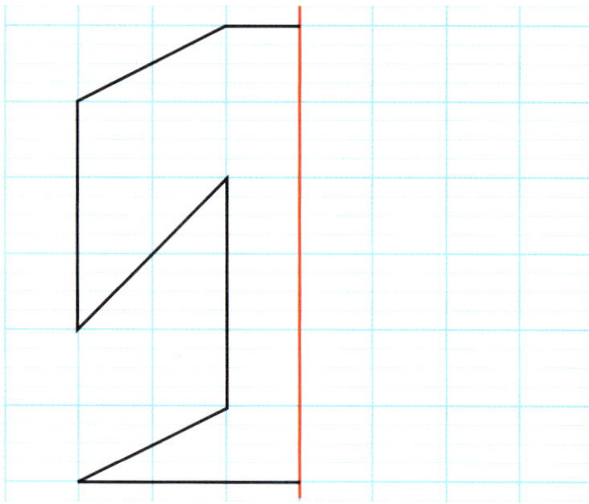

2 **Pose** les multiplications, puis **calcule**-les.

74 × 23

251 × 14

3 **Recopie** et **complète**.

3 min = ... s | 2 h 30 min = ... min | 5 min 20 s = ... s

4 **Indique** pour chaque angle du polygone s'il est **aigu**, **obtus** ou **droit**.

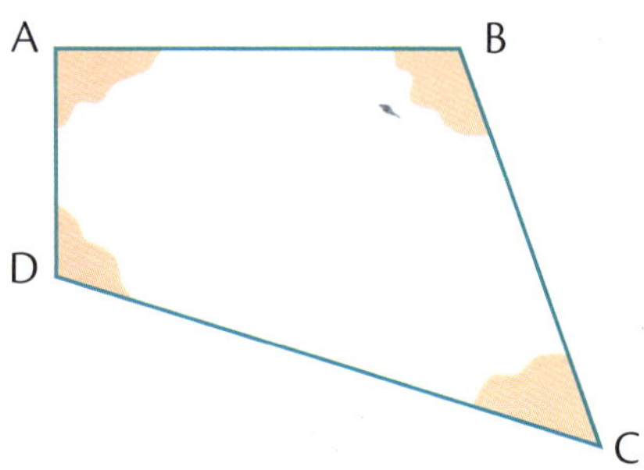

5 **Recopie** et **complète**.

37 : 5 → q = ... r = ...
37 = (... x ...) + ...

71 : 9 → q = ... r = ...
71 = (... x ...) + ...

6 5 enfants ont joué à une partie de jeu vidéo.
Ils ont noté leurs points dans un tableau et dans un histogramme.
Recopie et **complète** le tableau et l'histogramme.

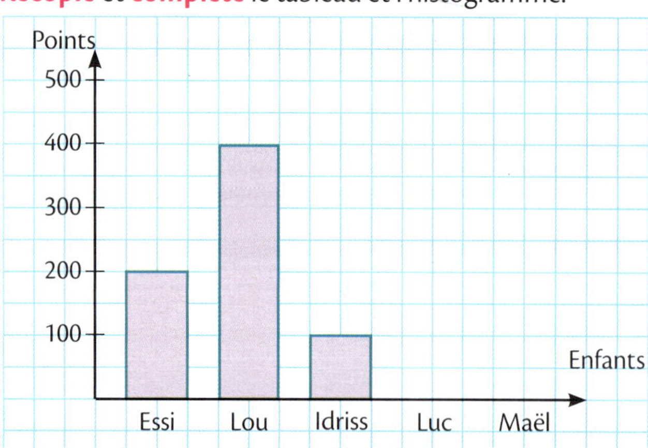

Essi	Lou	Idriss	Luc	Maël
...	...	...	150	500

7 **Recopie** la ou les division(s) dont le quotient a 2 chiffres.

56 : 2

73 : 8

51 : 3

8 **Pose** la division et **calcule** le résultat.

9 Parmi les quadrilatères suivants, **trouve** lesquels sont des parallélogrammes.

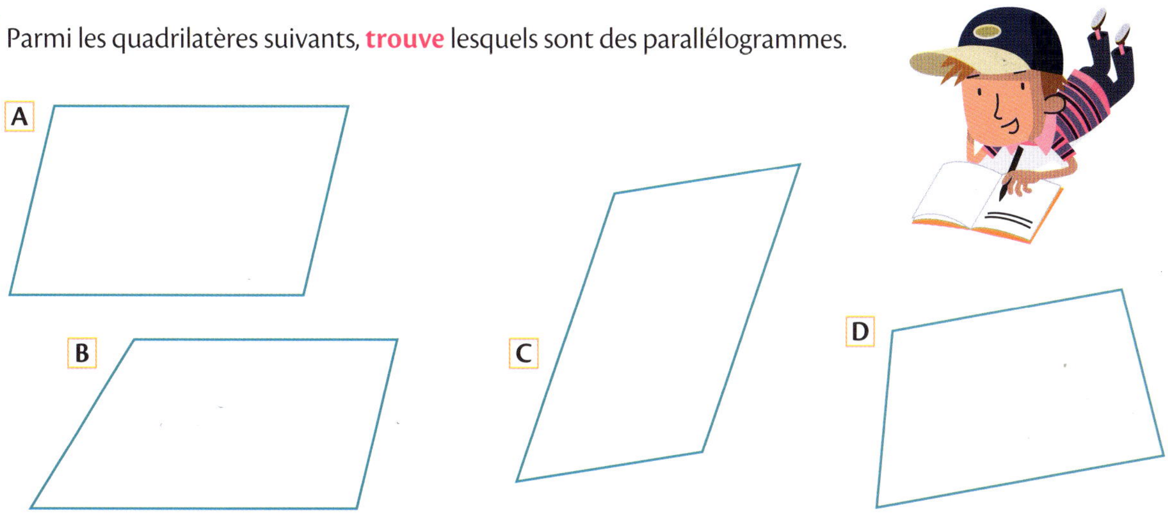

10 a. **Reproduis** sur ton cahier le segment [AB].

b. **Trace** un cercle de centre A et de rayon 4 carreaux.

c. **Trace** un cercle de centre B et de diamètre 4 carreaux.

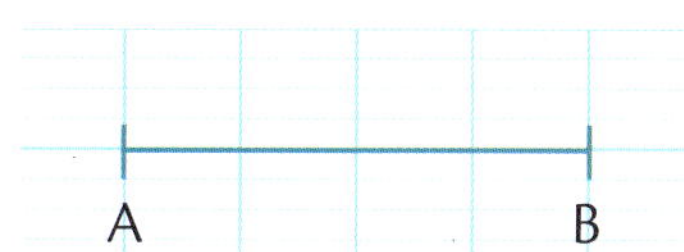

11 La mère de Luc achète un manteau à 138 € avec des billets de 5 €.

a. **Combien** de billets lui faudra-t-il ?

b. **Combien** lui restera-t-il à payer ?

12

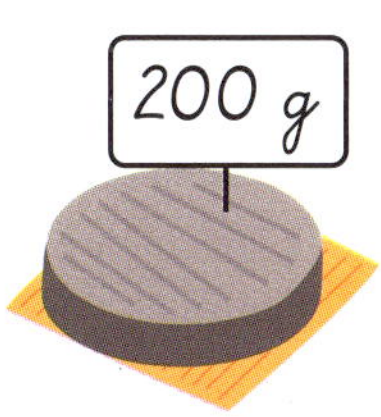

M. Ventru a acheté 8 fromages.

Calcule la masse totale de fromage acheté.

Écris ta réponse en g, puis en kg et hg.

13 Pendant les vacances d'été, Sandy a ramassé 45 coquillages.
Steve en a ramassé 2 fois plus.

Combien de coquillages ont-ils ramassés en tout ?

LEÇON 27 pp. 66-67

1 **Reproduis** la figure et **trace** son symétrique par rapport à l'axe vert. Puis **trace** le symétrique de la figure obtenue par rapport à l'axe rouge.

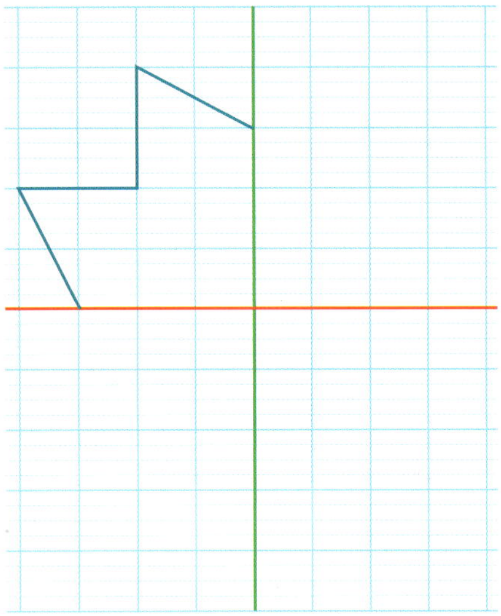

LEÇON 28 pp. 68-69

2 Mamie Bobine a tricoté 10 pulls pour ses petits-enfants. Il y a 19 m de fil de laine dans chaque pelote. Elle a utilisé 32 pelotes.

Calcule la longueur de fil de laine qu'elle a utilisée en tout.

3 En aidant sa voisine à faire ses courses, Margot reçoit 26 € chaque mois. **Combien** va-t-elle gagner sur une année ?

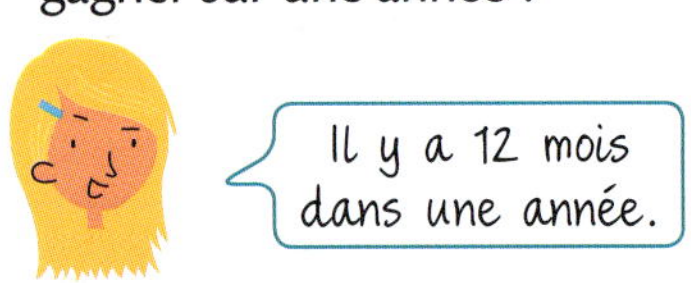

LEÇON 29 pp. 70-71

4 Sandy a mis 19 min 30 s pour finir son dessin. C'est 50 s de moins qu'Axel.

Calcule le temps mis par Axel pour finir son dessin.

LEÇON 30 pp. 72-73

5 Dans cette figure, chacun des angles $\widehat{A}$, $\widehat{L}$ et $\widehat{H}$ est égal à un autre angle. **Trouve** lesquels.

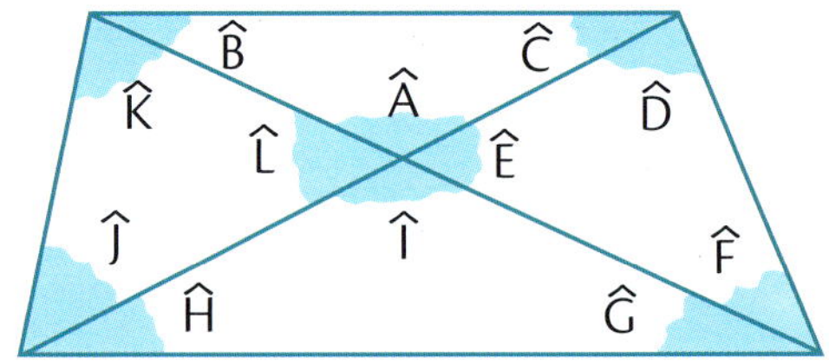

LEÇON 31 pp. 74-75

6 Essi a 28 pièces de 1 €. Elle veut mettre le même nombre de pièces dans chacune de ses 3 tirelires.

a. **Calcule** combien de pièces elle va mettre dans chaque tirelire.

b. **Combien** de pièces lui restera-t-il ?

7

Idriss achète un échiquier.
Il paye avec des pièces de 2 €.
Combien de pièces lui faudra-t-il ?

PROBLÈMES 5 pp. 76-77

8 M. Plic a 45 ans et pèse 72 kg. Il pèse 6 kg de plus que Mme Ploc. **Combien** pèse Mme Ploc ?

Trouve qui a fait le bon calcul.

- **Idriss** 
  45 + 72 + 6 = 123
  Mme Ploc pèse 123 kg.

- **Luc** 
  72 − 6 = 66
  Mme Ploc pèse 66 kg.

- **Margot** 
  $$\begin{array}{r} 72 \\ -\ 6 \\ \hline 12 \end{array}$$
  Mme Ploc pèse 12 kg.

- **Sandy** 
  $$\begin{array}{r} 45 \\ -\ 6 \\ \hline 39 \end{array}$$
  Mme Ploc pèse 39 kg.

LEÇON 32 pp. 78-79

9 Lou a mis des coquillages dans des boîtes A, B, C, D et E.

a. Complète le graphique avec les noms des boîtes en sachant que…

- dans la boîte A, il y a le moins de coquillages.
- dans la boîte C, il y en a le plus.
- dans la boîte B, il y en a plus que dans D.
- il y en a autant dans la boîte E que dans les boîtes B et D réunies.

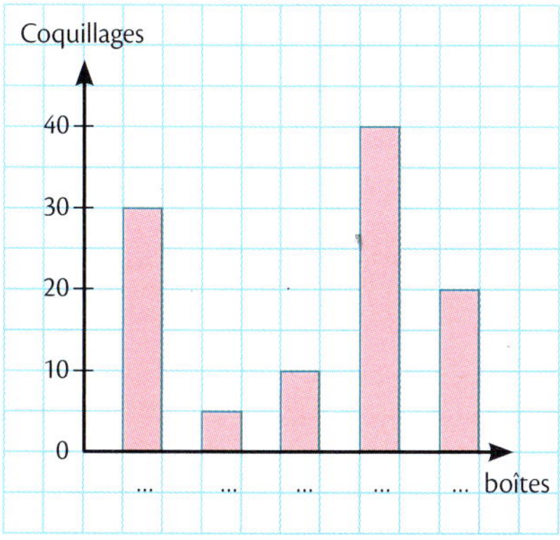

b. Écris dans un tableau combien il y a de coquillages dans chaque boîte.

LEÇON 33 pp. 80-81

10
- Si l'on me divise par 3, le quotient aura 2 chiffres.
- Si l'on me divise par 4, il aura 1 chiffre.

Indique quelles phrases sont vraies.

Je suis plus petit que 20.

Je suis plus petit que 30.

Je suis plus grand que 30.

Je suis plus grand que 50.

Je suis plus petit que 40.

LEÇON 34 pp. 82-83

11 **a. Dessine** 2 parallélogrammes identiques sur une feuille quadrillée.

b. Découpe-les et **place**-les côte à côte de 2 manières pour obtenir 2 parallélogrammes différents.

LEÇON 35 pp. 84-85

12 **a. Trace** un cercle et son diamètre [AB].

b. Place un point C sur le cercle. **Relie** le point C à A et à B. **Quel** triangle as-tu obtenu ?

c. Recommence avec le point D.

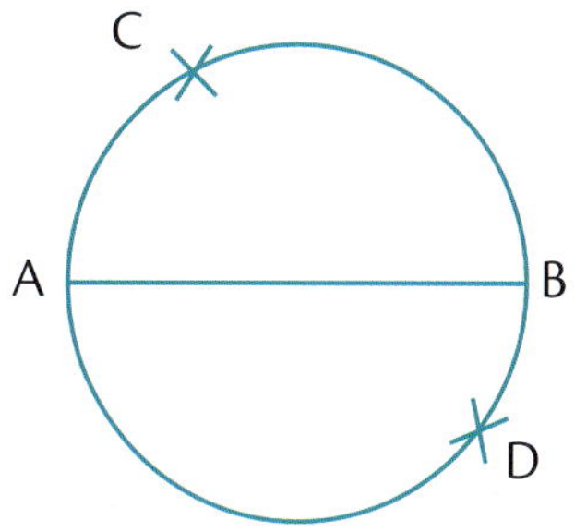

LEÇON 36 pp. 86-87

13 Pour le concours des écoles de la région, 165 élèves se sont inscrits à la compétition de basket-ball. Il y a 5 joueurs par équipe.

Combien d'équipes participeront au concours ?

LEÇON 37 pp. 88-89

14 Le camion de M. Béton peut contenir jusqu'à 5 tonnes.

M. Béton veut transporter des sacs de ciment qui pèsent 20 kg chacun et des sacs de sable qui pèsent 10 kg chacun.
Il met 200 sacs de ciment dans son camion.

a. Combien pèsent les 200 sacs ?

b. Combien de sacs de sable peut-il charger sans dépasser la limite de 5 tonnes ?

PROBLÈMES 6 pp. 90-91

15 L'appartement que veulent acheter Julie et son frère coûte 270 000 €.
Julie a 120 000 €. Son frère a 30 000 € de plus qu'elle.

Pourront-ils acheter l'appartement ?

Propose 2 méthodes pour résoudre ce problème, puis **résous**-le.

38 Les fractions

comme mesures d'aire et de longueur

▶ **Calcul mental :** Placer un nombre jusqu'à 9 999 sur un axe.
▶ **Activité de découverte (Livre du maître) :** Partager équitablement des parts de pizzas.

Je comprends

Margot coupe son gâteau d'anniversaire en 4 parts égales. Le gâteau entier représente l'**unité.**

- Margot coupe une part.

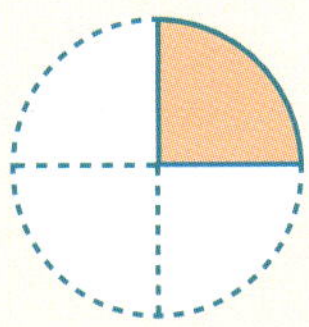

$\frac{1}{4}$

Chaque part représente $\frac{1}{4}$ de l'unité.

$\frac{1}{4}$ s'appelle **une fraction**.
On lit « un quart ».

- Essi, Luc et Maël ont pris 3 parts.

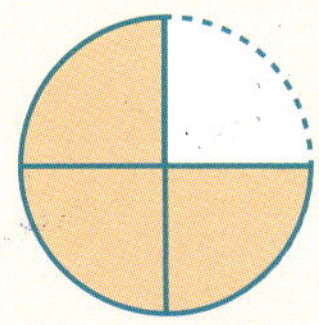

$\frac{3}{4}$

En tout, ils ont pris $\frac{3}{4}$ de l'unité.

Nombre de parts choisies	3	Numérateur
Nombre de parts égales en tout	4	Dénominateur

Cette **fraction** se lit « trois quarts ».

- Les 4 parts représentent tout le gâteau.

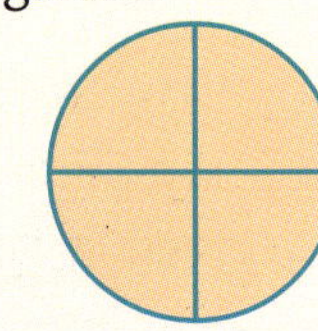

$\frac{4}{4}$

$\frac{4}{4} = 1$

$\frac{1}{5}$ se lit « un cinquième »,
$\frac{1}{6}$ « un sixième »...

Je m'entraîne

1 * **Écris** sur ton cahier la fraction représentée par la portion du gâteau recouverte de chocolat, comme dans l'exemple.

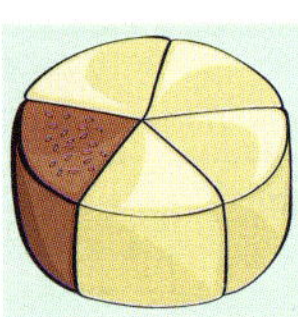

$\frac{1}{5}$

a.
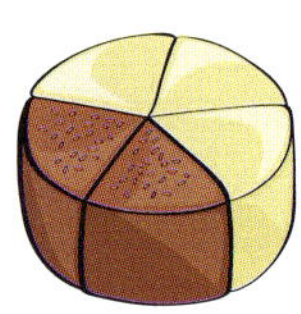

b.

c.
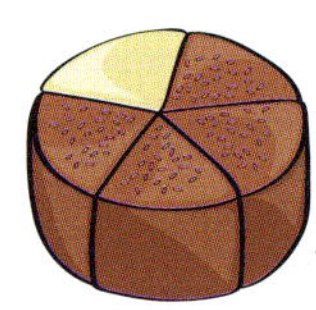

d.
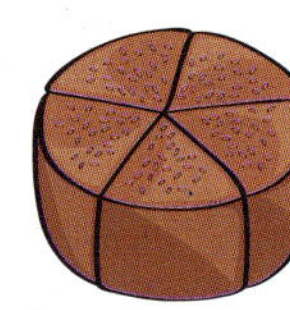

2 * **Écris** la fraction qui correspond à la partie de l'unité coloriée.

a.

b.
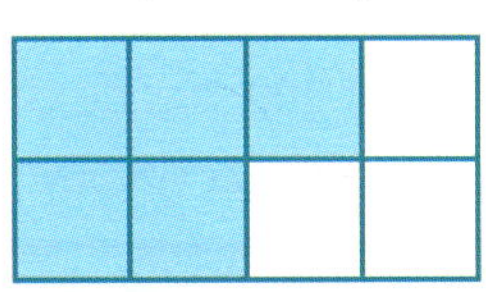

c.
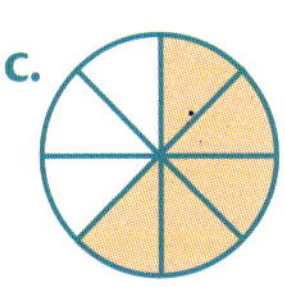

d.
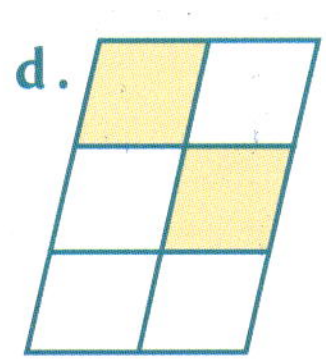

e.
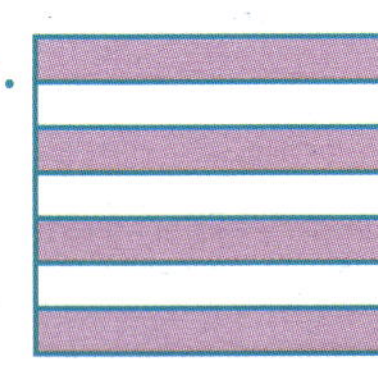

3 ** **Reproduis** chaque figure sur ton cahier. Puis **colorie** la partie du dessin qui correspond à la fraction proposée, comme dans l'exemple.

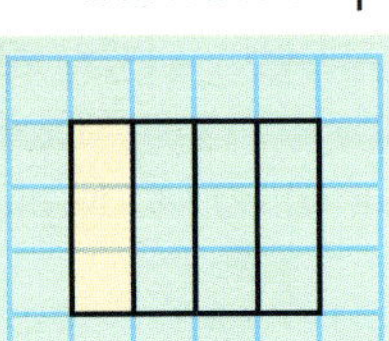

$\frac{1}{4}$

a.
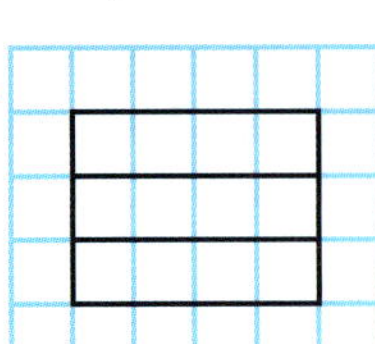

$\frac{2}{3}$

b.
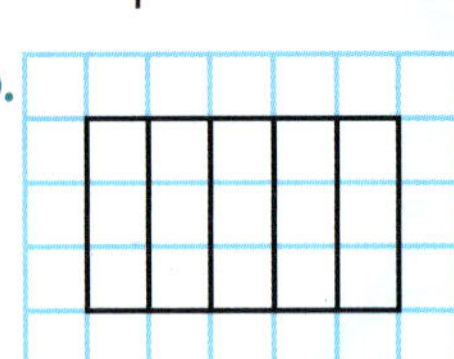

$\frac{2}{5}$

c.
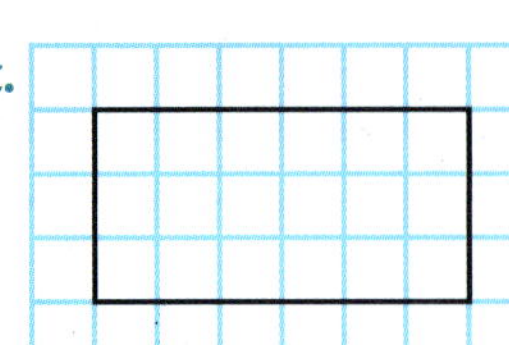

$\frac{1}{6}$

d.
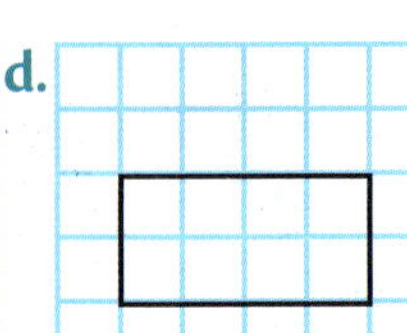

$\frac{5}{8}$

▶ **Objectif :** Utiliser les fractions dans des cas simples de partage ou de codage de mesures.

Je comprends

• Plouf a sauté un demi $\left(\frac{1}{2}\right)$ de la longueur du segment.

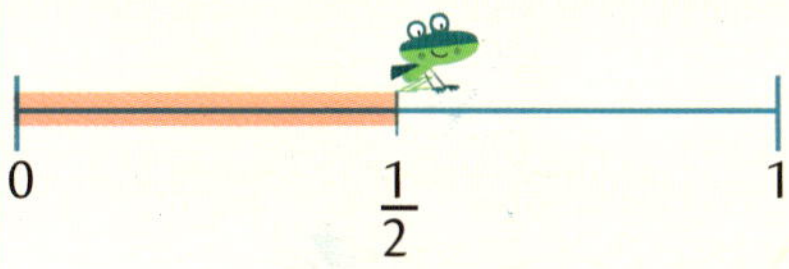

Quand tu divises un segment en 2 parties égales, chaque partie représente $\frac{1}{2}$ du segment.

• Plouf a sauté trois quarts $\left(\frac{3}{4}\right)$ de la longueur du segment.

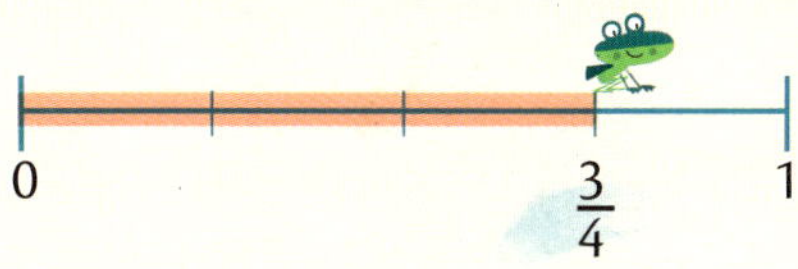

Quand tu divises un segment en 4 parties égales, chaque partie représente $\frac{1}{4}$ du segment.

• Plouf a sauté sept dixièmes $\left(\frac{7}{10}\right)$ de la longueur du segment.

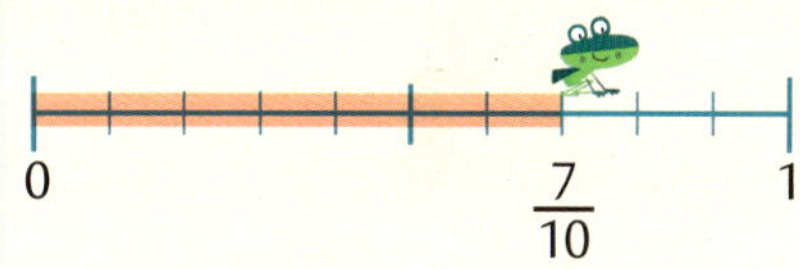

Quand tu divises un segment en 10 parties égales, chaque partie représente $\frac{1}{10}$ du segment.

Je m'entraîne

4 * **Écris** la fraction coloriée du segment-unité représentée par le saut de Plouf, comme dans l'exemple.

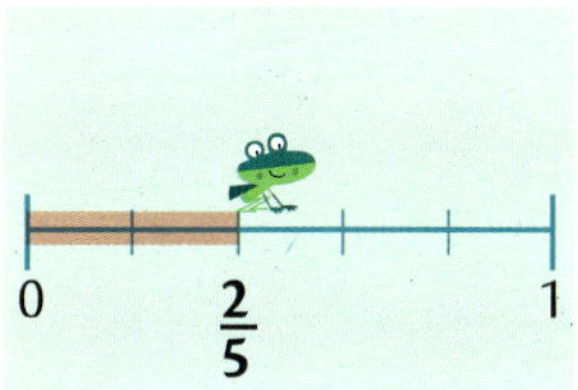

a.

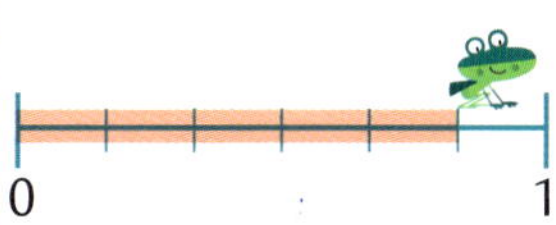

b.

c.

5 ** **Retrouve** les représentations de la même fraction. Puis **écris** la fraction, comme dans l'exemple.

A et 3 représentent la même fraction : $\frac{5}{10}$

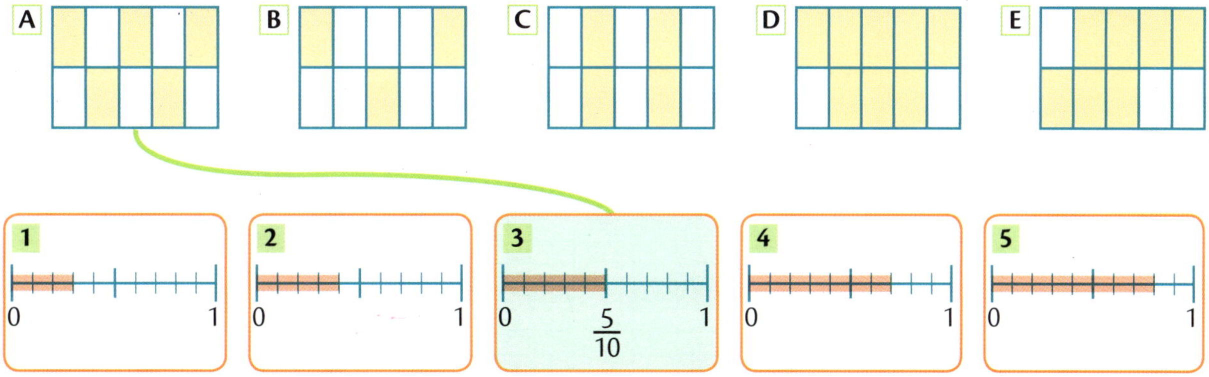

6 ** **Reproduis** les segments. Puis **place** la fraction, comme dans l'exemple.

$\frac{3}{5}$

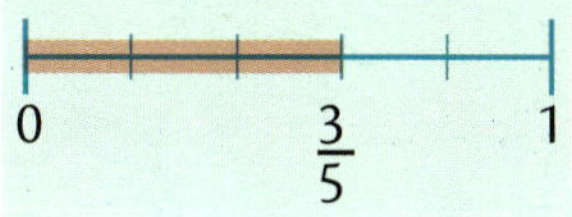

a. $\frac{5}{7}$

b. $\frac{6}{6}$

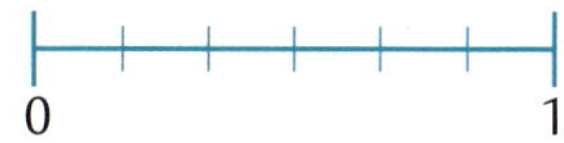

Si tu as terminé... exercice 1, p. 126

39 Les fractions décimales

▶ Calcul mental : Additionner 11, 21 et 31 à *cdu*.
▶ Activité de découverte (Livre du maître) : Reconnaître si une unité est partagée en dixièmes ou en centièmes.

Je comprends

Ici, Axel a colorié $\frac{3}{10}$ de sa frise.

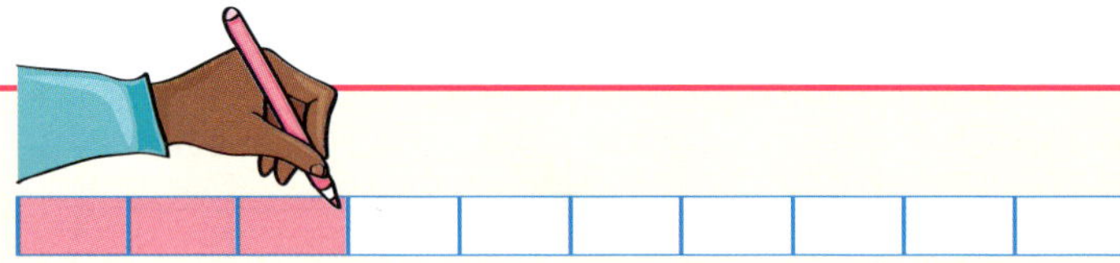

- Tu peux diviser une unité en 10 parties égales.

Chaque partie représente **un dixième de l'unité**.

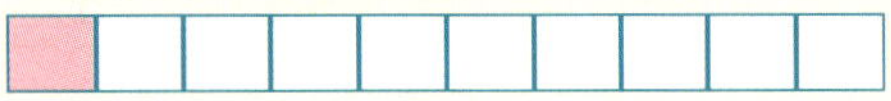

0 $\frac{1}{10}$ 1

- Voici **trois dixièmes**.

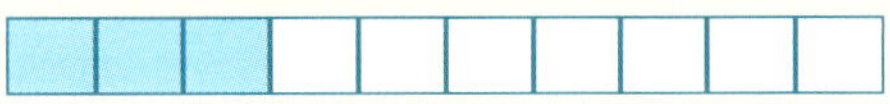

0 $\frac{3}{10}$ 1

$\frac{1}{10}$ $\frac{2}{10}$ $\frac{10}{10}$

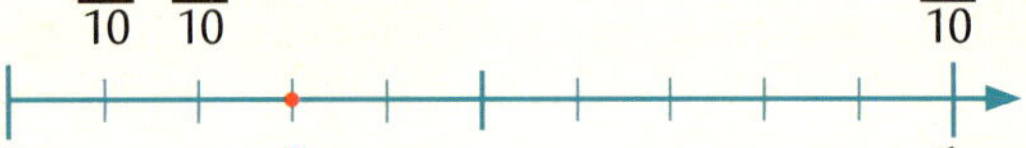

0 $\frac{3}{10}$ 1

- Tu peux aussi diviser une unité en 100 parties égales.

Chaque carreau représente **un centième de l'unité.**

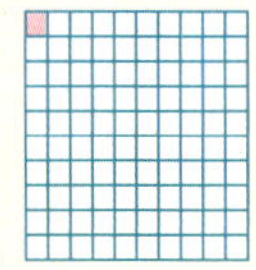

$\frac{1}{100}$

- Voici **trente-quatre centièmes**.

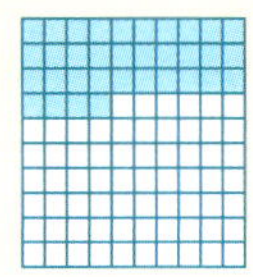

$\frac{34}{100}$

$\frac{10}{100}$ $\frac{20}{100}$ $\frac{30}{100}$ $\frac{100}{100}$

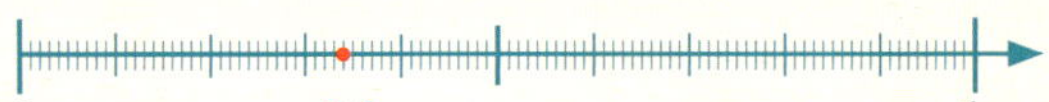

0 $\frac{34}{100}$ 1

Je m'entraîne

1 * **Recopie** et **complète**, comme dans l'exemple.

$\frac{24}{100}$ = vingt-quatre centièmes

$\frac{9}{10}$ = …

$\frac{100}{100}$ = …

quatre-vingt-deux centièmes = …

cinq dixièmes = …

2 * **Écris** la fraction représentée par la partie coloriée de chaque figure.

a.

b.

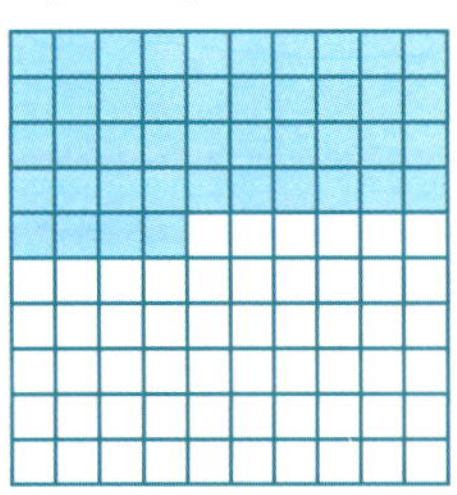

c.

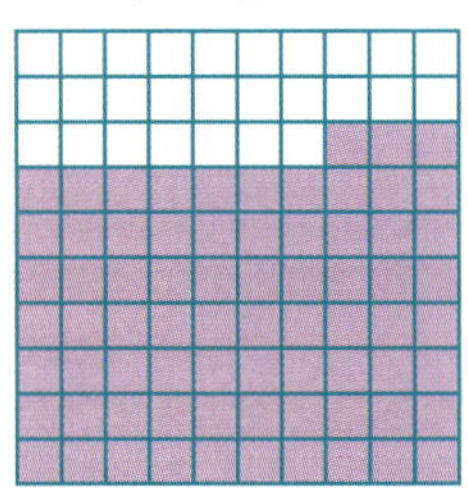

3 * M. Mouton a partagé son champ en 10 parcelles égales.
Dans 8 parcelles, il plante du blé. Dans 2 parcelles, il plante du maïs.
Écris la fraction qui représente la partie du champ où M. Mouton plante du maïs.

▶ Objectifs : Identifier et représenter des fractions décimales.

40 Comparer des fractions

▶ Calcul mental : Additionner 90 à 99 à *cdu* puis 9 000 à 9 900 à un nombre de 4 chiffres ou plus.
▶ Activité de découverte (Livre du maître) : Comparer les parts de gâteaux mangées par plusieurs convives.

Je comprends

On peut comparer des fractions qui ont le même dénominateur.

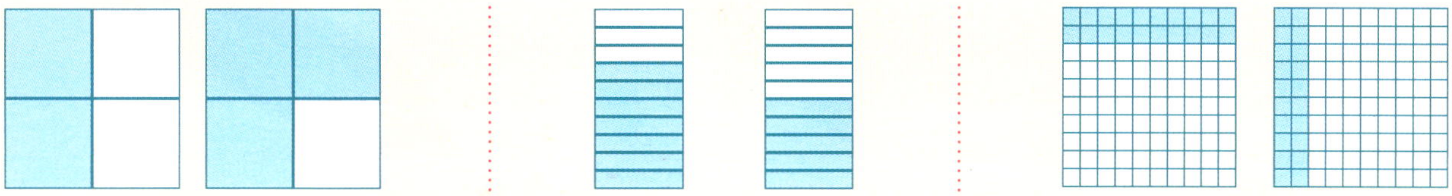

$\frac{2}{4} < \frac{3}{4}$ $\frac{7}{10} > \frac{5}{10}$ $\frac{20}{100} = \frac{20}{100}$

Je m'entraîne

1 * **Écris** les fractions des tablettes de chocolat représentées, puis **complète** avec <,> ou = , comme dans l'exemple.

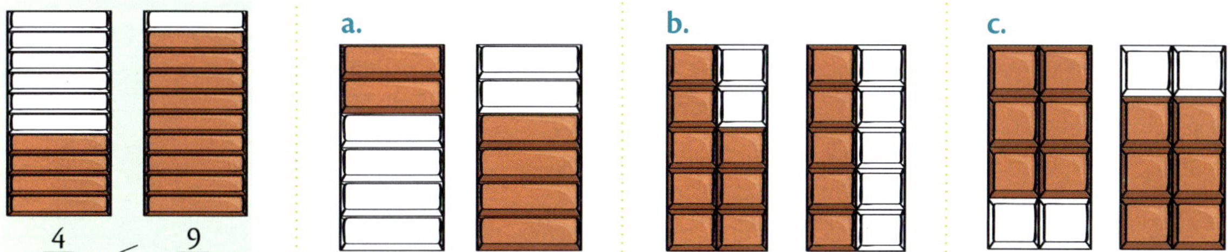

$\frac{4}{10} < \frac{9}{10}$

a. **b.** **c.**

2 * **Écris** les fractions représentées, puis **complète** avec <,> ou =, comme dans l'exemple.

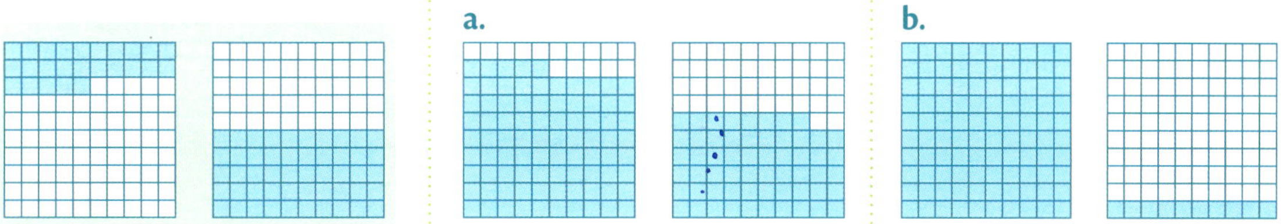

$\frac{25}{100} < \frac{50}{100}$

a. **b.**

3 * **Recopie** et **complète** avec <,> ou =.

$\frac{17}{100} \dots \frac{23}{100}$ $\frac{4}{10} \dots \frac{1}{10}$ $\frac{100}{100} \dots \frac{49}{100}$ $\frac{7}{7} \dots \frac{3}{7}$

Je sais déjà

4 **Pose** et **calcule** les soustractions suivantes.

67 345 – 12 941 50 704 – 39 067 80 000 – 64 871

▶ Objectif : Comparer entre elles des fractions de même dénominateur.

Si tu as terminé… exercice 2, p. 126

41 Les solides droits

▶ **Calcul mental :** Double et moitié jusqu'à 50.

▶ **Activité de découverte (Livre du maître) :** Classer des solides en différentes catégories d'après leurs propriétés.

Je comprends

Regarde bien.
Tous ces solides sont des **prismes.**

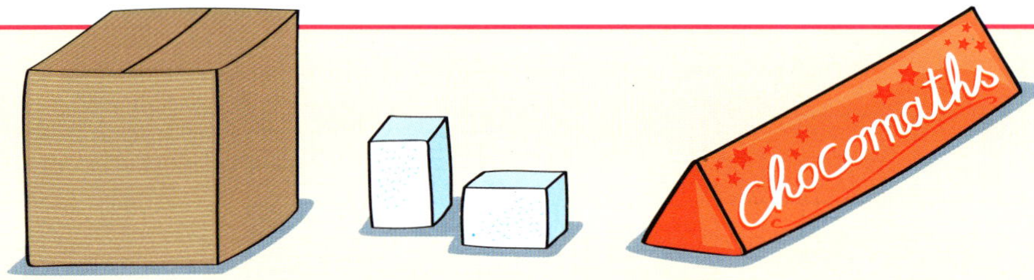

Les prismes sont des solides particuliers. Toutes leurs faces sont des polygones.
Ils ont 2 bases identiques reliées par des faces qui sont des rectangles ou des parallélogrammes.

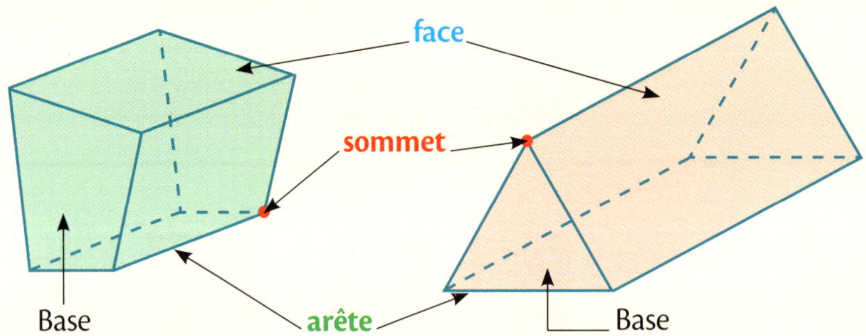

Dans un prisme…
- chaque partie plane s'appelle une **face**.
- chaque « coin » s'appelle un **sommet**.
- le segment qui relie deux sommets s'appelle une **arête**.

Le **cube** et le **pavé droit** sont des prismes particuliers.

Un pavé droit s'appelle aussi un parallélépipède rectangle.

- **Cube**

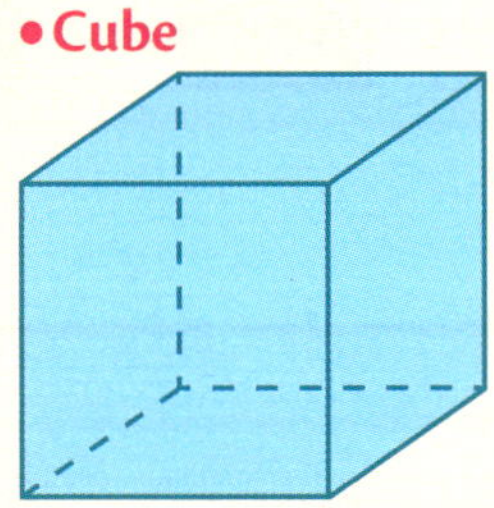

- **Pavé droit**

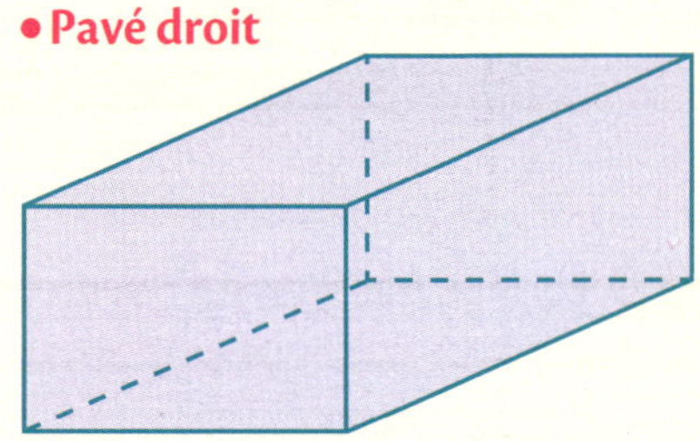

Je m'entraîne

1* a. Parmi ces solides, **écris** lesquels sont des prismes.
b. Si ce n'est pas un prisme, **utilise** une de ces phrases pour expliquer pourquoi.

- *Toutes ses faces ne sont pas des polygones.*
- *Toutes ses faces sont des polygones mais il n'a pas deux bases reliées par des parallélogrammes ou des rectangles.*

A

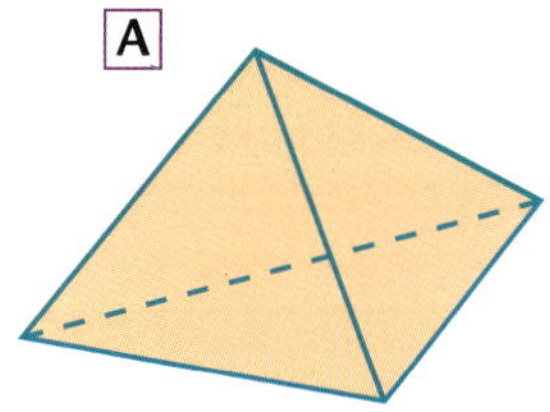

B

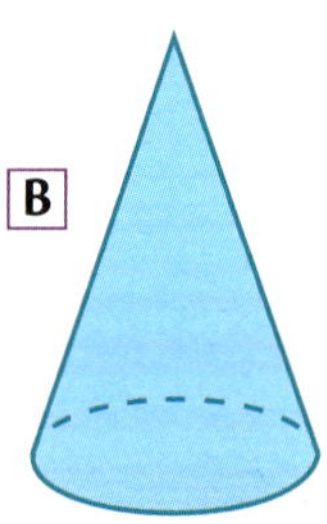

C

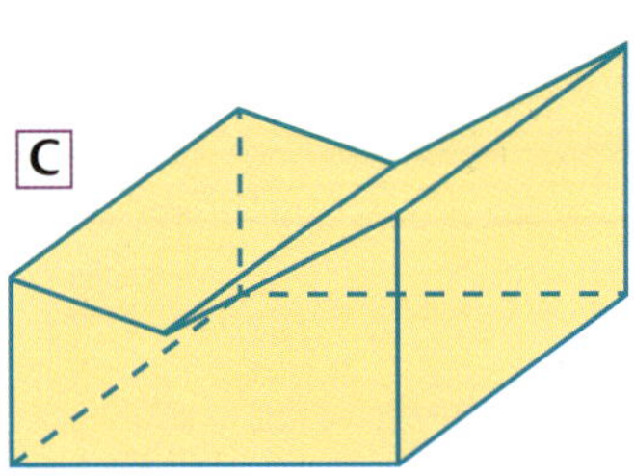

D

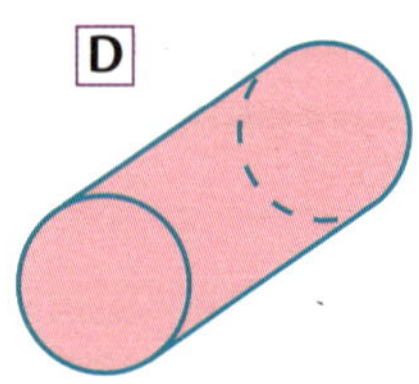

E

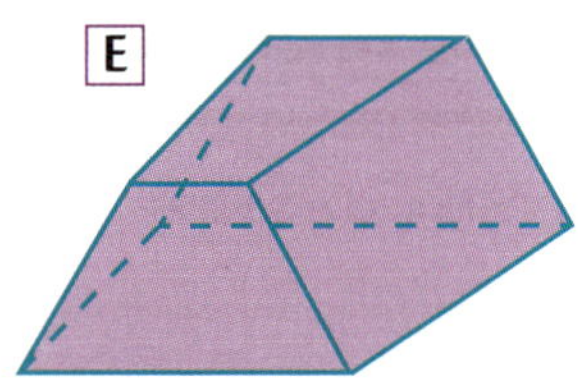

F

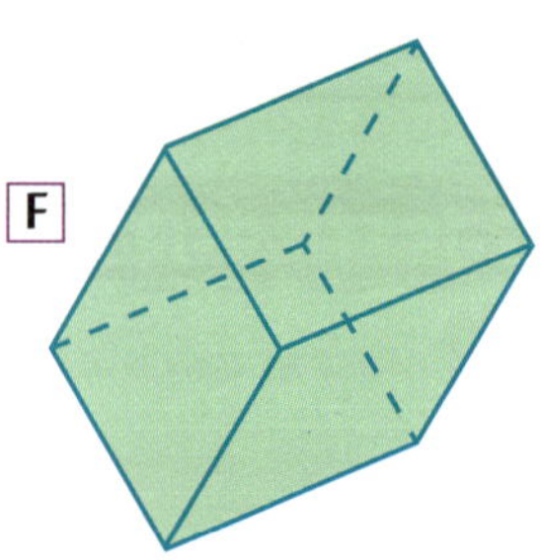

▶ **Objectifs :** Reconnaître, décrire et nommer les solides droits : cube, pavé, prisme.

2 * Pour chaque prisme, **trouve** la couleur d'une base du prisme. Il peut y avoir plusieurs solutions.

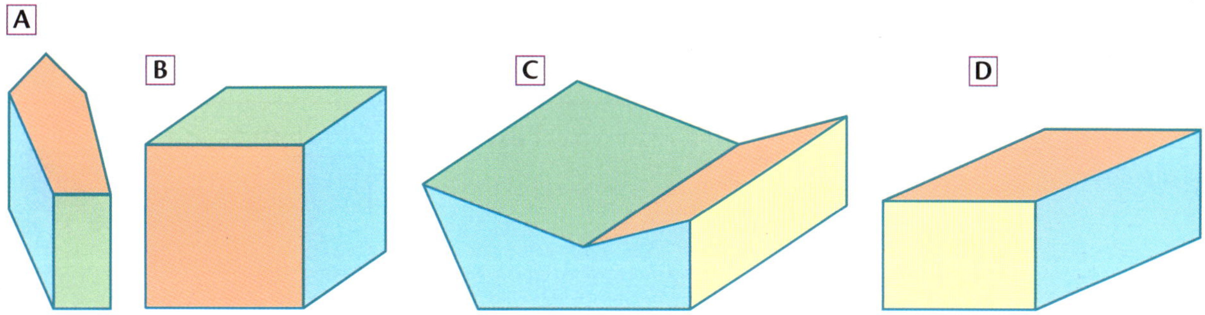

3 ** Le solide ci-contre est un prisme.

a. Combien de sommets vois-tu ?
Combien de sommets sont cachés ?

b. Combien d'arêtes vois-tu ?
Combien d'arêtes sont cachées ?

4 ** **a. Observe** bien les solides. Puis **recopie** et **complète** le tableau.

b. Écris ensuite si chaque solide est un prisme ou non.

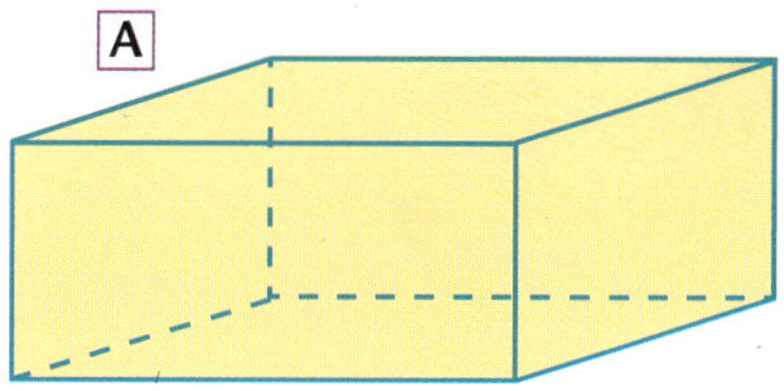

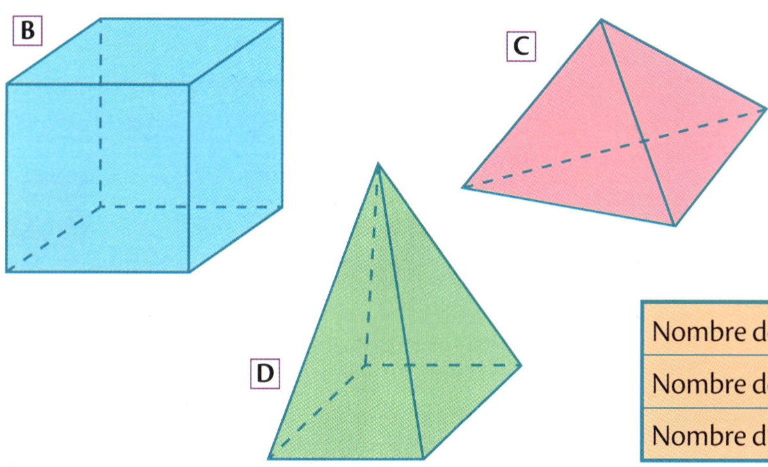

	Solide			
	A	…	…	…
Nombre de faces	6	6	4	5
Nombre de sommets	8	…	…	…
Nombre d'arêtes	12	…	…	…

5 ** **Jeu du portrait**

Nous sommes tous les deux des prismes,
nous avons tous les deux 12 arêtes.
Nous avons le même nombre de faces
et le même nombre de sommets.
Et pourtant, nous n'avons pas le même nom !
Qui sommes-nous ?

Si tu as terminé... exercice 3, p. 126

42 Solides et points de vue

▶ Calcul mental : Soustraire une dizaine entière à un nombre à 3 chiffres dont la dizaine est entière (340 – 80 = ?).

▶ Activité de découverte (Livre du maître) : Reconnaître des solides par observation sous un angle fixe donné.

Je comprends

Essi, Luc et Steve observent le même solide, mais ils ne voient pas la même chose.

- Ce qu'Essi voit.
- Ce que Luc voit.
- Ce que Steve voit.

Selon l'endroit où l'on se place, on a un aperçu différent du solide.

Je m'entraîne

1 * **Associe** à chaque appareil photo le cliché qu'il a pris.

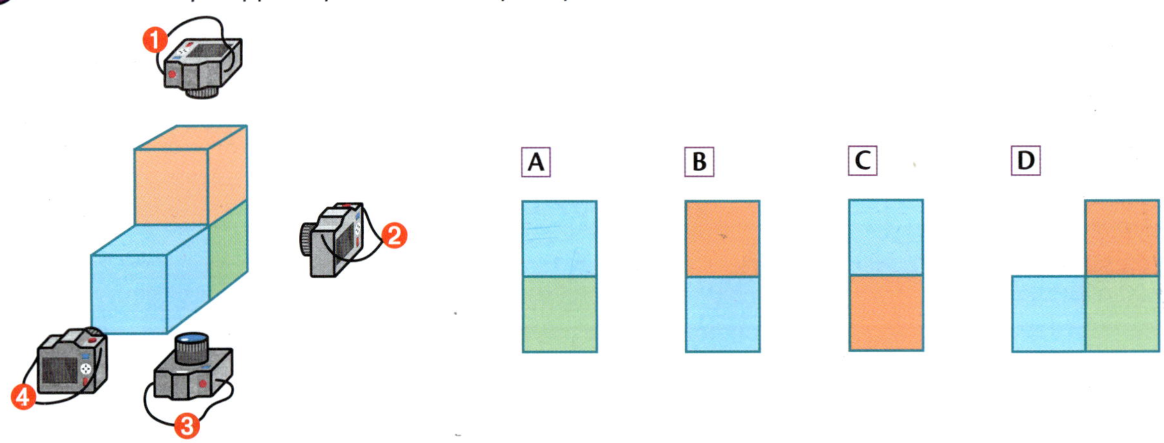

2 * **Trace** sur ton cahier ce que voit chaque enfant, comme dans l'exemple.

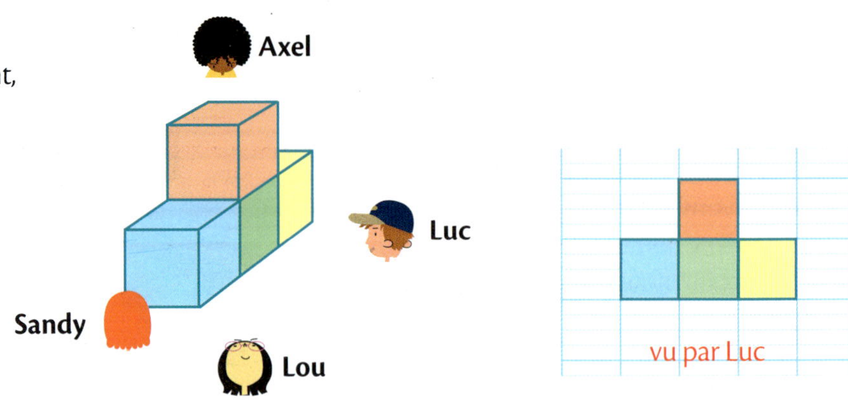

▶ Objectif : Reconnaître un solide vu selon différents angles.

3 ** On a demandé à Yasmine et à Idriss de représenter chaque solide selon leur point de vue.
Dans quel cas vont-ils dessiner la même chose ?

a.

b.

c.

4 ** Maël a commencé à représenter le cliché pris par chaque appareil photo.

a. **Trouve** l'appareil photo qui correspond à chaque dessin.

b. **Reproduis** les dessins et **colorie**-les comme il faut.

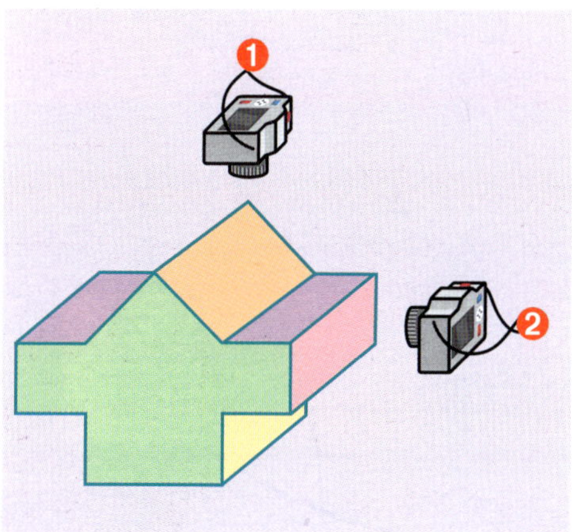

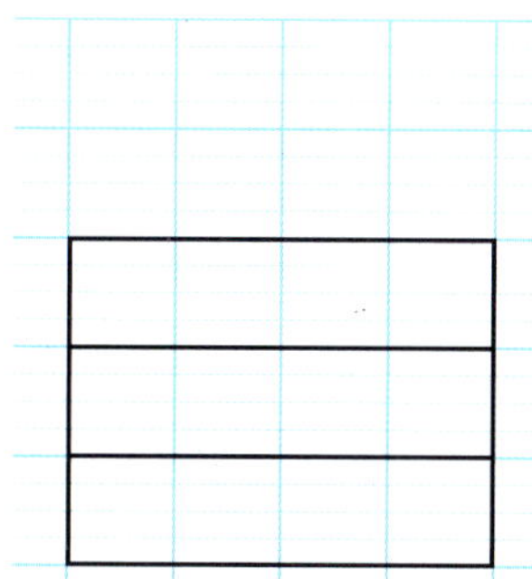

• Appareil photo n°...

• Appareil photo n°...

5 *** Ce dessin représente plusieurs solides vus de haut. **Trouve** lesquels.

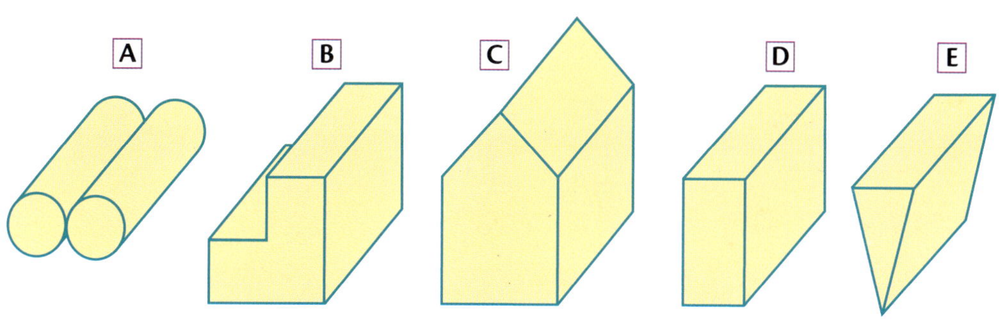

Je sais déjà

6 **Pose** et **calcule** les divisions suivantes.

342 : 8 719 : 6 522 : 9

Si tu as terminé... exercice 4, p. 126

43 Les fractions équivalentes

▶ Calcul mental : Montrer des surfaces coloriées et demander quelle est la fraction correspondante.
▶ Activité de découverte (Livre du maître) : Faire apparaître des fractions équivalentes en partageant un gâteau.

Je comprends

Une unité peut être partagée en 10 ou en 100 parties égales, cela reste une unité.

$\frac{1}{1} = \frac{10}{10} = \frac{100}{100}$ (x 10, x 10)

Une même partie de l'unité peut être représentée par une même fraction.

Luc a pris $\frac{1}{10}$ de la tablette de chocolat.

Idriss a pris $\frac{10}{100}$ de la tablette.

Ils ont pris la même part de tablette !

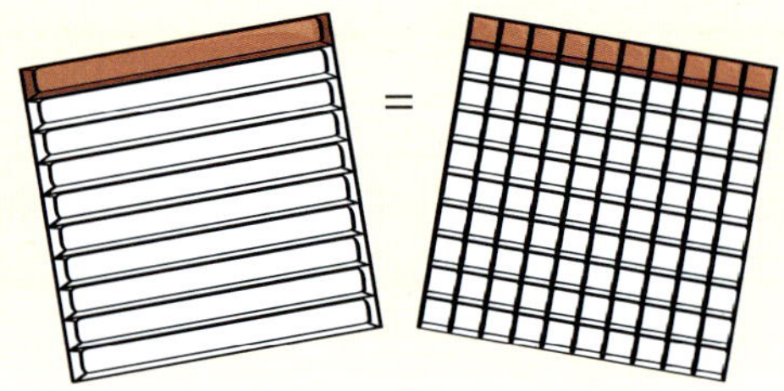

Je m'entraîne

1 * **Écris** les égalités, comme dans l'exemple.

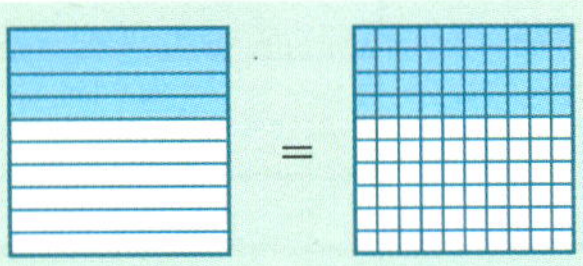

$\frac{4}{10} = \frac{40}{100}$ (x 10, x 10)

a.

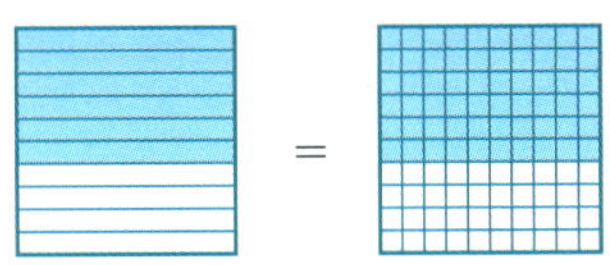

b.

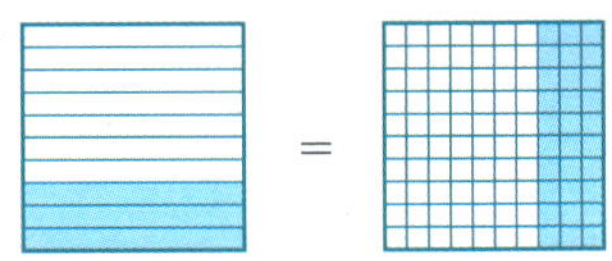

2 * **Observe** les figures puis **écris** les égalités, comme dans l'exemple.

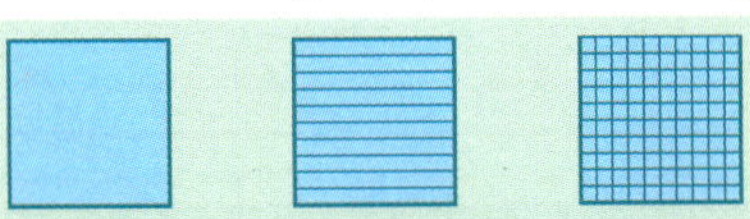

$\frac{1}{1} = \frac{10}{10} = \frac{100}{100}$

a.

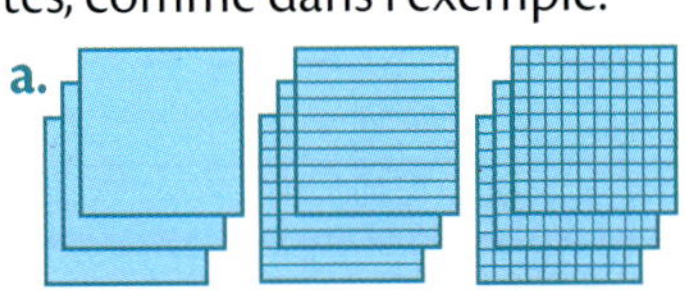

b.

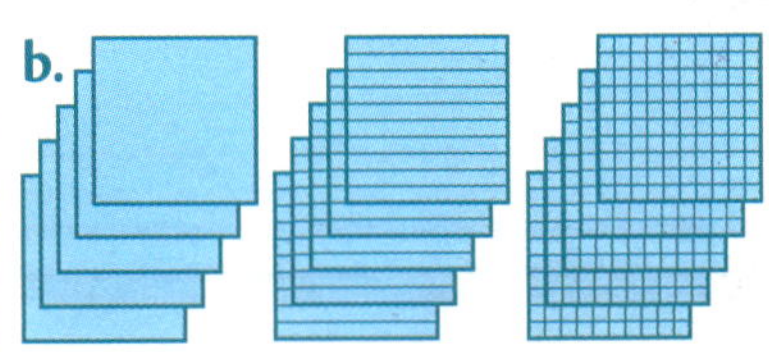

3 * **Recopie** et **complète**.

a. $\frac{4}{10} = \frac{...}{100}$ (x 10, x 10)

b. $\frac{...}{10} = \frac{80}{100}$ (x 10, x 10)

4 * **Recopie** et **complète**.

$\frac{70}{100} = \frac{...}{10}$

$\frac{9}{10} = \frac{...}{100}$

$1 = \frac{...}{100}$

$\frac{6}{...} = \frac{60}{100}$

▶ Objectif : Reconnaître qu'une même fraction décimale peut être écrite sous différentes formes.

Si tu as terminé... exercice 5, p. 126

44 Décomposer les fractions décimales

▶ **Calcul mental :** Écrire un entier plus petit que 10 sous la forme d'une fraction décimale.
▶ **Activité de découverte (Livre du maître) :** Comparer des fractions de tablettes de chocolat mangées par deux enfants.

Je comprends

Une fraction décimale peut être décomposée.

Lou a mangé plus qu'une tablette de chocolat :

elle a mangé $\frac{15}{10}$ de tablette.

C'est 1 tablette + $\frac{5}{10}$ de tablette.

$\frac{247}{100} = \frac{200}{100} + \frac{40}{100} + \frac{7}{100}$

$\frac{247}{100} = 2 + \frac{4}{10} + \frac{7}{100}$

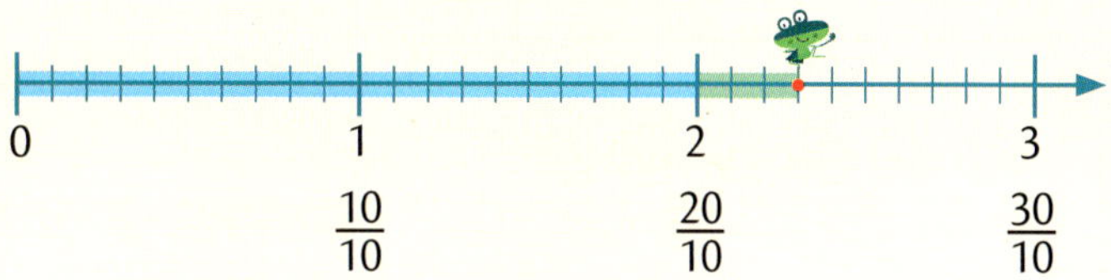

$\frac{23}{10} = \frac{20}{10} + \frac{3}{10}$

$\frac{23}{10} = 2 + \frac{3}{10}$

Je m'entraîne

1 * **Écris** les égalités, comme dans l'exemple.

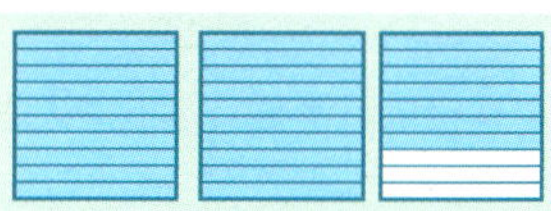

$\frac{27}{10} = 2 + \frac{7}{10}$

a. 

b. 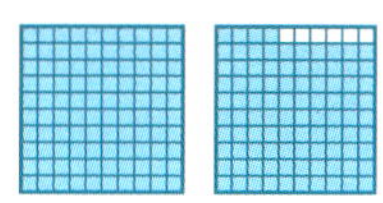

c. 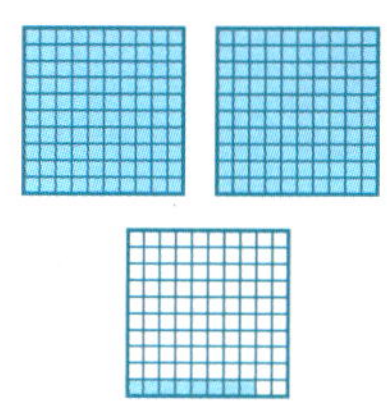

2 * **Décompose** le saut de Plouf, comme dans l'exemple.

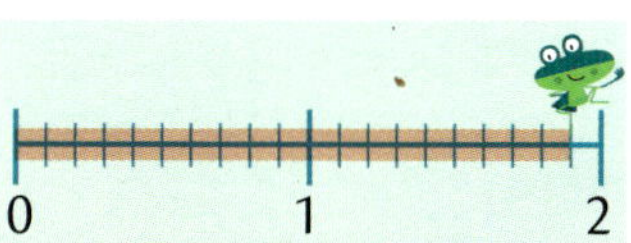

$\frac{19}{10} = 1 + \frac{9}{10}$

a. 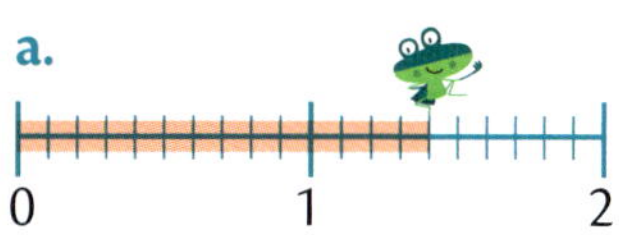

b. 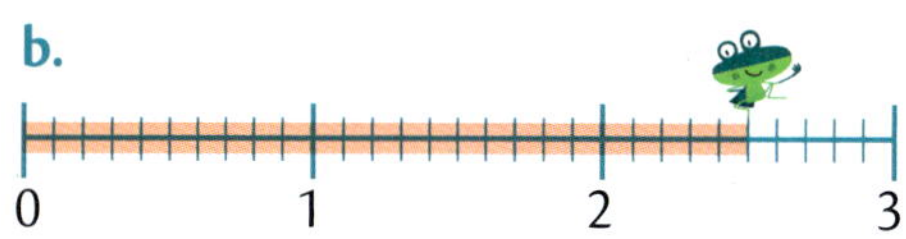

3 ** **Décompose** les fractions, comme dans l'exemple.

$\frac{49}{10} = \frac{40}{10} + \frac{9}{10} = 4 + \frac{9}{10}$

$\frac{345}{100} = 3 + \frac{4}{10} + \frac{5}{100}$

$\frac{57}{10}$ $\frac{30}{10}$ $\frac{81}{10}$

$\frac{784}{100}$ $\frac{654}{100}$

▶ **Objectif :** Savoir décomposer des fractions décimales jusqu'au centième.

Si tu as terminé... exercice 6, p. 126

45 Demi, tiers et quart

▶ **Calcul mental :** Multiplier et diviser par 2, 3 et 4.
▶ **Activité de découverte (Livre du maître) :** Partager une somme d'argent en 2, 3 et/ou 4 parties égales.

Je comprends

Maël, Margot et Idriss ont reçu chacun 24 macarons.

Maël les partage en 2 boîtes.

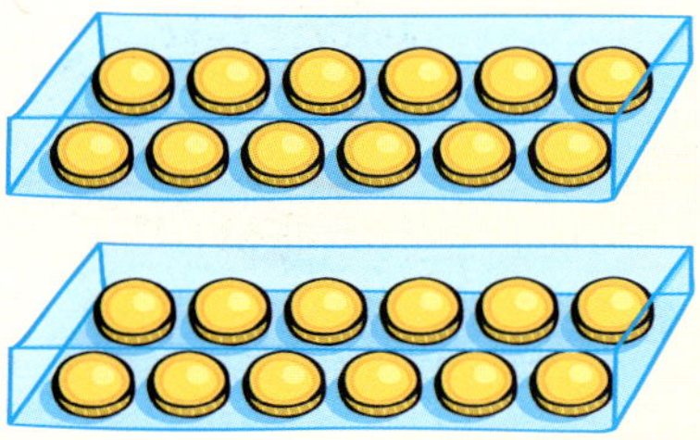

Dans chaque boîte, il y a la **moitié** ou **un demi** ($\frac{1}{2}$) de 24, soit 12 macarons.

Un demi de 24, c'est **24 : 2 = 12.**

24 est le **double** de 12.

Margot les partage en 3 boîtes.

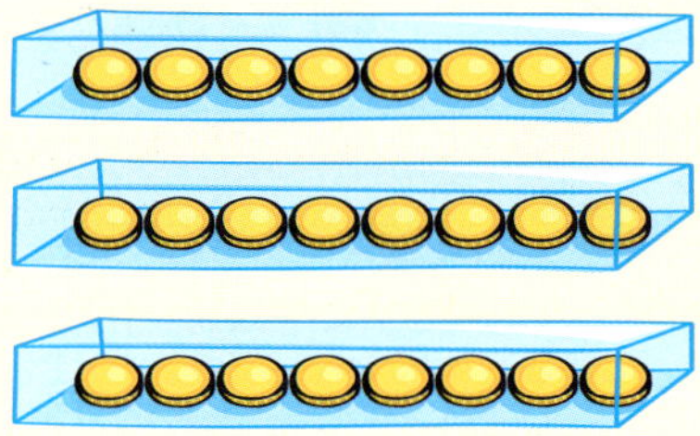

Dans chaque boîte, il y a **un tiers** ($\frac{1}{3}$) de 24, soit 8 macarons.

Un tiers de 24, c'est **24 : 3 = 8.**

24 est le **triple** de 8.

Idriss les partage en 4 boîtes.

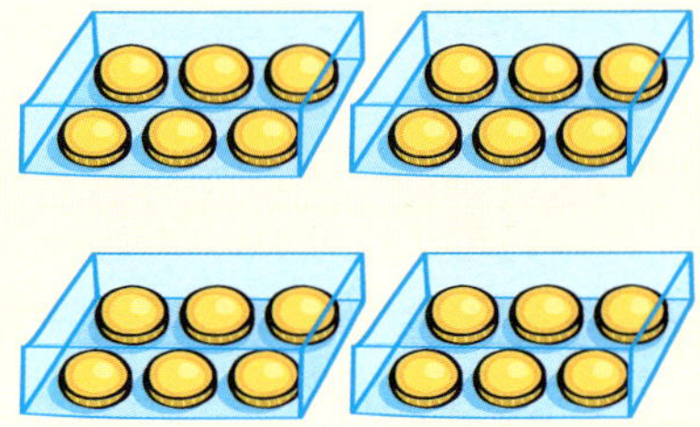

Dans chaque boîte, il y a **un quart** ($\frac{1}{4}$) de 24, soit 6 macarons.

Un quart de 24, c'est **24 : 4 = 6.**

24 est le **quadruple** de 6.

Je m'entraîne

1 * Lou a 60 perles. Si elle les partage en 2 sacs, il y aura **la moitié** de 60 perles dans chaque sac, soit **30** perles.
Que peux-tu dire si elle les partage en 3 sacs ? en 4 sacs ?

2 * **Calcule…**

- la moitié de 100
- la moitié de 1 000
- un demi de 500
- $\frac{1}{3}$ de 300
- un tiers de 150
- un quart de 100
- $\frac{1}{4}$ de 1 000
- un quart de 5 000

3 ** **a. Recopie** et **complète** avec <, > ou =.

- La moitié de 60 … un tiers de 90.
- $\frac{1}{3}$ de 150 … le double de 50.

b. Recopie et **complète**.

- Un quart de 120, c'est la moitié de … .
- Le quadruple de 20, c'est le quart de … .

Je sais déjà

4 **Écris** l'heure qu'il sera dans une demi-heure.

a. 

b. 

c. 

d. 

▶ **Objectifs :** Connaître ou utiliser les expressions *demi, tiers, quart* et *double, triple, quadruple*.

Si tu as terminé… exercice 7, p. 126

46 La calculatrice (2) Les touches mémoire

► Calcul mental : Tables de multiplication de 2 à 9.
► Activité de découverte (Livre du maître) : Mettre en mémoire un nombre et le faire deviner par différentes méthodes.

Je comprends

On cherche à calculer (12 x 4) + (13 x 7) – (21 x 3).
Pour faire ce calcul, tu dois calculer séparément chaque parenthèse puis tout additionner.
Pour cela, tu peux utiliser les touches mémoire de la calculatrice.

M+	M–	MRC
Ajoute le nombre affiché à la mémoire.	Soustrait le nombre affiché de la mémoire.	Affiche le nombre en mémoire.

1. Allume ta calculatrice. Il y a 0 dans la mémoire.
2. Tape [1] [2] [X] [4] et [M+] pour mettre le résultat (48) dans la mémoire.
3. Tape [1] [3] [X] [7] et [M+] pour ajouter le résultat (91) à 48.
   Il y a maintenant 139 en mémoire (tu peux vérifier en tapant une fois sur [MRC]).
4. Tape [2] [1] [X] [3] et [M–] pour soustraire ce résultat (63) à 139.
5. **Appuie sur [MRC]. Le résultat (76) s'affiche.**

Attention ! En tapant 2 fois sur [MRC], tu remets la mémoire à 0.

Je m'entraîne

1 * Yasmine, Steve et Idriss doivent calculer 25 + (3 x 6) – (4 x 5). **Observe** ce qu'ils ont tapé sur leur calculatrice. **Trouve** qui a raison et **corrige** les erreurs des autres enfants.

- **Yasmine :** [MRC] [MRC] [2] [5] [M+] [3] [X] [6] [M+] [4] [X] [5] [M–] [MRC]
- **Steve :** [MRC] [MRC] [2] [5] [M+] [3] [X] [6] [M–] [4] [X] [5] [MRC]
- **Idriss :** [MRC] [MRC] [2] [5] [M+] [3] [X] [6] [–] [4] [X] [5] [M+] [MRC]

2 * **Utilise** les touches mémoire de ta calculatrice pour **effectuer** les calculs suivants.

(2 x 14) + (54 x 21) – (31 x 12)   (9 862 + 1 224) – (5 114 + 3 421)

3 ** **a.** Avec ta calculatrice, **calcule** en utilisant la méthode d'Axel puis de Sandy.

3 789 + 7 348 + 7 771 + 9 074 + 2 901 + 9 652 + 698 = ?

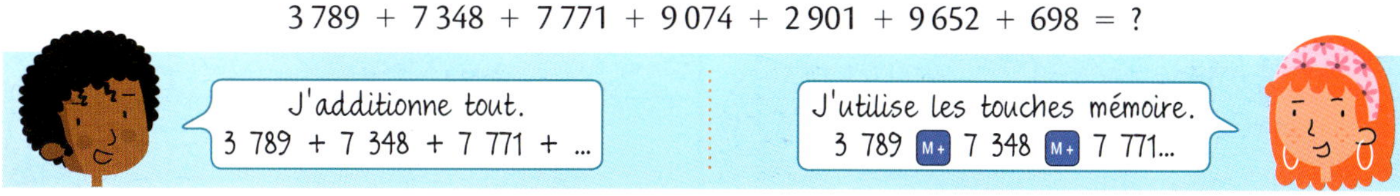

b. Quel avantage présente la méthode de Sandy ?

► Objectifs : Connaître et utiliser les touches mémoire de la calculatrice.

Si tu as terminé... exercice 8, p. 126

47 Mesures de capacité

▶ **Calcul mental :** Tables de division de 2 à 9.
▶ **Activité de découverte (Livre du maître) :** Évaluer la capacité de différents récipients au moyen d'un récipient étalon.

Je comprends

La quantité de liquide qu'un récipient peut contenir s'appelle sa capacité (on dit aussi sa contenance ou son volume).
Pour mesurer les capacités, les principales mesures sont le **litre (L)**, le **décilitre (dL)**, le **centilitre (cL)** et le **millilitre (mL)**.

L	dL	cL	mL
1	0	0	0
3	6	2	0

1 L = 10 dL = 100 cL = 1 000 mL

3 620 mL = 3 L + 620 mL = 3 L 620 mL = 3 L 62 cL

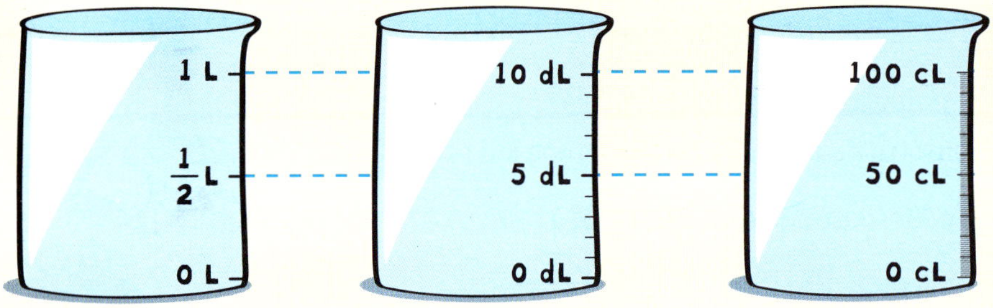

Ces 3 verres doseurs ont **la même capacité.**

Tu peux voir que
$\frac{1}{2}$ L = 5 dL = 50 cL

Je m'entraîne

1 * **Recopie** et **complète** par **L**, **cL** ou **mL**.

a. 

1 ...

b. 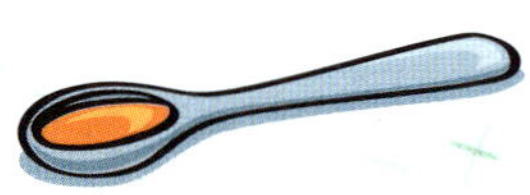
5 ...

c. 

150 ...

d. 

$\frac{1}{2}$ ...

2 * **Convertis**, comme dans l'exemple.

3 L 25 cL = 300 cL + 25 cL = 325 cL

8 L 60 cL
5 L 2 cL
25 L 90 cL
12 L 85 cL

3 ** **Encadre** les capacités, comme dans l'exemple.

8 L 24 cL, c'est entre 8 L et 9 L.

1 L 80 cL
10 L 35 cL
93 cL
99 L 80 cL

4 * **Recopie** et **complète** le tableau puis **écris** les égalités, comme dans l'exemple.

12 dL 3 mL = 1 203 mL
5 L 35 cL = ... cL
43 cL 8 mL = ... mL
8 dL 7 mL = ... mL

L	dL	cL	mL
1	2	0	3

 ▶ **Objectifs :** Connaître et utiliser les unités du système métrique pour les capacités.

5 ** **Écris** en cL, comme dans l'exemple.

$1\text{ L }\frac{1}{4} = 1\text{ L} + \frac{1}{4}\text{ L} = 100\text{ cL} + 25\text{ cL} = 125\text{ cL}$

a. $2\text{ L }\frac{1}{4}$ **b.** $3\text{ L }\frac{1}{2}$ **c.** $4\text{ L }\frac{1}{2}$

6 ** **Range** les pots, de la plus petite à la plus grande capacité.
Pense à convertir toutes les capacités dans la même unité.

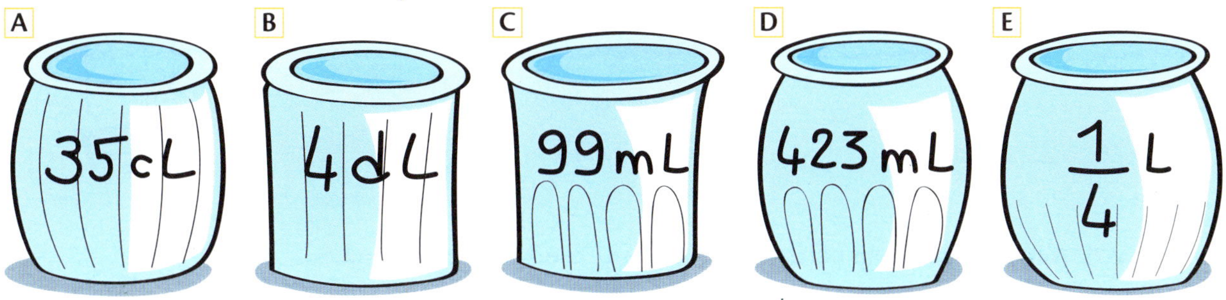

7 ** **Combien** manque-t-il aux capacités suivantes pour avoir 1 L ?

43 cL 3 dL 427 mL 30 mL 7 cL

8 ** Pour calculer 2 L + 420 cL, Axel et Yasmine ont fait les calculs suivants.

Utilise la méthode de Yasmine ou d'Axel pour calculer puis **recopie** et **complète**.

a. 4 L + 38 dL = ... dL **b.** 57 cL + 3 dL = ... mL **c.** 53 cL + 2 dL = ... cL

9 ** Margot pense qu'avec 2 L,
elle peut remplir 10 verres de 2 dL.

a. Es-tu d'accord avec Margot ?

b. Trouve combien de verres elle peut remplir avec…

- 10 dL
- 800 mL

Si tu as terminé… exercice 9, p.127

PROBLÈMES 7

▶ Calcul mental : Trouver le double d'un nombre de 2 ou 3 chiffres multiple de 10 (par exemple le double de 230).
▶ Activité de découverte (Livre du maître) : Calculer le nombre de pas que doivent effectuer une fourmi, un homme et un éléphant pour parcourir une distance donnée.

Je comprends

Pour résoudre des problèmes liés à des calculs de mesure, il est souvent plus simple d'écrire les données dont tu as besoin dans la même unité.

Le cabas de Mme Lamotte peut porter 5 kg. Voilà ce qu'elle a acheté au marché.
Pourra-t-elle tout ranger dans son cabas ?

1. Écris toutes les masses dans la même unité. Ici, tu peux choisir le g. → Beurre : 200 g — Fromage : 500 g — Pommes de terre : 3 500 g — Framboises : 250 g — Cerises : 400 g

2. Calcule le total. → 200 + 500 + 3 500 + 250 + 400 = 4 850 g
4 850 g = 4 kg 850 g

3. Compare ce total avec la masse que peut porter le sac. → 4 kg 850 g < 5 kg

4. Écris ta phrase → **Mme Lamotte peut mettre sans risque toutes les provisions dans son sac.**

1 *

Essi prépare un cocktail avec 25 cL de jus d'orange, $\frac{1}{2}$ L de jus de pamplemousse, 10 mL de jus de citron, 40 cL de jus d'ananas et 10 mL de sirop de grenadine.
Peut-elle mettre son cocktail dans une carafe de 1 L 20 cL ?

2 *

Pour sa classe, la maîtresse a acheté 5 équerres et 8 crayons.
Combien va-t-elle payer en tout ?

a. Écris tous les prix en centimes d'euros (1 € = 100 c).

b. Résous le problème.

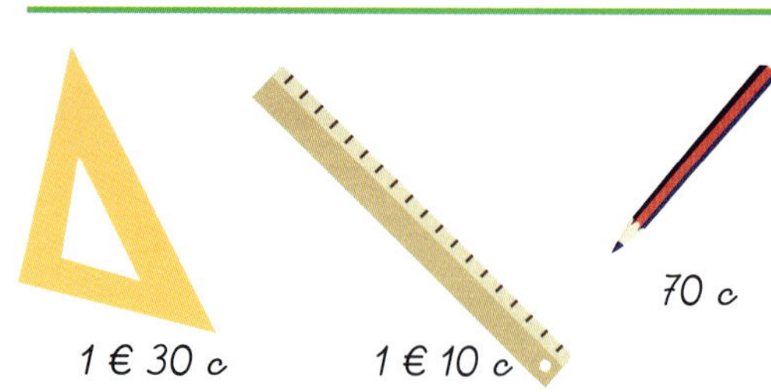

▶ Objectif : Connaître les relations entre les unités usuelles pour résoudre des problèmes de mesure.

3 * M. Lété part en vacances pour une destination lointaine.
Aide-le à choisir parmi les objets suivants pour que sa valise ne pèse pas plus de **10 kg.**
Attention ! il doit au moins prendre une valise, une chemise, une pile de caleçons et un pantalon.

4 **

Combien de bouteilles de 1 litre et demi peut remplir M. Bouchon avec 300 L de jus de pomme ?

5 ** Le père de Luc a acheté un rôti de 1 kg 800 g.
À la cuisson, le rôti a perdu un tiers de son poids.

a. **Calcule** le poids du rôti après sa cuisson.

b. Luc, sa sœur et leurs 2 parents se partagent ce rôti.
Quel est le poids de rôti que chacun va avoir dans son assiette ?

Je sais déjà

6 **Recopie** et **complète.**

... x 200 = 200 000
40 x 200 = ...

340 x ... = 34 000
... x 30 = 600

670 x 10 = ...
... x 50 = 1 000

Si tu as terminé... exercice 10, p.127

48 Comparer des aires

▶ Calcul mental : Trouver le triple d'un nombre *du*.
▶ Activité de découverte (Livre du maître) : Déterminer, au moyen de découpages, les figures ayant la même aire qu'une figure donnée.

Je comprends

L'aire d'une figure, c'est la surface occupée par cette figure.
Des figures de formes différentes peuvent avoir la même aire.

- Tu peux utiliser le papier-calque pour comparer 2 aires **en superposant les figures**.

Ici, l'aire de la figure A est plus grande que l'aire de la figure B.

- Tu peux aussi décomposer la figure **en plusieurs morceaux**.

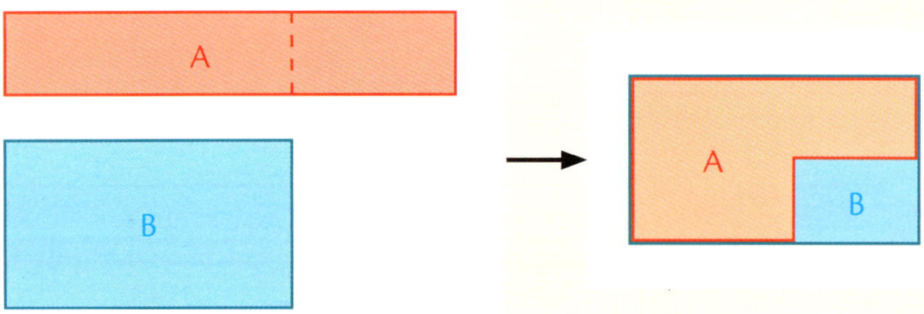

Ici, l'aire de la figure B est plus grande que l'aire de la figure A.

Je m'entraîne

1 * **Compare** les aires des figures suivantes à l'aide de papier-calque.

a.

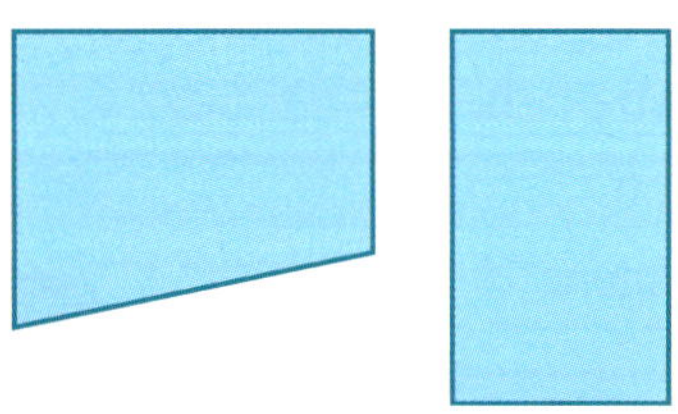

b.

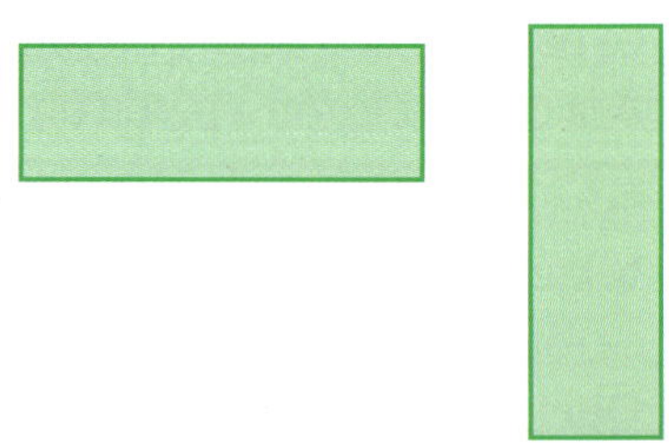

2 * **Écris** le nom des polygones qui ont la même aire que la figure A.
Tu peux décomposer les figures en rectangles ou en triangles.

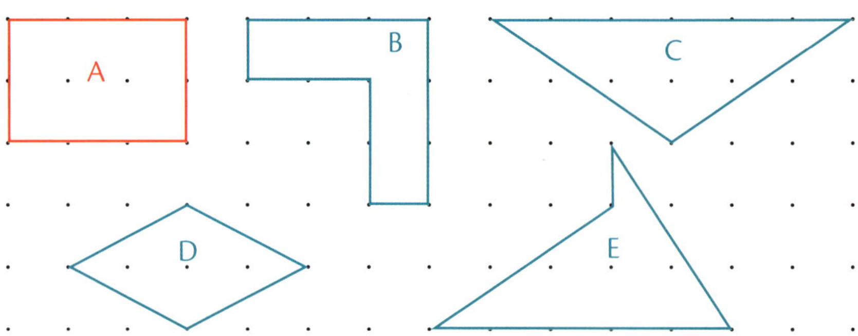

 ▶ Objectifs : Classer et ranger des surfaces selon leurs aires.

3 * **Range** les figures, de la plus petite aire à la plus grande aire.

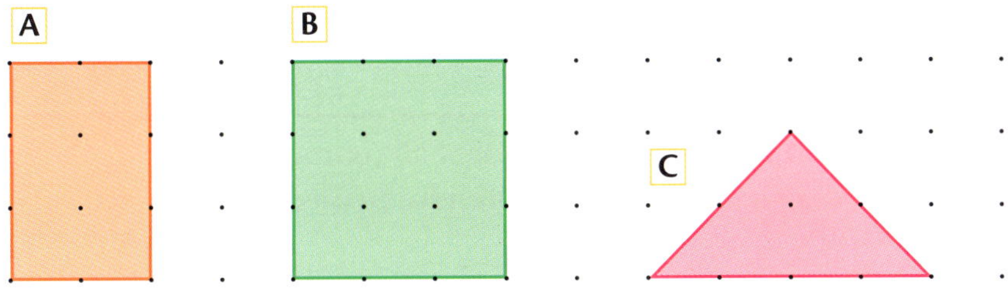

4 * **Observe** les figures suivantes puis **recopie** et **complète** le tableau.

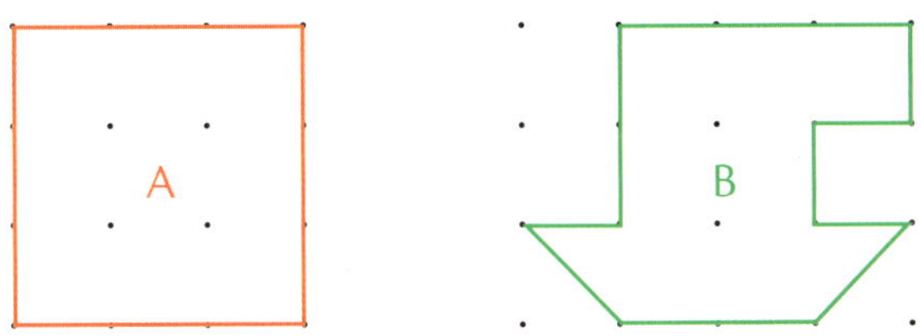

Mêmes aires que A	
Aires plus petites que A	
Aires plus grandes que A	

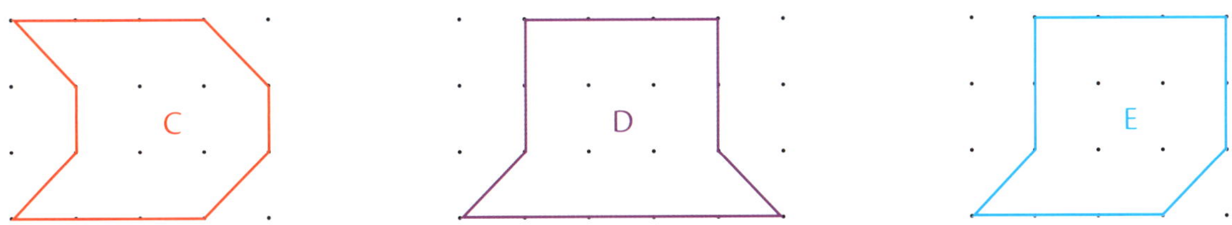

5 ** Voici deux carrés identiques.
Les figures rouges ont pour aire **la moitié de celle du carré** :
elles ont donc la **même aire**.

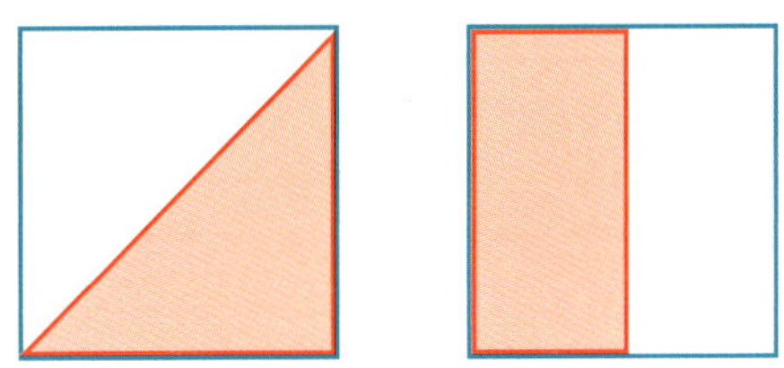

En utilisant la même méthode, **compare** les aires des figures A et B puis celles des figures C et D.

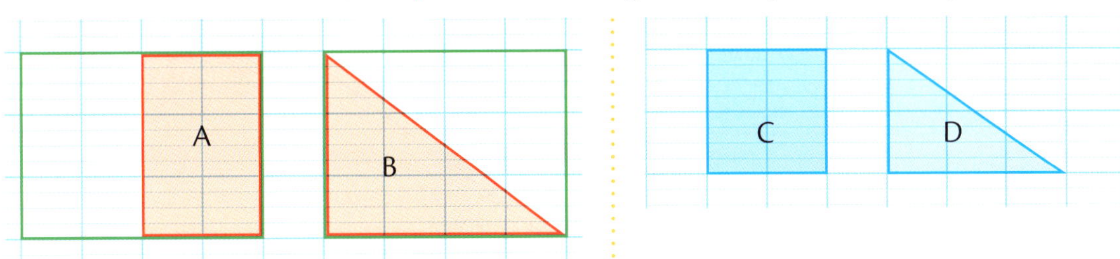

6 *** **a. Trace** un rectangle EFGH et les points J et P.

b. Trace ses diagonales. Elles se coupent en O.

c. Compare l'aire des triangles EFO et EOH.

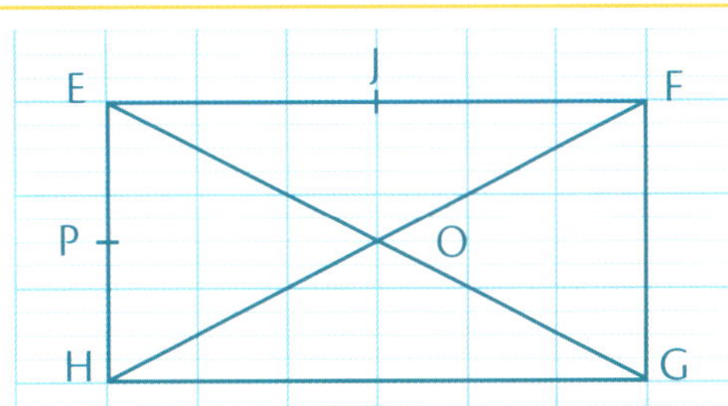

Si tu as terminé… exercice 11, p. 127

49 Graphiques (2) Graphiques en courbe

▶ **Calcul mental :** Trouver la moitié de *cdu* quand tous les chiffres sont pairs et quand *c* ou/et *d* sont impairs.

▶ **Activité de découverte (Livre du maître) :** Lire la courbe de température d'une ville sur une semaine.

Je comprends

Un graphique peut servir à représenter des données qui varient au cours du temps. Il permet de visualiser les données d'un tableau et de comprendre en un coup d'œil l'évolution selon le temps.

Par exemple, tu peux représenter les données du tableau qui donnent le poids de Yasmine, de sa naissance à ses 6 ans.

Âge	0	1	2	3	4	5	6
Poids (kg)	3	9	12	14	16	17	18

On donne un titre au graphique et un nom aux axes.

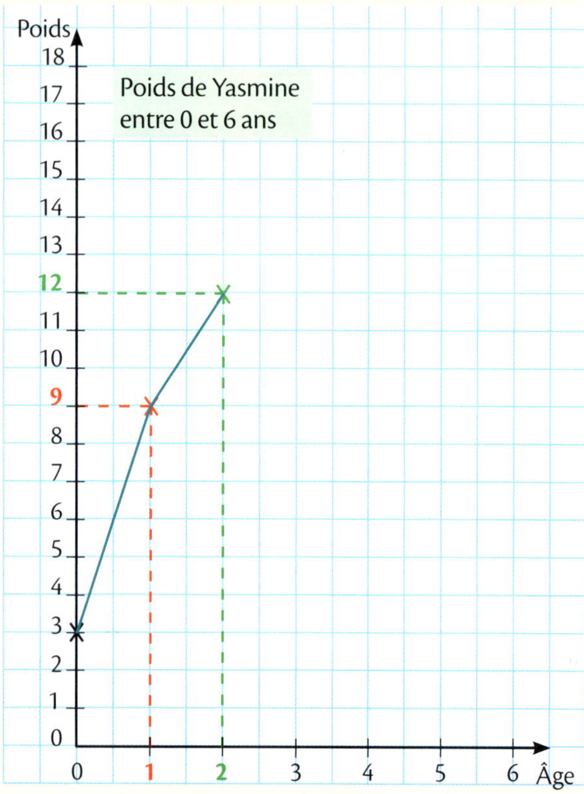

À 1 an, Yasmine pesait 9 kg.

- Sur l'axe horizontal, on repère **1** (1 an) et sur l'axe vertical **9** (9 kg).
- On marque le point à l'intersection de la colonne du 1 et de la ligne du 9. Le point de **coordonnées (1 ; 9)** indique le poids de Yasmine à 1 an.
- De la même manière, le point de **coordonnées (2 ; 12)** indique son poids à **2** ans.

En reliant les points du graphique, tu peux voir l'évolution du poids de Yasmine avec les années.

Je m'entraîne

1* **a. Reproduis** le dessin.

b. Écris les coordonnées des points bleu, vert, marron et rouge.

c. Place les points A de coordonnées (6 ; 3), B de coordonnées (8 ; 9) et C de coordonnées (9 ; 0).

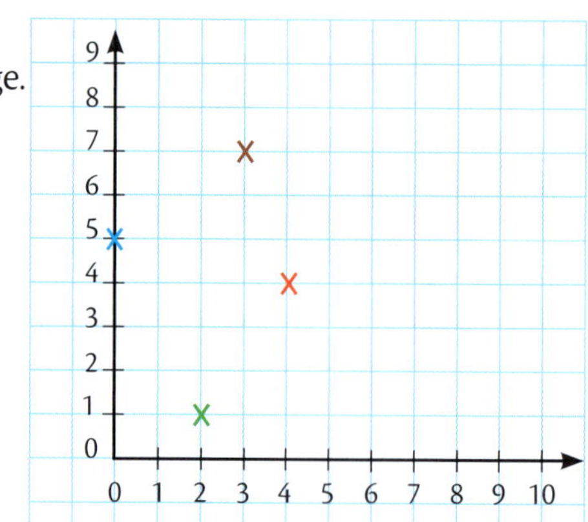

▶ **Objectifs :** Lire les coordonnées d'un point et placer un point dont on connaît les coordonnées. Lire et construire un graphique en courbe.

2 * **Reproduis** le graphique du **Je comprends** et **complète**-le avec les données du tableau.

3 ** Le tableau suivant donne la taille en cm d'Axel entre 5 et 10 ans.

Âge	5	6	7	8	9	10
Taille en cm	105	115	120	124	130	136

a. Reproduis le graphique sur une feuille de papier millimétré et **complète**-le avec les données du tableau. N'oublie pas de lui donner un titre.

b. De quel âge à quel âge Axel a-t-il grandi de 10 cm ?

c. A-t-il grandi autant chaque année suivante ?

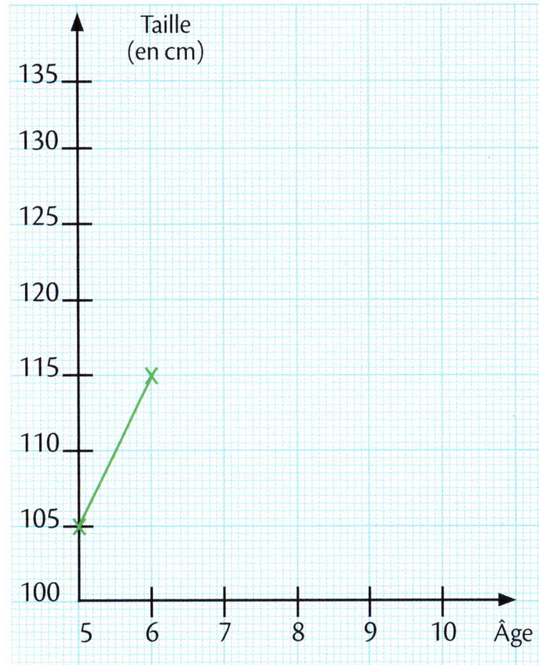

4 *** Le tableau suivant donne les températures moyennes en journée à Paris, chaque mois, en 2008.

Mois	Jan.	Fév.	Mars	Avril	Mai	Juin	Juil.	Août	Sept.	Oct.	Nov.	Déc.
Température en degrés	10	11	11	17	22	23	25	24	20	15	11	6

a. Construis le graphique de la température moyenne mensuelle à Paris en 2008.

b. Réponds aux questions.

- **Quels** ont été les 2 mois les plus froids ? les 2 mois les plus chauds ?
- **Quel** mois était plus chaud que le mois qui le précédait et que le mois qui le suivait ?

Je sais déjà

5 **Reproduis** la figure puis **trace**…

a. un cercle de centre B et de rayon [BC].

b. un cercle de diamètre [CD]. Tu peux appeler son centre K et le placer sur ta figure.

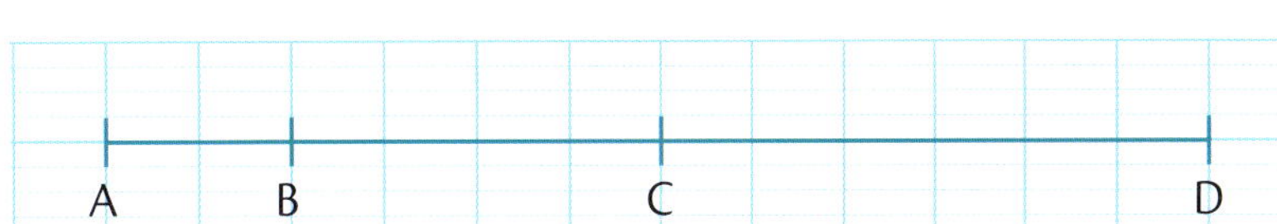

Si tu as terminé… exercice 12, p. 127

50 Patrons de solides

▶ **Calcul mental :** Calculer le périmètre d'un carré de côté *u* puis *du*.

▶ **Activité de découverte (Livre du maître) :** Construire des patrons, les colorier de différentes manières et prédire s'ils donneront le même solide une fois montés.

Je comprends

Le patron d'un solide, c'est la forme dépliée d'un solide.

Le patron d'un pavé droit a 6 faces qui sont des carrés ou des rectangles.

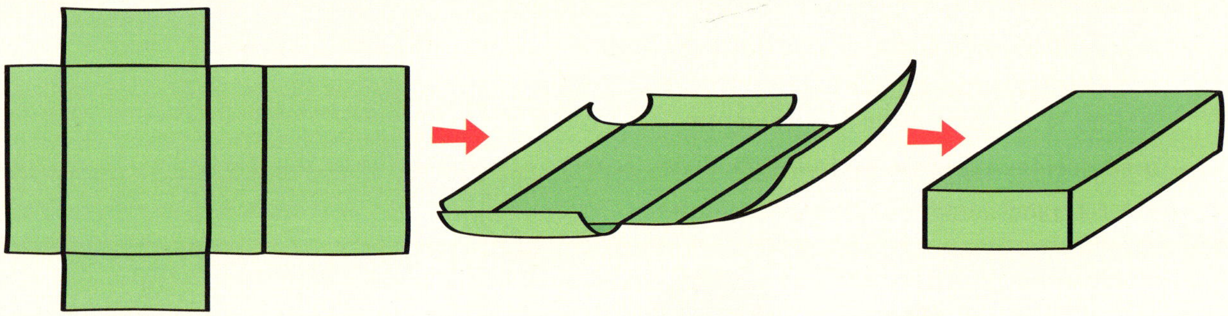

Je m'entraîne

1 * Ces 2 patrons ont été construits avec les mêmes rectangles. **Lequel** est le patron d'un pavé droit ?

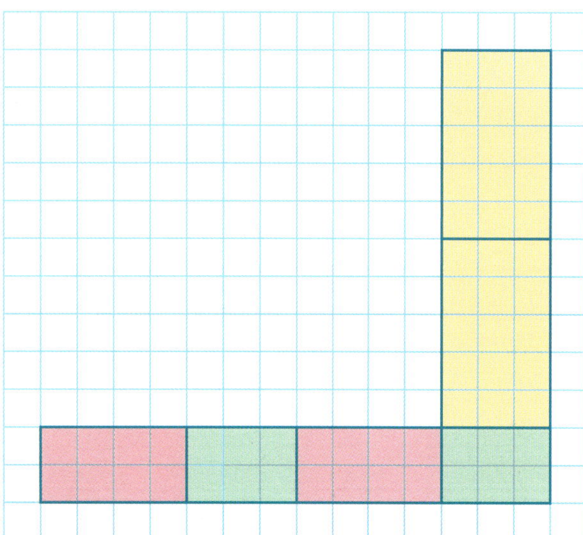

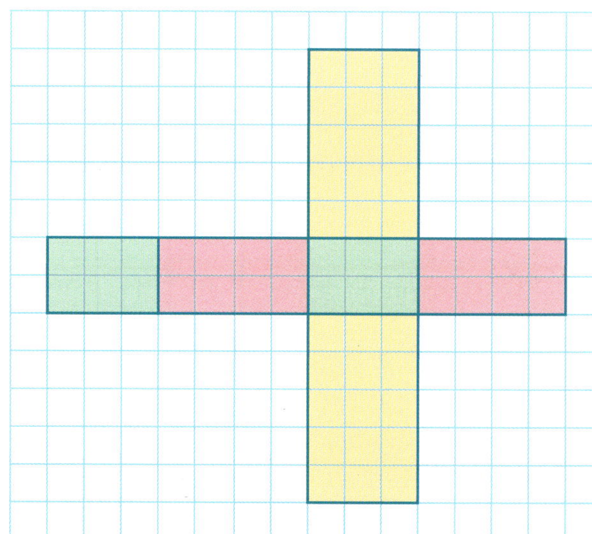

2 * **a. Reproduis** ce patron de pyramide sur du papier quadrillé et **colorie**-le, comme sur le modèle.

b. Découpe-le et **construis** la pyramide.

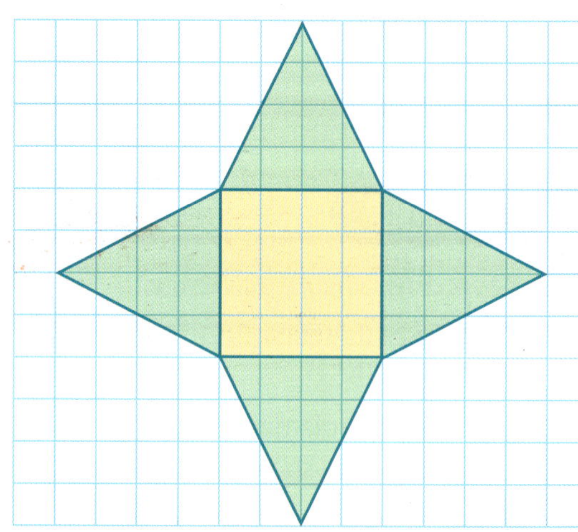

▶ **Objectifs :** Reconnaître ou compléter un patron de cube, pavé, prisme ou pyramide. Découvrir les différents patrons d'un cube.

3 * Voici 5 des 11 patrons différents du cube. **Reproduis**-les sur une feuille de ton cahier (en prenant 3 carreaux comme côté des carrés) puis **construis** les cubes.

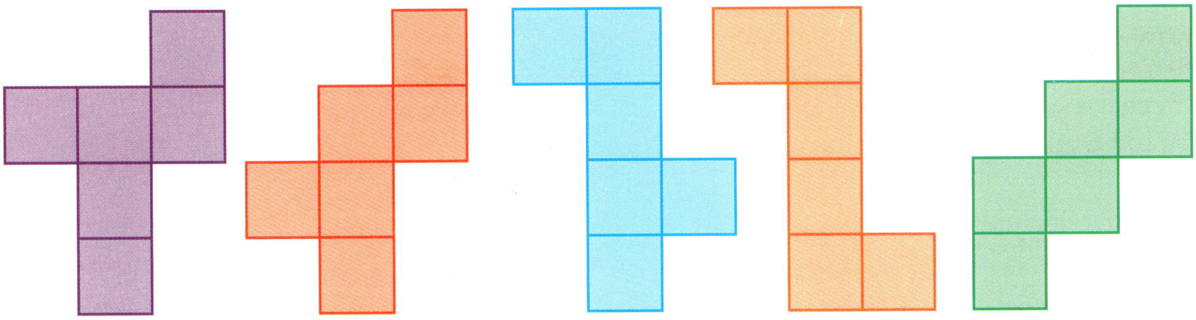

4 ** Idriss a commencé à tracer le patron d'un prisme.
Reproduis son patron sur papier quadrillé puis **complète**-le pour obtenir le patron entier.

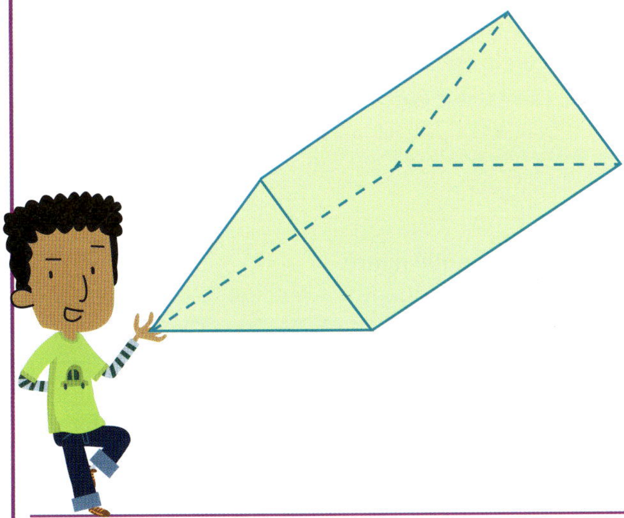

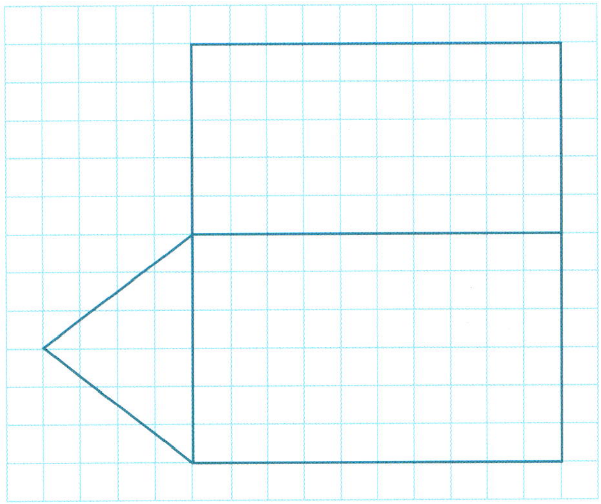

5 ** Dans un dé à jouer, si tu additionnes le nombre de points sur les faces opposées, tu dois obtenir 7.
Margot et Luc ont chacun tracé le patron d'un dé à jouer.
Trouve qui a bien tracé son patron.

• **Margot**

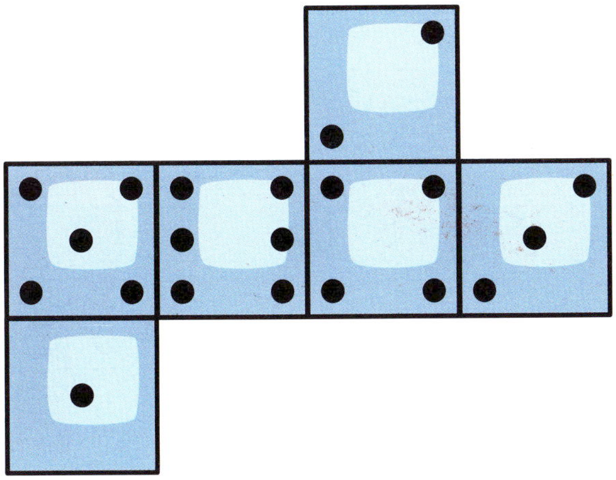

• **Luc**

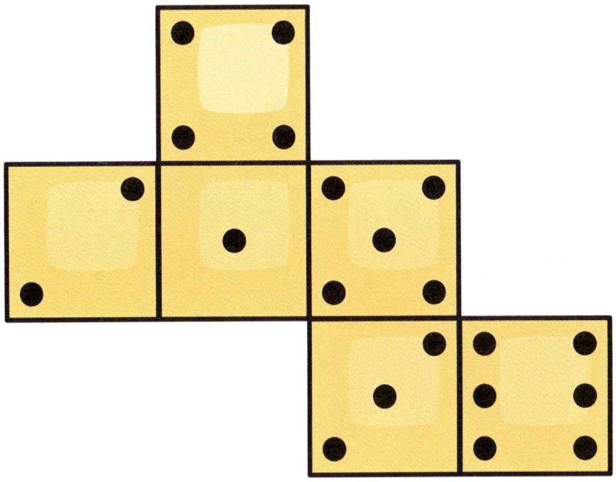

Si tu as terminé... exercice 13, p. 127

51 Mesures d'aire

▶ **Calcul mental :** Calculer le côté d'un carré de périmètre donné.

▶ **Activité de découverte (Livre du maître) :** Compter l'aire en carreaux d'un carré, d'un rectangle ou d'un triangle obtenu par découpage d'un rectangle.

Je comprends

• Tu peux mesurer l'aire d'une figure en comptant le nombre d'unités d'aire.

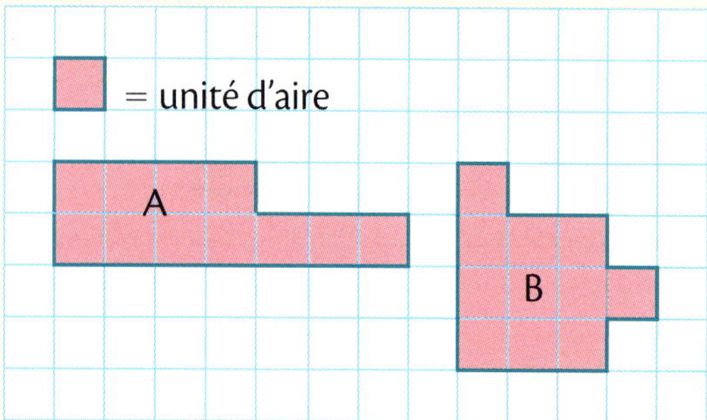

Si tu choisis le petit carreau comme unité d'aire, tu peux voir que les aires des 2 figures sont de **11 unités d'aire**.

• Si tu ne peux pas compter le nombre de carreaux exacts, tu peux encadrer l'aire de la figure.

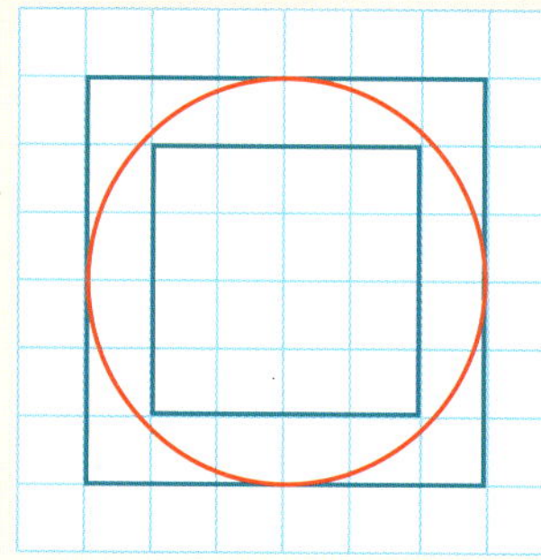

Ici, tu peux voir que l'aire du disque délimité par le cercle est comprise entre les aires des 2 carrés, soit entre **16 et 36 unités d'aire**.

Je m'entraîne

1 * **a. Utilise** le carreau comme unité d'aire pour mesurer l'aire de chaque figure.
b. Range-les dans l'ordre croissant de leurs aires.

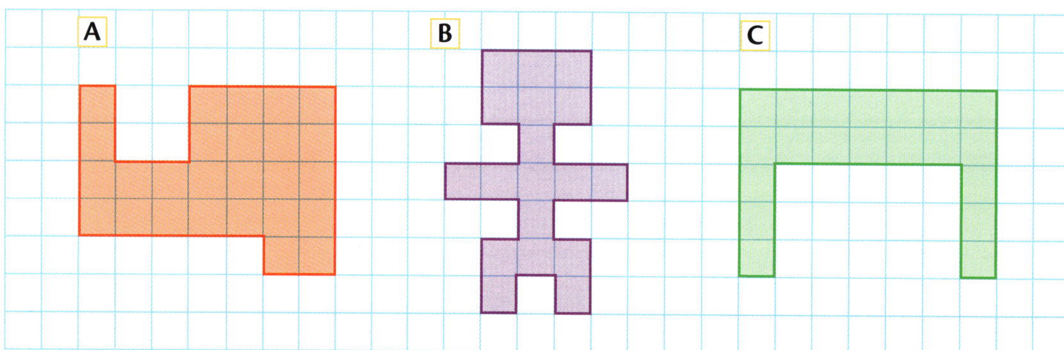

2 * **Encadre** l'aire de ces figures, comme dans le Je comprends.

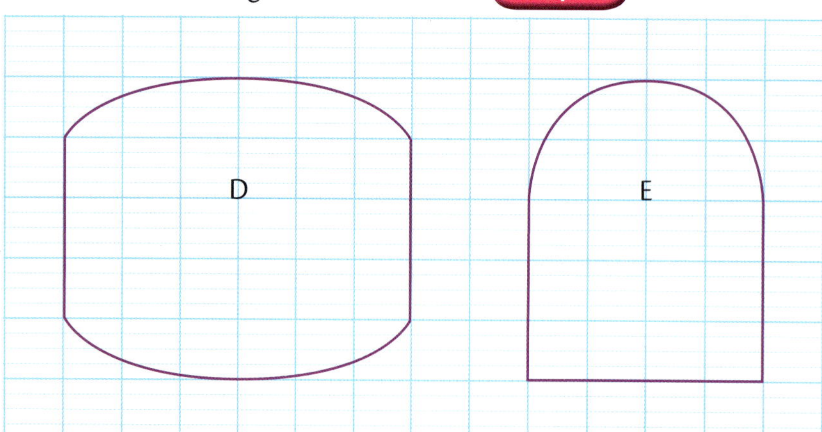

▶ **Objectif :** Mesurer ou estimer l'aire d'une surface par différentes méthodes.

3 ** **Utilise** le demi-carreau (◺) comme unité d'aire pour mesurer l'aire de chaque figure.

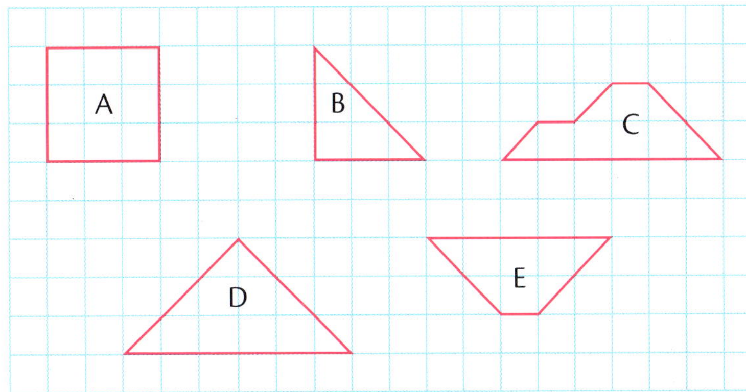

4 ** Tu peux utiliser la multiplication pour calculer l'aire d'un rectangle.
Avec cette méthode, **calcule** l'aire de chaque figure.

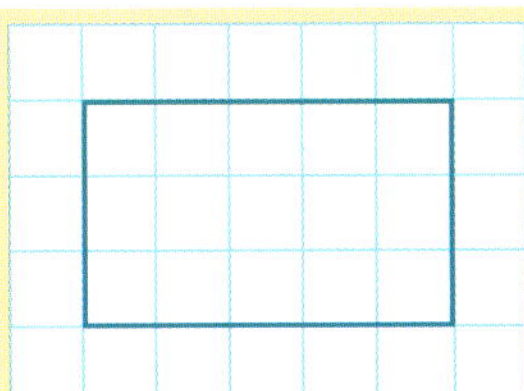

Ce rectangle est composé de **3** lignes de **5** carreaux.
Il a donc pour aire
3 x 5 = 15 unités d'aire.

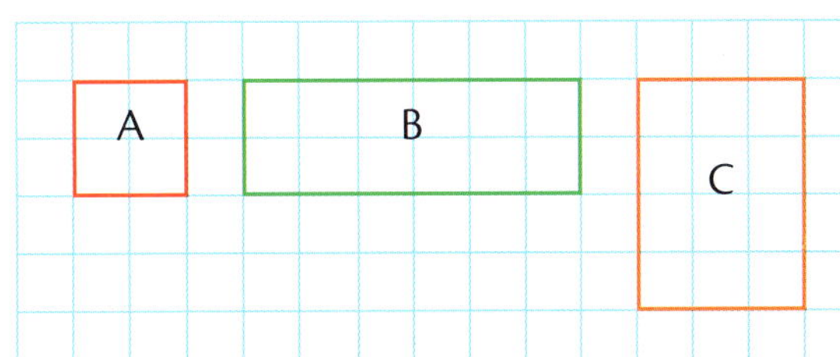

5 *** **a.** En prenant le carreau comme unité d'aire, **calcule** l'aire du rectangle A.

b. Luc et Maël doivent tracer une figure qui a la même aire que le rectangle A.
Recopie et **complète** leurs dessins.

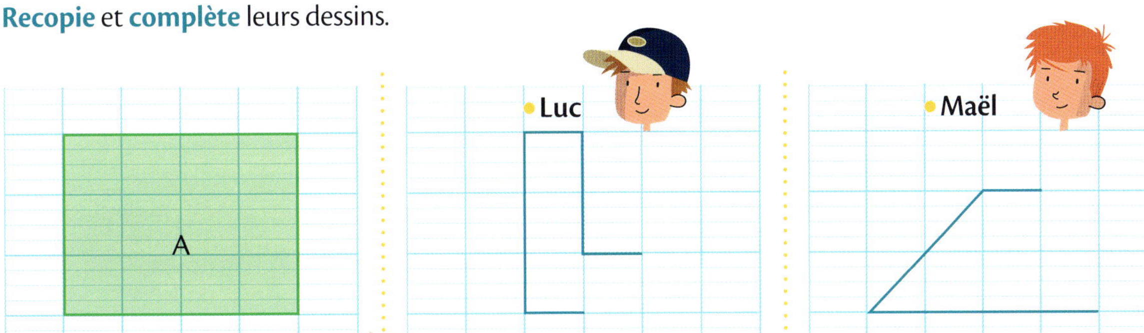

Je sais déjà

6 **Reproduis** et **complète** ces figures sur papier pointé pour obtenir des parallélogrammes.

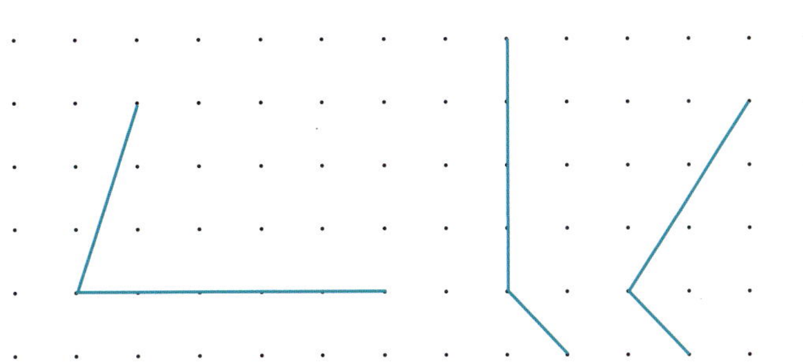

Si tu as terminé... exercice 14, p. 127

La division posée (3)

▶ **Calcul mental :** Encadrer un nombre de 6 chiffres entre les centaines de milliers les plus proches.
▶ **Activité de découverte (Livre du maître) :** Calculer le nombre d'articles identiques (entre 10 et 100 €) que l'on peut acheter avec une somme donnée.

Je comprends

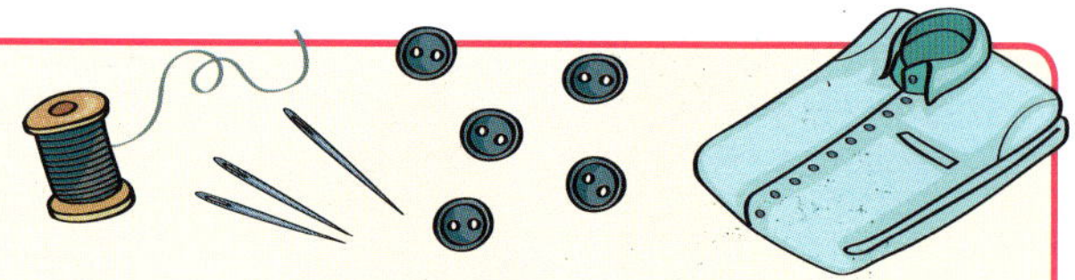

M. Letailleur doit coudre 13 boutons sur chaque chemise.
Il a une caisse de 615 boutons.
Combien de chemises pourra-t-il réaliser ?

Pour le savoir, tu dois calculer 615 : 13. Il y a plus de 10 fois 13 dans 615 (10 x 13 = 130) et moins de 100 fois 13 dans 615 (100 x 13 = 1 300). Le quotient aura donc **2** chiffres.

	6	1	5	1	3	← **1.** Divise le nombre de dizaines. Dans 61, il y a **4** fois 13 (4 x 13 = 52).
–	5	2	↓	4	7	
		9	5			← **2.** Il reste 9 d. Abaisse le 5.
	–	9	1			← **3.** Divise 95 par 13. Dans 95, il y a **7** fois 13 (7 x 13 = 91).
			4			← **4.** Il reste **4**. La division est terminée parce qu'il n'y a plus de chiffres à abaisser.

Pour t'aider, trouve les multiples de 13 (13, 26, 39, 52, 65...).

615 : 13 → q = **47** r = **4** Donc il pourra faire **47** chemises et il restera **4** boutons.

N'oublie pas de vérifier : (47 x 13) + 4 = 611 + 4 = 615.

Je m'entraîne

1 * En écrivant tes calculs, **trouve** pour chaque division le nombre de chiffres du quotient.

278 : 17 310 : 50 243 : 35 451 : 34

2 * Margot a une boîte de 720 vignettes. Elle les range par paquets de 25.
Combien de paquets fera-t-elle ?
a. Trouve la division à poser et **calcule** le nombre de chiffres du quotient.
b. Pose la division et **calcule**.

3 * **Regarde** les divisions posées par chacun des enfants. **Trouve** qui s'est trompé et **explique** pourquoi.

• Steve

	7	0	8	1	5
–	6	0		4	1
	1		8		
–	1		5		
			3		

• Lou

	7	0	8	1	5
–	6	0		4	7
	1	0	8		
–	1	0	5		
			3		

• Idriss

	7	0	8	1	5
–	7	5		5	3
		5	8		
	–	4	5		
		1	3		

 ▶ **Objectif :** Savoir poser et calculer une division du type *cdu : du*.

4 * **Recopie** et **complète** les divisions.

a.

3	4	6	2	1

b.

8	2	1	4	0

c.

3	1	5	2	5

d.

5	0	5	1	1

5 * Au stade de la ville, 212 enfants se sont inscrits au tournoi de rugby.

Combien d'équipes pourront-ils former ?

6 ** À l'école Jaurès, il y a 348 élèves. Ils partent en excursion en bus. Chaque bus a 53 places.

Combien de bus faudra-t-il ?

Attention, aucun élève n'est resté à l'école.

7 ** Un groupe de marcheurs fait une randonnée de 340 km. Chaque jour, ils parcourent 12 km.

Combien de jours leur faudra-t-il pour terminer la randonnée ?

8 **

Le directeur de l'école a reçu 312 cahiers qu'il range par paquets de 25.

a. **Combien** de paquets complets va-t-il faire ?

b. **Combien** de cahiers faudrait-il en plus pour compléter le paquet incomplet ?

9 *** **Recopie** et **complète** les divisions à trou.

a.

	3	.	3	1	2
−	2	4		.	.
	1	1	.		
−	.	.	.		
			5		

b.

	6	.	8	1	.
−	6	0		4	.
	.	1	.		
−	.	.	.		
			3		

Si tu as terminé... exercices 15 et 16, p.127

PROBLÈMES 8

▶ Calcul mental : Encadrer un nombre de 6 chiffres entre les dizaines de milliers les plus proches.
▶ Activité de découverte (Livre du maître) : Amener les élèves à inventer des questions sur le menu d'un restaurant.

Je comprends

Les informations contenues dans un texte permettent de répondre à certaines questions.

Dans la librairie Page à Page, on vend des mangas à 2 €, des BD à 3 € et des livres fantastiques à 4 €.
Lou achète 3 BD, 2 livres fantastiques et 5 mangas.

1. Dans ce texte, on peut trouver **directement** la réponse à certaines questions. →
   - Quel est le prix d'une BD ?
   - Combien de BD a achetées Lou ?

2. La réponse à d'autres questions **nécessite des calculs**. →
   - Combien a dépensé Lou ?
   $(3 \times 3) + (2 \times 4) + (5 \times 2) = 27$

3. Il y a des questions **auxquelles on ne peut pas répondre**, car les données nécessaires ne figurent pas dans le texte. →
   - Quel âge a Lou ?
   - Lou a payé avec un billet, combien lui a-t-on rendu ?

1 * Un sachet de bonbons coûte 2 €. Le lot de 5 sachets est en promotion et coûte 8 €.
Axel achète 8 sachets de bonbons.
Parmi les questions suivantes, **trouves**-en une dont la réponse est dans le texte et une qui nécessite un calcul.

A Combien de paquets Axel a-t-il achetés ?

B Combien y a-t-il de bonbons dans un sachet ?

C Combien Axel a-t-il payé ?

2 * **Observe** l'histogramme. **Indique** pour chaque question si l'on peut y répondre.

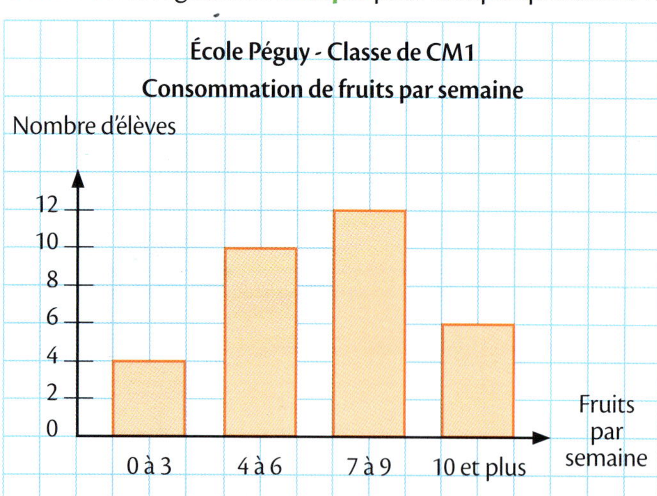

a. **Combien** d'élèves de CM1 de l'école Péguy consomment de 4 à 9 fruits par semaine ?

b. **Combien** d'élèves y a-t-il dans l'école Péguy ?

c. **Combien** de garçons y a-t-il en CM1 à l'école Péguy ?

d. **Y a-t-il** des élèves qui consomment moins de 4 fruits par semaine ?

 ▶ Objectif : Savoir poser une question pertinente.

3 * **Observe** l'affiche.

a. Écris 2 questions auxquelles tu peux répondre à l'aide d'un calcul.

b. Réponds à ces 2 questions.

c. Écris une question en rapport avec l'affiche, à laquelle on ne peut pas répondre.

4 **

Yasmine a 10 ans. Pour la tombola de l'école, elle a vendu 15 carnets de 6 tickets chacun. Elle a reçu en tout 270 €.

a. Écris une question dont la réponse est dans le texte.

b. Écris une question qui nécessite un calcul.

c. Réponds aux 2 questions.

d. Écris une question en rapport avec le texte, mais à laquelle tu ne peux pas répondre.

5 ** **Observe** le tableau.

	Nombre d'élèves de l'école Péguy		
Classe	en tout	qui mangent à la cantine	qui vont à l'étude
CE2	25	23	13
CM1	26	26	8
CM2	24	21	11

a. Écris 3 questions dont on peut trouver la réponse avec un calcul.
b. Réponds à ces 3 questions.

6 *** **a. Écris** un problème qui traite d'un achat de fournitures scolaires.
Pour résoudre le problème, il faudra faire un ou plusieurs calculs.
b. Échange ton énoncé avec un autre élève et **résous** son problème.

Je sais déjà

7 **Recopie** et **complète**.

23 km = … m

56 dm = … cm

9 dm = … mm

… m = 4 km 340 m

128 mm = … cm …mm

Si tu as terminé… exercice 17, p. 127

1 **Écris** la fraction qui correspond à la partie coloriée de l'unité.

a. 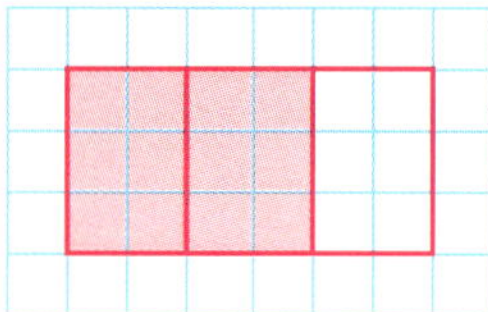

b. 

2 **Écris** la fraction qui correspond à la partie coloriée du segment.

a. 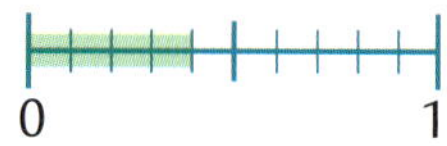

b. 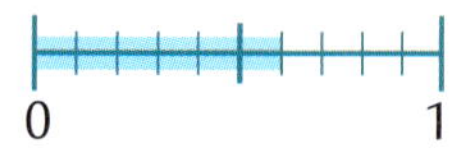

3 **Recopie** et **complète** par <, > ou =.

$\frac{69}{100} \dots \frac{71}{100}$

$\frac{7}{10} \dots \frac{4}{10}$

4 **Écris** pour chaque phrase si elle est **vraie** ou **fausse**.

A Toutes les faces d'un prisme sont des polygones.

B Les pyramides sont des prismes.

C Les pavés droits sont des prismes.

5 **Écris** la fraction qui correspond à la partie coloriée de l'unité.

a. 

b. 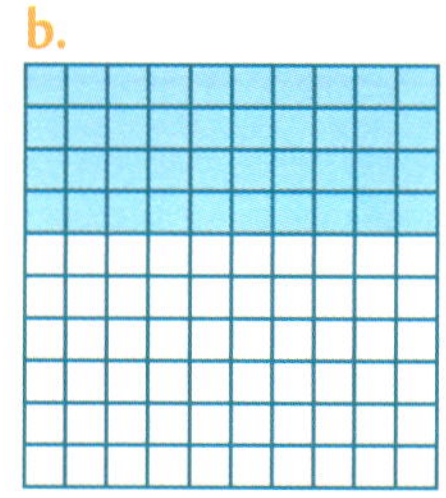

c. 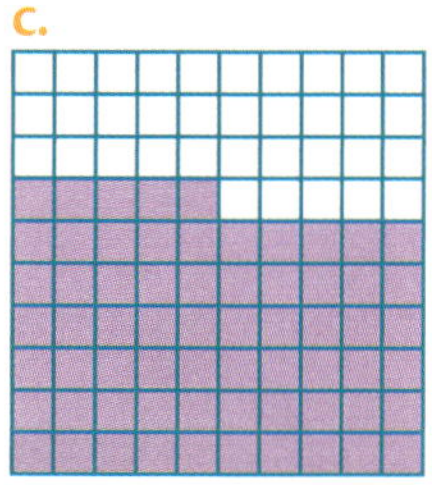

6 **Trouve** la photo prise par l'appareil.

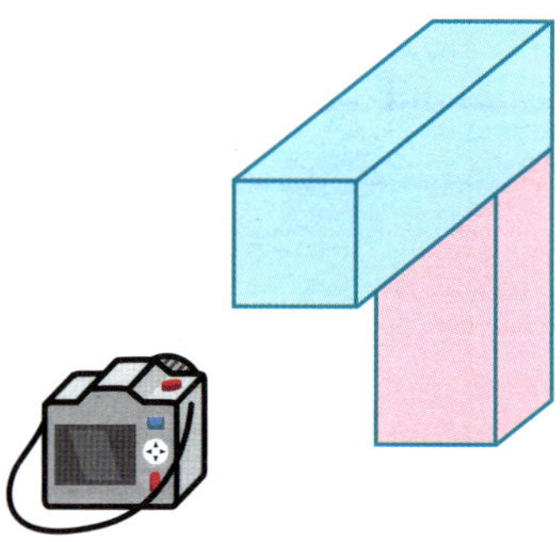

A 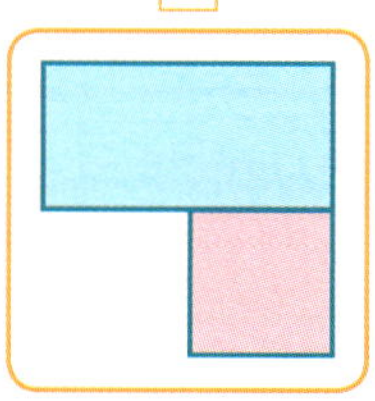

B 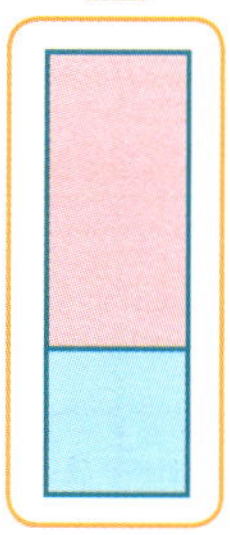

C 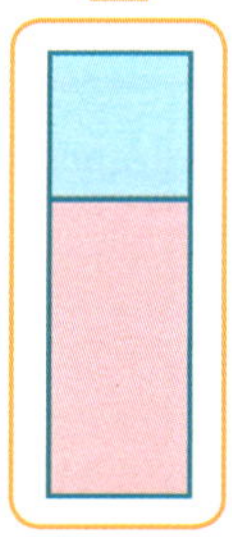

7 **Recopie** et **complète** les fractions pour qu'elles représentent la même partie coloriée.

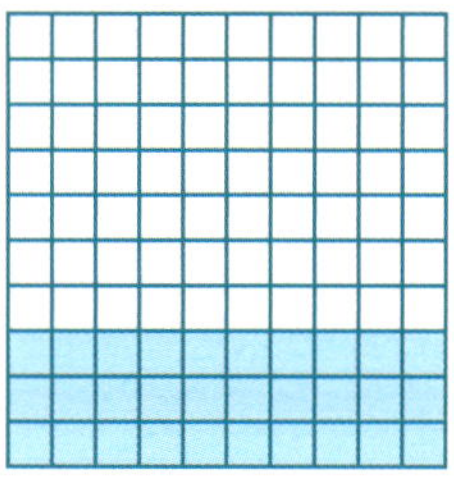

$\frac{\dots}{10} = \frac{\dots}{100}$

8 **Recopie** et **complète**, comme dans l'exemple.

$\frac{539}{100} = 5 + \frac{3}{10} + \frac{9}{100}$

$\frac{721}{100} = \dots$

$\frac{198}{100} = \dots$

9 **Recopie** et **complète** les phrases avec les mots **double**, **tiers**, **quart**, **triple** ou **quadruple**.

30 est le ... de 10.

50 est le ... de 25.

10 est le ... de 40.

30 est le ... de 90.

10 **Recopie** et **complète** par les litres entiers les plus proches.

a. 6 780 mL est entre … L et … L. b. 971 cL est entre … L et … L. c. 345 mL est entre … L et … L.

11 Voici ce que M. Lecourse a acheté au supermarché.
Calcule combien pèsent ses achats en tout.

12 **Recopie** et **complète** avec « plus petite que », « plus grande que » ou « égale à ».

a. L'aire de A est … celle de B.

b. L'aire de A est … celle de C.

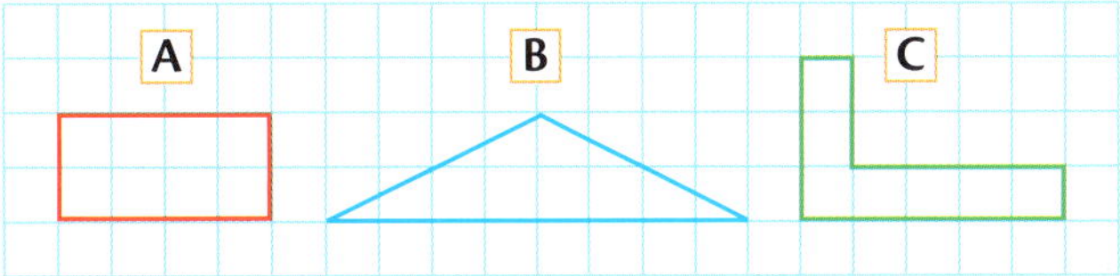

13 **Observe** le graphique de la population de Mathville puis **réponds** aux questions.

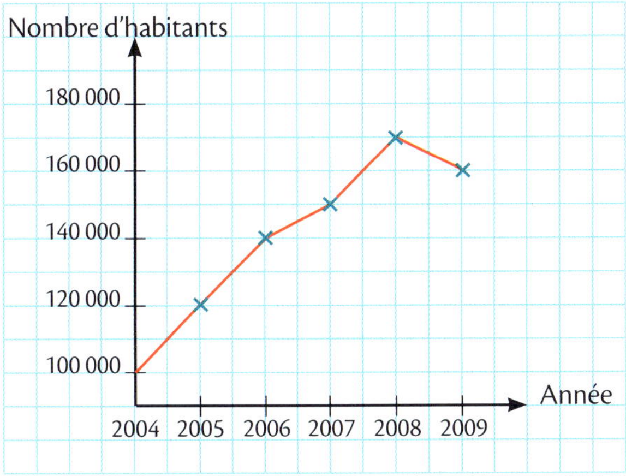

a. **Combien** d'habitants y avait-il en 2005 ?

b. **En quelle année** y avait-il 150 000 habitants ?

c. **En quelle année** Mathville a-t-elle été la plus peuplée ?

14 Parmi ces patrons, 2 sont des patrons de cubes. **Lesquels ?**

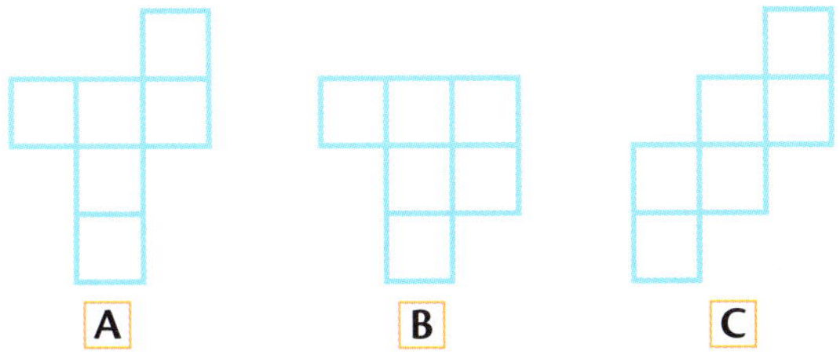

15 a. **Trouve** l'aire de la figure A en prenant le carreau comme unité d'aire.
b. **Reproduis** et **complète** la figure B pour qu'elle ait la même aire que A.

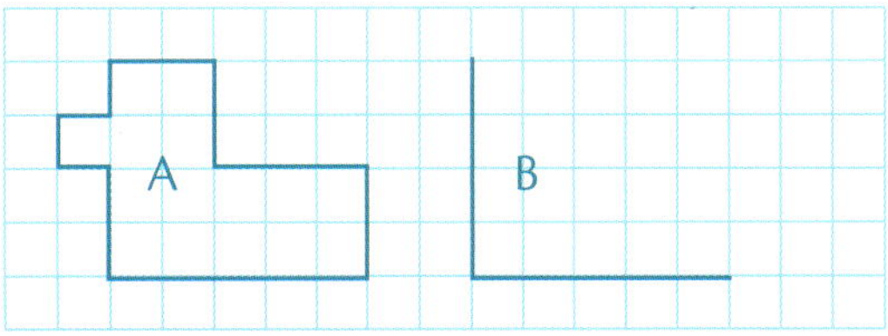

16 **Pose** et **calcule** la division suivante. 902 : 41

LEÇON 38 pp. 96-97

1 **Trouve** les paires de figures dans lesquelles la partie coloriée représente la même fraction.

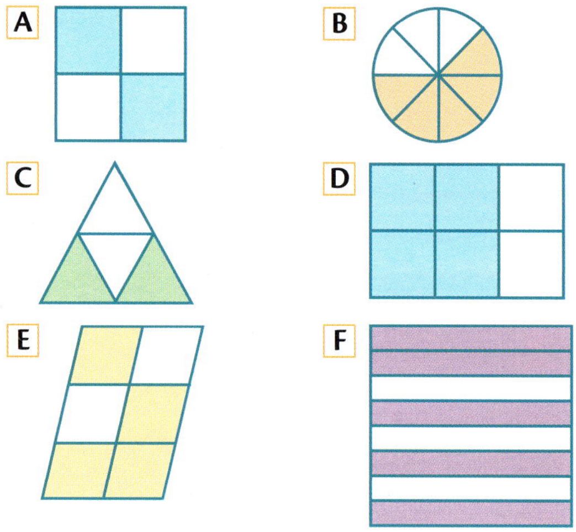

LEÇON 40 p. 99

2 **Range** ces fractions de la plus petite à la plus grande.

$\frac{71}{100}$ $\frac{9}{100}$ $\frac{64}{100}$ $\frac{12}{100}$

LEÇON 41 pp. 100-101

3 **Explique** pourquoi ces solides ne sont pas des prismes.

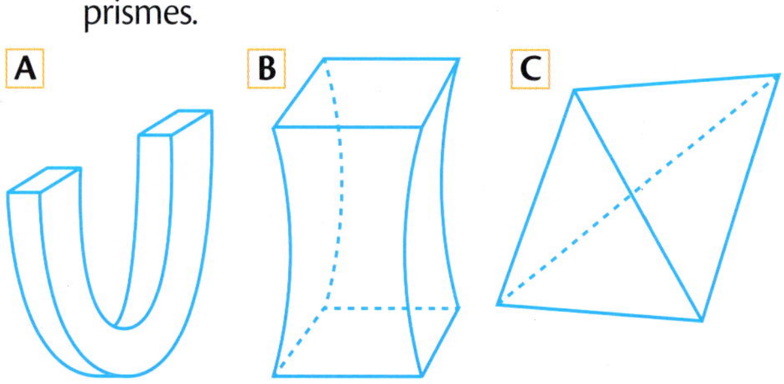

LEÇON 42 pp. 102-103

4 Dans un dé, la somme des points de 2 faces opposées est toujours 7.

Quel nombre de points verrait-on si ce dé était vu

- de gauche ?
- de derrière ?
- d'en dessous ?

LEÇON 43 p. 104

5 **Recopie** et **complète** les égalités.

$\frac{5}{10} = \frac{\dots}{100}$ $\frac{\dots}{100} = \frac{1}{10}$

$\frac{9}{\dots} = \frac{90}{100}$ $4 = \frac{\dots}{10} = \frac{\dots}{100}$

LEÇON 44 p. 105

6 **Recopie** et **complète**, comme dans l'exemple.

$\frac{319}{100} = \frac{300}{100} + \frac{10}{100} + \frac{9}{100} = 3 + \frac{1}{10} + \frac{9}{100}$

$\frac{177}{100} = \dots$ $\frac{402}{100} = \dots$

$\dots = \dots + \dots + \dots = 3 + \frac{3}{10} + \frac{7}{100}$

$\dots = \dots + \dots = 1 + \frac{1}{100}$

LEÇON 45 p. 106

7 **Recopie** et **complète** les phrases suivantes, comme dans l'exemple.

10 c'est $\frac{1}{2}$ de 20, $\frac{1}{3}$ de 30 et $\frac{1}{4}$ de 40.

a. 15 c'est $\frac{1}{2}$ de …, $\frac{1}{3}$ de … et $\frac{1}{4}$ de … .

b. 25 c'est $\frac{1}{2}$ de …, $\frac{1}{3}$ de … et $\frac{1}{4}$ de … .

c. 50 c'est $\frac{1}{2}$ de …, $\frac{1}{3}$ de … et $\frac{1}{4}$ de … .

LEÇON 46 p. 107

8 **Utilise** les touches mémoire de ta calculatrice pour calculer le prix de 23 stylos, 14 gommes et 34 règles.

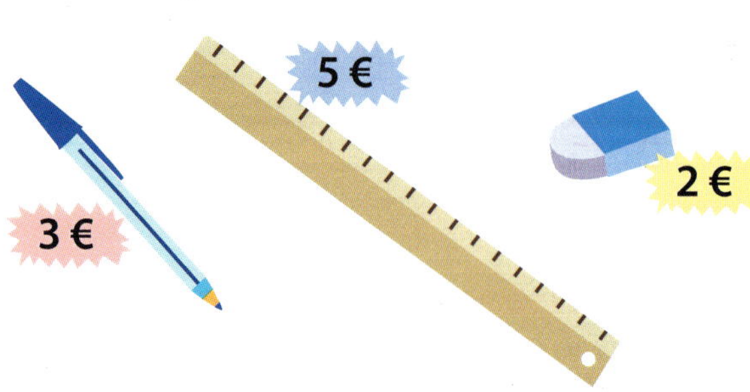

LEÇON 47 pp. 108-109

9 **Recopie** et **complète** avec <, > ou =.

a. 40 dL ... 4 L

b. 670 cL ... 6 L

c. 2 500 mL ... 2 L $\frac{1}{2}$

PROBLÈMES 7 pp. 110-111

10 Le sac de M. Lemarchand pèse 2 kg.

Il y a mis 3 paquets de pâtes de $\frac{1}{4}$ kg chacun, une tablette de chocolat de 200 g et 3 boîtes de conserve de 300 g chacune.

Combien pèse maintenant son sac ?

LEÇON 48 pp. 112-113

11 **Trouve** le polygone qui a la même aire que le rectangle A.

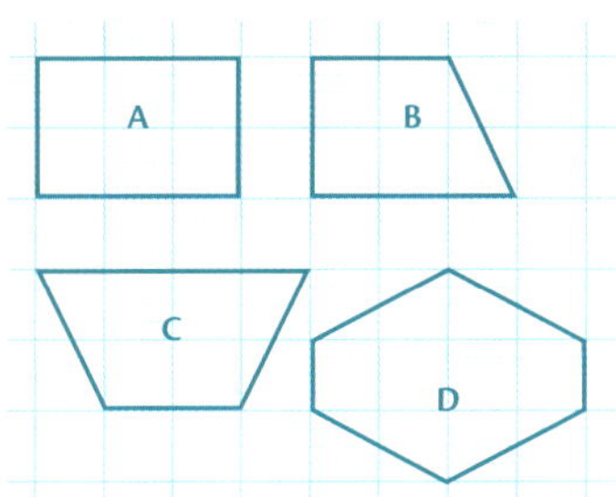

LEÇON 49 pp. 114-115

12 Le graphique ci-dessous représente la température relevée à Nice entre le 1er et le 5 mars 2009.

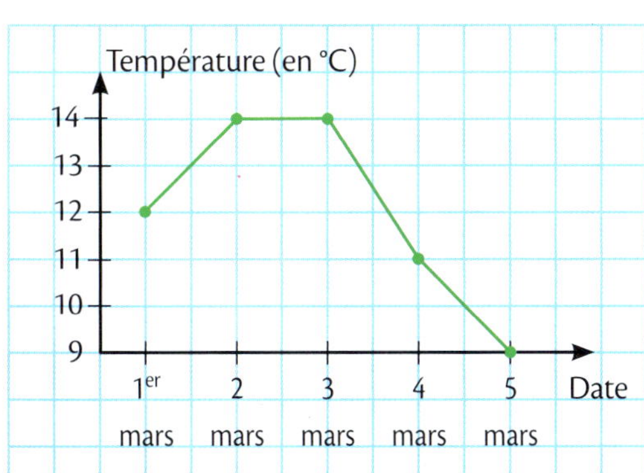

a. **Quelle** température faisait-il à Nice le 2 mars ?

b. **Quel** a été le jour le plus froid ?

c. **Construis** le tableau qui contient les données du graphique.

LEÇON 50 pp. 116-117

13 **Trace** un patron de ce pavé droit.

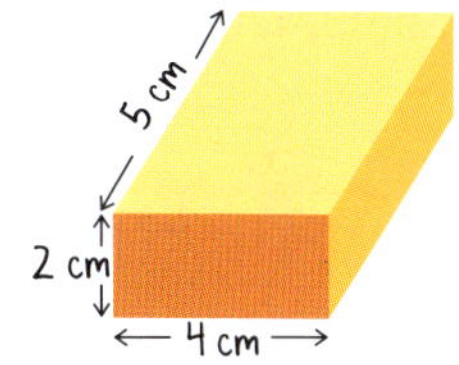

LEÇON 51 pp. 118-119

14

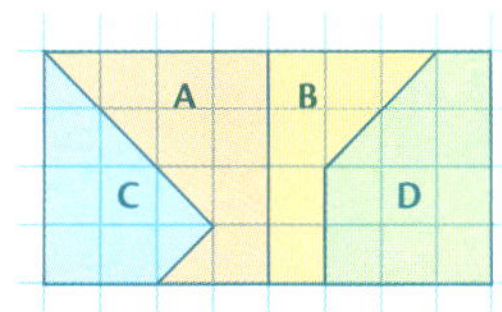

a. **Mesure** l'aire de chaque figure (en prenant le carreau comme unité d'aire).

b. **Range**-les dans l'ordre croissant de leurs aires.

LEÇON 52 pp. 120-121

15 Mme Létourdie doit ranger 845 verres dans des boîtes. Chaque boîte contient 6 verres.

Sans poser la division, **explique** pourquoi Mme Létourdie s'est trompée en commandant 90 boîtes.

16 Pour chaque division, **calcule** le nombre de chiffres du quotient, puis **pose** et **effectue** les divisions.

891 : 33   209 : 15   351 : 23

PROBLÈMES 8 pp. 122-123

17 **Observe** le dialogue entre Axel et Lou.

Écris un problème dont la résolution impose l'utilisation de **toutes** les données du dialogue.

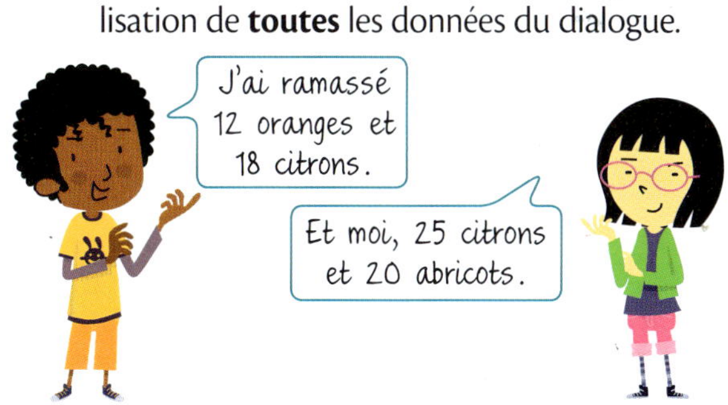

53 Lire un plan

▶ Calcul mental : Dictée de fractions.
▶ Activité de découverte (Livre du maître) : Trouver l'emplacement du domicile des élèves sur un plan de ville ou de région.

Je comprends

Voici un plan de la ville où habitent les enfants d'une classe de CM1.
Pour te repérer rapidement sur ce plan, tu peux utiliser la grille.

Sandy se trouve au croisement de la rue des Oiseaux et de la rue aux Chats.
Sa position sur le plan se situe à l'**intersection** de la **colonne C** et de la **ligne 3** : elle est dans **la case C3**.

Pour se rendre à la boulangerie (A1), elle peut prendre la rue aux Chats puis la Grande Rue à gauche.

Je m'entraîne

1 * **Écris** sur ton cahier le nom des rues qui se trouvent dans la case B4 du plan du Je comprends.

2 * Axel se trouve rue des Acacias dans la case A3.
Il continue tout droit le long de cette rue jusqu'à l'école (D5).
Écris le nom des rues qu'il va croiser pendant son trajet.

▶ Objectifs : Savoir lire un plan et s'y repérer.

3 * **Recopie** et **complète**.

Le musée des Sciences se situe dans la case … .

Il se trouve dans la rue … .

4 * **a. Trouve** le bureau de poste dans le plan du Je comprends.

b. Écris le nom des rues que l'on voit sur le dessin du bureau de poste.

5 ** 

Les petits nombres écrits en vert sur le plan indiquent les numéros des bâtiments dans la rue.

a. Dans quelle rue se trouve la cathédrale ? **Dans quelle case** commence cette rue ?

b. Maël est parti de la cathédrale et se trouve maintenant au numéro 38 de la rue.

Écris le nom de la rue qu'il a traversée.

6 ** Essi se situe au 140 de la Grande Rue.
Quel est le bâtiment qui se trouve à proximité ?

7 ** Margot part de chez elle. **Trouve** sa maison sur le plan puis **indique**-lui un chemin pour arriver le plus vite possible à l'école.

Je sais déjà

8 **Écris** sur ton cahier les fractions représentées par les surfaces coloriées.

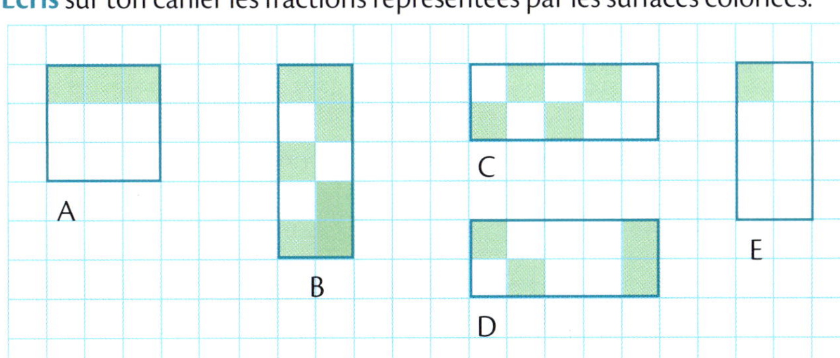

Si tu as terminé… exercice 1, p. 158

54 Les nombres décimaux (1)
Les dixièmes

▶ **Calcul mental :** Montrer des surfaces (divisées en 10) coloriées et demander la fraction correspondante.
▶ **Activité de découverte (Livre du maître) :** Partager une unité en 10 parties.

Je comprends

M. Bûcheron coupe le tronc d'arbre en 10 parties égales : chaque partie représente $\frac{1}{10}$ ou **0,1** de l'unité entière.
La partie coloriée du tronc, c'est $\frac{3}{10}$ (trois dixièmes) du tronc.
On écrit aussi **0,3**.

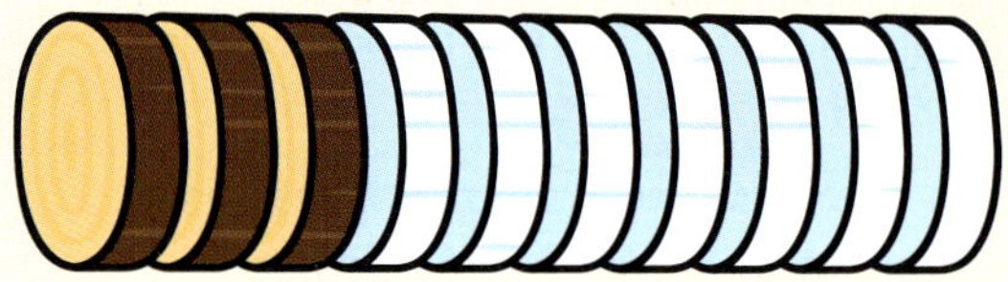

Partie entière		Partie décimale
unités		dixièmes
0	,	3

0,3 et **0,1** sont des **nombres décimaux**.

$\frac{1}{10}$	$\frac{2}{10}$	$\frac{3}{10}$	$\frac{4}{10}$	$\frac{5}{10}$	$\frac{6}{10}$	$\frac{7}{10}$	$\frac{8}{10}$	$\frac{9}{10}$	
0 — 0,1 — 0,2 — **0,3** — 0,4 — 0,5 — 0,6 — 0,7 — 0,8 — 0,9 — 1

Je m'entraîne

1 * **Écris** la fraction et le nombre décimal qui correspondent à la partie coloriée de l'unité, comme dans l'exemple.

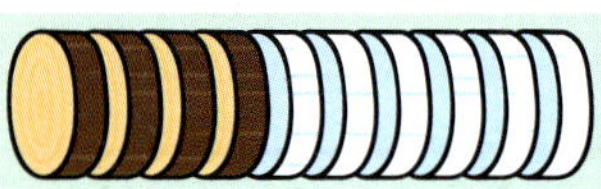 $\frac{4}{10} = 0,4$

a. 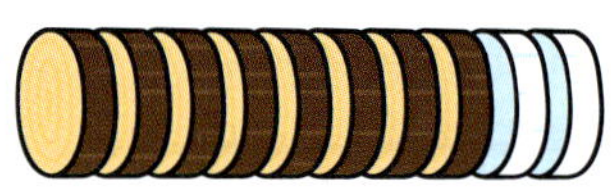

b. 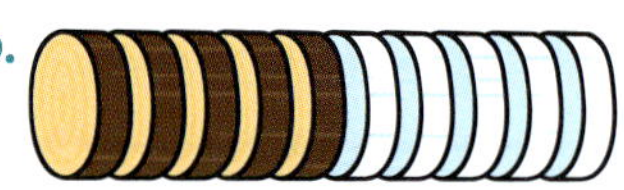

2 * **Écris** le nombre décimal qui est égal à chacune des fractions suivantes, comme dans l'exemple.

$\frac{3}{10} = 0,3$ $\frac{2}{10}$ $\frac{1}{10}$ $\frac{7}{10}$ $\frac{5}{10}$

3 * **Écris** la fraction égale à chacun des nombres décimaux suivants.

0,4 0,6 0,2 0,9

4 * **Trace** 4 bandes de 10 carreaux sur ton cahier. Puis **colorie**-les pour représenter chaque nombre décimal, comme dans l'exemple

 0,3

0,7 0,1 0,6 0,4

5 * **Associe** à chaque lettre sur le segment le nombre décimal qui lui correspond.

0,9 0,8 0,3 0,5

Segment gradué de 0 à 1 : 0 ; 0,1 ; A ; B ; C ; D ; 1

 ▶ **Objectifs :** Lire et représenter des nombres décimaux inférieurs à 1 jusqu'au dixième.

Si tu as terminé… exercice 2, p. 158

55 Les nombres décimaux (2)
Les centièmes

▶ Calcul mental : Montrer des surfaces (divisées en 100) coloriées et demander la fraction représentée.
▶ Activité de découverte (Livre du maître) : Partager une unité en 100 parties.

Je comprends

Le père de Yasmine a commencé à repeindre le carrelage de la salle de bains.

Chaque carreau, c'est $\frac{1}{100}$ ou **0,01** de l'unité.

La partie repeinte, c'est $\frac{35}{100}$ (trente-cinq centièmes) de l'unité.

On écrit aussi **0,35**.

On dit « zéro virgule trente-cinq ».

Partie entière		Partie décimale	
unités		dixièmes	centièmes
0	,	3	5

$\frac{30}{100} = \frac{3}{10}$ donc $0,3 = 0,30$.

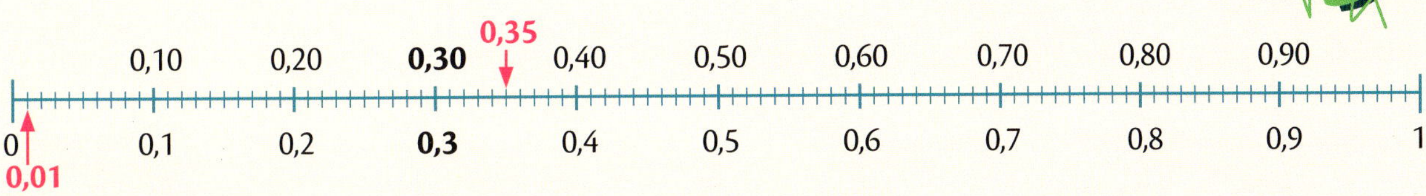

Je m'entraîne

1 * **Écris** le nombre décimal égal à la fraction, comme dans l'exemple.

$\frac{45}{100} = 0,45$ $\frac{37}{100}$ $\frac{50}{100}$ $\frac{81}{100}$ $\frac{18}{100}$

2 * **Écris** les fractions décimales égales à chacun de ces nombres, comme dans l'exemple.

$0,08 = \frac{8}{100}$ 0,62 0,92 0,7 0,04

3 * Le boulanger a écrit ses prix… en fractions !
Écris le prix de chaque viennoiserie avec un nombre décimal.

4 * **Écris** le nombre décimal indiqué par chaque lettre sur le segment, comme dans l'exemple.

(A) indique 0,15

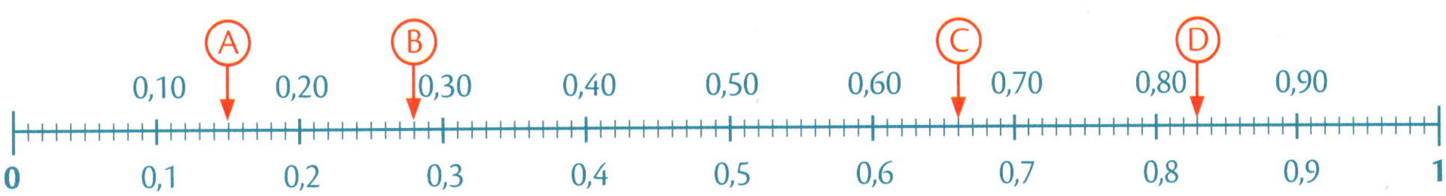

▶ Objectifs : Lire et représenter des nombres décimaux inférieurs à 1 jusqu'au centième.

Si tu as terminé… exercice 3, p. 158

56 Comparaison et encadrement des nombres décimaux

▶ Calcul mental : Additionner *du* + *du*.
▶ Activité de découverte (Livre du maître) : Comparer les prix de différents articles dans une pâtisserie.

Je comprends

• Quel fruit coûte le plus cher ?

Partie entière		Partie décimale	
unités		dixièmes	centièmes
0	,	5	0
0	,	3	6
0	,	3	2

Commence par comparer les **dixièmes** :
0,**5**0 > 0,**3**6 car **5** > **3**.
La pomme coûte **plus cher** que la poire.
Si les dixièmes sont égaux, compare les **centièmes** :
0,3**2** < 0,3**6** car **2** < **6**.
L'orange coûte **moins cher** que la poire.

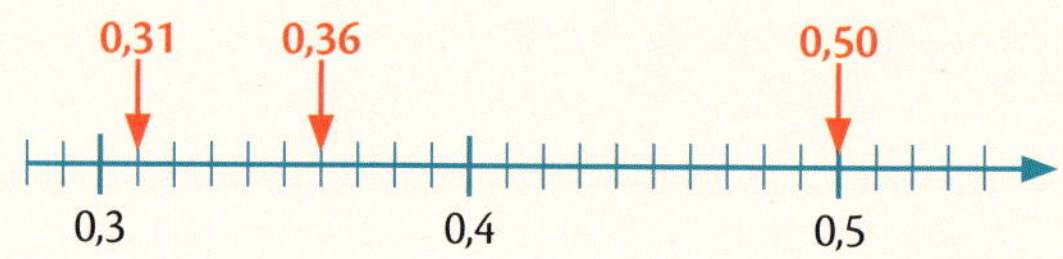

• Steve a 4,25 € dans son porte-monnaie.

Partie entière		Partie décimale	
unités		dixièmes	centièmes
4	,	2	5
4	+	0,25	

Pour comparer deux nombres décimaux, commence par comparer les parties entières. Si elles sont égales, compare les parties décimales.

4,25 < **5**,10 car **4** < **5**	4,**2**5 < 4,**6** car 0,**2**5 < 0,**6**0	4,2**5** > 4,2**0** car 0,2**5** > 0,2**0**

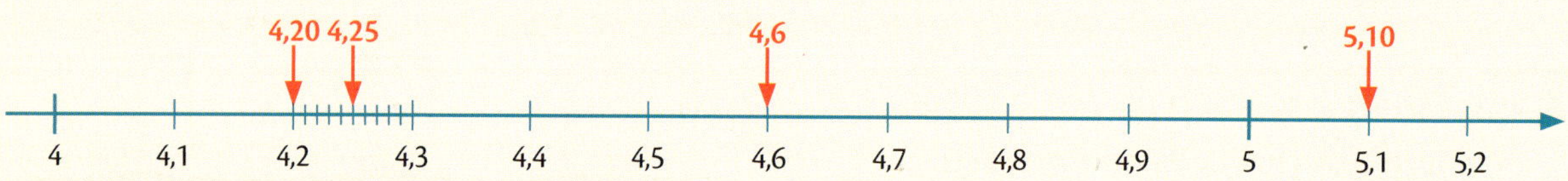

Je m'entraîne

1 * **Compare** les sommes d'argent, comme dans l'exemple.

0,02 < 0,10

a. 

b. 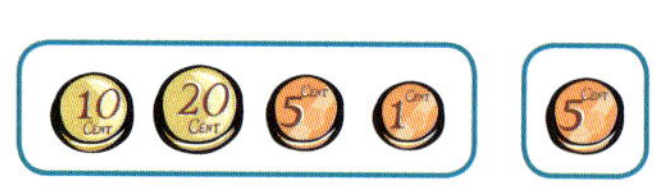

2 * **Recopie** et **complète** avec <, > ou =.

a. 0,4 … 0,18 **b.** 0,13 … 0,05 **c.** 0,72 … 0,27 **d.** 0,4 … 0,40

▶ Objectif : Comparer et encadrer des nombres décimaux jusqu'au centième.

3 * **Range** ces nombres décimaux, du plus petit au plus grand.

a. 0,55 — 0,05 — 0,5 — 0,1 — 0,15 — 0,51

b. 0,7 — 0,07 — 0,71 — 0,01 — 0,17 — 0,1

4 * **Écris** le nombre décimal qui correspond à la somme d'argent, comme dans l'exemple.

6,05 €

a. 

b. 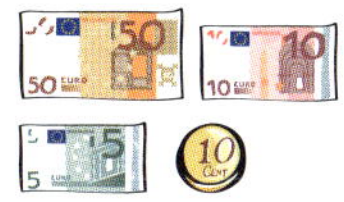

c. 

5 * **Encadre** chaque nombre décimal entre deux nombres entiers, comme dans l'exemple.

Aide-toi de l'axe des nombres !

7 < 7,25 < 8

a. … < 18,40 < …

b. … < 5,05 < …

c. … < 0,87 < …

6 ** **a. Combien** Margot a-t-elle d'argent ?

b. Quel article peut-elle acheter ?

7 ** **Recopie** et **complète** avec un nombre décimal qui convient, comme dans l'exemple.
Tu peux t'aider de l'axe des nombres.

8 < 8,45 < 9

a. 7 < … < 8

b. 135 < … < 136

c. 0 < … < 1

d. 1,4 < … < 1,5

e. 12,15 < … < 12,20

f. 30 < … < 30,05

8 ** **Range** ces nombres, du plus petit au plus grand.

a. 15 — 14,95 — 15,05 — 15,5 — 14,05 — 15,95

b. 0,06 — 60,6 — 0,66 — 6,66 — 0,6 — 6,06

Je sais déjà

9 **Décompose**, comme dans l'exemple.

$\frac{673}{100} = \frac{600}{100} + \frac{70}{100} + \frac{3}{100} = 6 + \frac{7}{10} + \frac{3}{100}$

$\frac{54}{10}$ — $\frac{973}{100}$ — $\frac{501}{100}$ — $\frac{821}{100}$

Si tu as terminé… exercice 4, p. 158

57 Mesures et nombres décimaux

▶ **Calcul mental :** Placer un nombre décimal (dixième) sur un axe et l'encadrer entre 2 entiers.
▶ **Activité de découverte (Livre du maître) :** Découvrir divers usages simples de nombres décimaux dans la vie courante.

Je comprends

Les nombres décimaux permettent d'écrire facilement certaines mesures.

• **Des capacités**

Cette bouteille contient 1,5 L.

	Partie entière		Partie décimale	
	L		**dL**	**cL**
1,5 L = 1,50 L = 1 L 50 cL →	1	,	5	0
1 dL = 0,**1** L = 0,**1**0 L →	0	,	1	0
1 cL = 0,0**1** L →	0	,	0	1

• **Des longueurs**

Le record du monde de saut en longueur est de 8,95 m.

	Partie entière		Partie décimale	
	m		**dm**	**cm**
8,95 m = 8 m 95 cm →	8	,	9	5
1 dm = 0,**1** m = 0,**1**0 m →	0	,	1	0
1 cm = 0,0**1** m →	0	,	0	1

On dit « huit virgule quatre-vingt-quinze mètres ».

Je m'entraîne

Tu peux t'aider d'un tableau.

1 * **Écris** les capacités en **cL**, comme dans l'exemple.

2,35 L = 235 cL — 3,40 L — 0,5 L — 0,04 L — 12,05 L — 9,95 L

2 * **Écris** les longueurs en **m**, puis en **cm**, comme sur le cahier d'Axel.

1 m 50 cm = 1,50 m = 150 cm

2 m 40 cm — 5 m 40 cm — 5 m 4 cm — 54 m

3 * **Écris** en **m**, comme dans l'exemple.

145 cm = 1,45 m — 305 cm — 5 cm — 999 cm — 909 cm

4 * **Écris** en **cL** la capacité de chaque pot.

a.

b.

c.

d.

▶ **Objectif :** Utiliser les nombres décimaux dans des conversions simples d'unités de mesure.

5 * Le tableau ci-contre montre quelques records du monde de saut en longueur féminin.

Range-les, de la moins bonne à la meilleure performance.

IONESCU	7,20 m
CUSMIR	7,43 m
RAND	6,76 m
DRESCHLER	7,45 m
WILLIAMS	6,28 m
HITOMI	5,98 m

6 * **Qui** est la plus grande ?

7 ** **Recopie** et **complète** avec <, > ou =.

a. 3,42 m ... 3,24 m

b. 4,05 L ... 4,1 L

c. 62,5 m ... 62,49 m

d. 0,2 L ... 20 cL

8 ** **Encadre** ces longueurs entre les mètres les plus proches, comme dans l'exemple.

3 m < 3,57 m < 4 m

a. ... m < 4,15 m < ... m

b. ... m < 222 cm < ... m

c. ... m < 43 cm < ... m

d. ... m < 103 cm < ... m

e. ... m < 7 m 87 cm < ... m

9 *** **Regarde** le tableau.

1 kg = 1 000 g.

1 g = 0,001 kg.

On dit que 1 gramme, c'est un **millième** de gramme.

Luc pesait 3,295 kg à la naissance, c'est-à-dire 3 295 g.

kg		hg	dag	g
0	,	0	0	1
3	,	2	9	5

a. Recopie et **complète**.

- 5 g = ... kg
- 100 g = ... kg
- 2,923 kg = ... g
- 1 258 g = ... kg

b. Recopie et **complète** avec la bonne unité.

- 5 654 g = 5,654 ...
- 1,091 kg = 1 091 ...
- 1,470 kg = 147 ...
- 0,2 kg = 2 ...

Si tu as terminé... exercice 5, p. 158

58 Décomposer une figure

▶ **Calcul mental :** Placer un nombre décimal (centième) sur un axe et l'encadrer entre 2 entiers.

▶ **Activité de découverte (Livre du maître) :** Calculer l'aire de figures simples grâce à des décompositions appropriées.

Je comprends

Tu peux décomposer une figure de plusieurs façons.

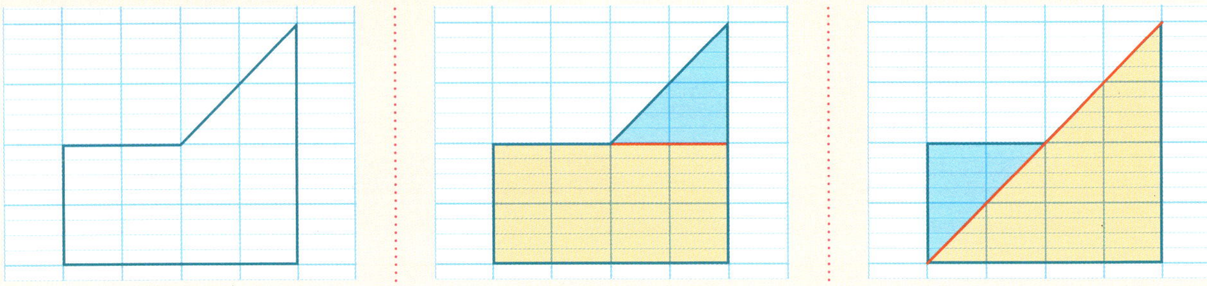

La figure ci-dessus peut être décomposée…

- en 1 rectangle et 1 triangle.
- ou en 2 triangles.

Je m'entraîne

1 * **Reproduis** cette figure puis décompose-la, comme dans le **Je comprends** …

a. en 1 rectangle et 1 triangle.

b. en 3 triangles.

c. en 2 triangles et 1 carré.

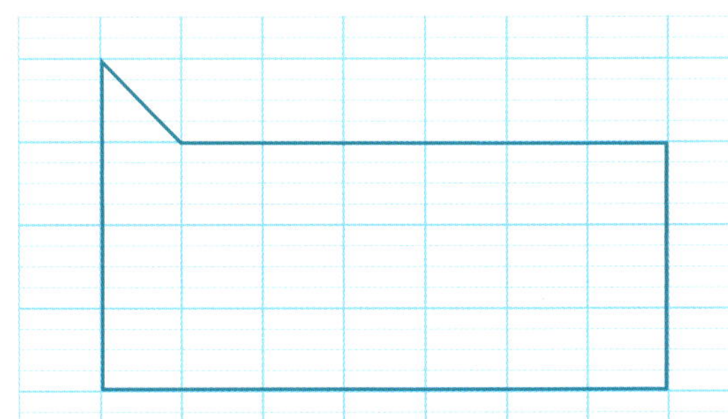

2 * **Reproduis** cette figure.
Puis **décompose**-la
de 3 manières différentes.

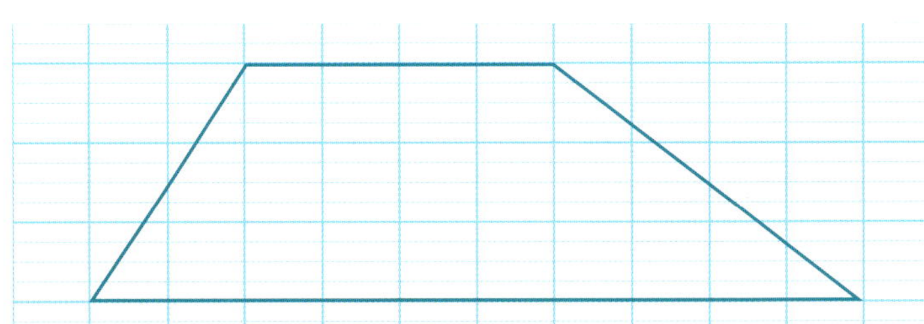

3 *

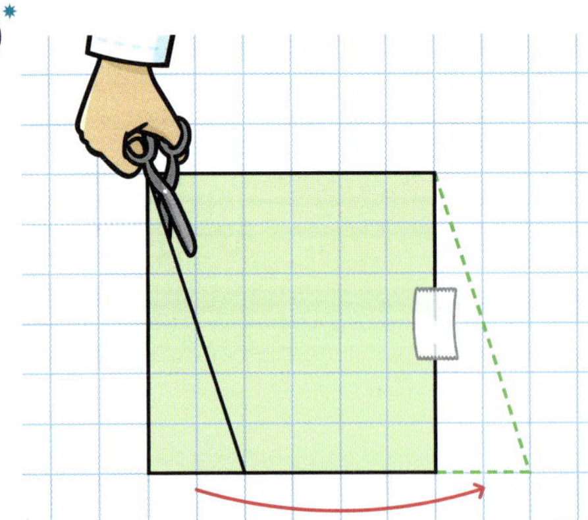

a. Trace un carré et **découpe**-le.

b. À partir d'un sommet, **découpe** un triangle, puis **colle**-le comme sur le dessin.

c. Quelle figure as-tu obtenue ?

▶ **Objectif :** Décomposer une figure en plusieurs figures simples (carré, rectangle, triangle, parallélogramme).

4 * Le **tangram** est un jeu qui vient de Chine. C'est un puzzle composé de 7 pièces.

Il faut utiliser les 7 pièces du puzzle ou une partie d'entre elles pour fabriquer une figure donnée.

Par exemple, avec le carré rouge et les triangles jaune et violet, tu peux obtenir le triangle bleu.

Reproduis le tangram sur une feuille blanche. **Colle**-le sur du carton flexible et **découpe** les 7 pièces.

5 ** Avec ton tangram, **reproduis** les figures suivantes.

A

B

6 ** En utilisant toutes les pièces de ton tangram, **construis** la figure suivante.

7 *** **Construis** une figure avec des pièces du tangram. **Dessine** le contour de la figure et **donne**-le à un camarade. **Demande**-lui de construire la figure avec son propre tangram.

Je sais déjà

8 **Convertis** en cL.

2 L   30 mL   500 dL   1 L 5 cL

Si tu as terminé... exercice 6, p. 158

59 Additionner et soustraire des nombres décimaux

> ▶ **Calcul mental :** *cdu + du* et *cdu + cdu*.
> ▶ **Activité de découverte (Livre du maître) :** Additionner deux prix écrits sous forme décimale.

Je comprends

• Le père de Sandy a acheté un DVD à 18 €, un CD à 7,5 € et un livre de poche à 2,84 €. **Combien** a-t-il payé ?

1. Pour faire l'addition, **écris** d'abord tous les nombres avec 2 chiffres après la virgule (avec des **0**).

18 = 18,**00**   7,5 = 7,5**0**

2,84 = 2,84

2. Pose l'addition en alignant les chiffres et les virgules (les dixièmes sous les dixièmes et les centièmes sous les centièmes).

3. Calcule ensuite comme d'habitude sans oublier la virgule.

```
  1 1
  1 8 , 0 0
+   7 , 5 0
+   2 , 8 4
-----------
  2 8 , 3 4
```

18 + 7,5 + 2,84 = 28,34

Le père de Sandy a payé 28,34 € en tout.

• Il paye avec un billet de 100 €. **Combien** va-t-on lui rendre ?

1. Écris 100 comme un nombre décimal avec 2 chiffres après la virgule (avec des **0**).

100 = 100,**00**

2. Pose la soustraction en alignant les chiffres et les virgules.

3. Calcule ensuite comme d'habitude sans oublier la virgule.

```
  1  0  0 ,  0  0
     1  1    1  1
–    2  8 ,  3  4
 ①  ①  ①    ①  ①
------------------
     7  1 ,  6  6
```

100 – 28,34 = 71,66

On va lui rendre 71,66 €.

Je m'entraîne

1 * **Écris** les nombres suivants comme des nombres décimaux avec 2 chiffres après la virgule, comme dans l'exemple.

1,3 = 1,30   372   51,5   740   111,1

2 * **Trouve** qui a bien posé son addition.

a. 16,95 + 4,3 = ?

• **Luc**
```
  1 6,9 5
+     4,3
```

• **Lou**
```
  1 6,9 5
+   4,3 0
```

• **Essi**
```
  1 6,9 5
+ 4,3 0 0
```

b. 605 + 3,48 = ?

• **Luc**
```
  6 0 5
+ 3,4 8
```

• **Lou**
```
  6 0 5,0 0
+ 3,4 8
```

• **Essi**
```
  6 0 5,0 0
+     3,4 8
```

 ▶ **Objectifs :** Poser et calculer l'addition et la soustraction de nombres décimaux (jusqu'au centième).

3 * **Pose** les additions puis **calcule** le résultat.

a. 35,47 + 68,93   b. 43 + 57,25   c. 12,39 + 8 + 6,4

4 * **Trouve** combien M. Focus a payé tous ces objets.

132,99 €

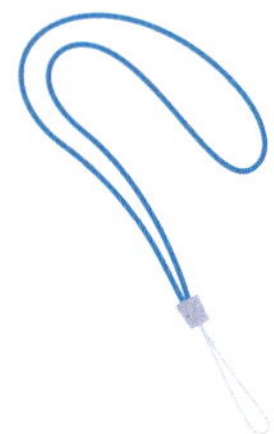

0,75 €

53 €

5 * **Recopie** la soustraction bien posée puis **calcule**-la.

a. 65,5 − 4,35 = ?

• Axel	• Maël	• Sandy
6 5,5 − 4,3 5	6 5,0 5 − 4,3 5	6 5,5 0 − 4,3 5

b. 10 − 4,05 = ?

• Axel	• Maël	• Sandy
1 0,0 0 − 4,0 5	1 0,0 0 − 4,5 0	1 0,0 − 4,5

6 * **Pose** les soustractions puis **calcule**.

78,90 − 7,99

31,5 − 12,95

999,99 − 99

7 * **Recopie** et **complète**. N'oublie pas de poser tes calculs.

a. 1 − 0,1 = ...

b. 1 − 0,01 = ...

c. 10 − 0,1 = ...

d. 10 − 0,01 = ...

e. 0,1 + ... = 100

f. 0,01 + ... = 100

8 **

Un coureur a déjà parcouru 34,5 km des 42,19 km du marathon.
Combien lui reste-t-il à parcourir jusqu'à l'arrivée ?

9 ** M. Marchand a taché son ticket de caisse.

a. **Combien** a payé M. Marchand au supermarché Peuchère ?

b. Il a payé avec un billet de 200 €.
Combien lui a-t-on rendu ?

SUPERMARCHÉ PEUCHÈRE

CÔTE DE BOEUF	12,45 €
POISSON	7,95 €
PÂTES	1,99 €
TOTAL	€

Si tu as terminé... exercice 7, p. 158

PROBLÈMES 9

▶ Calcul mental : Compléter un nombre jusqu'à la centaine supérieure.
▶ Activité de découverte (Livre du maître) : Lire dans un tableau les entrées annuelles d'un grand parc d'attractions.

Je comprends

Un document présente de nombreuses informations qui permettent de répondre à certaines questions. Pour exploiter un document, ce que tu as vu en mathématiques cette année peut se révéler bien utile.

Le musée du Louvre

Le musée du Louvre est un musée parisien. Il est le plus visité du monde et accueille chaque année des millions de visiteurs. Ainsi, en 2005, il a accueilli 7 500 000 visiteurs.

Année	Nombre de visiteurs
2005	7 500 000
2006	8 300 000
2007	8 300 000
2008	8 500 000

Cet ancien château fort a été aménagé en musée il y a plus de 200 ans. Il a été plusieurs fois transformé : le dernier apport a été la pyramide de verre, ouverte au public depuis 1989.
La base de cette pyramide est un carré de 35 mètres de côté.
Sa hauteur est de 20,6 mètres.

Les longues files d'attente étant fréquentes, il est fortement recommandé d'acheter ses billets d'entrée à l'avance.
Pour mieux découvrir les œuvres exposées au musée, comme *La Joconde* de Léonard de Vinci, le musée propose des conférences et des ateliers.

Tarifs du musée

Musée	9 €
Exposition	11 €
Billet jumelé (musée + exposition)	14 €

Tarifs des activités

	Tarif normal	Enfants et tarif réduit
Conférence	6,50 €	4,50 €
Séance d'atelier	8,50 €	4,50 €

Coût d'envoi des billets : 2,30 €.

Julie décide d'acheter un billet jumelé et une place pour une conférence. Elle n'a droit à aucune réduction.
Pour savoir combien elle doit payer, tu dois utiliser les données de 2 tableaux sans oublier le coût d'envoi des billets :
14 € + 6,50 € + 2,30 € = 22,80 €. Elle paiera 22,80 € en tout.

1* La mère de Lou commande pour elle et sa fille une séance d'atelier au musée du Louvre.
Seule Lou a droit au tarif réduit.
Combien la mère de Lou va-t-elle payer en tout ?

N'oublie pas le coût de l'envoi des billets !

 ▶ Objectifs : Lire et exploiter les informations d'un document.

2 *

Lis bien le document du **Je comprends**.
Combien y a-t-il eu de visiteurs en plus au musée du Louvre…

a. entre 2005 et 2006 ?

b. entre 2007 et 2008 ?

3 *

Axel fait le tour de la pyramide du Louvre.
Quelle distance a-t-il parcourue ?

4 **

Le tableau suivant indique le nombre de visiteurs de musées célèbres à l'étranger en 2008.

Musée	Nombre de visiteurs
British Museum (Londres, Angleterre)	5 830 000
Musée du Vatican (Rome, Italie)	4 440 000
National Gallery (Washington, États-Unis)	4 960 000
Tate Modern (Londres, Angleterre)	4 950 000

a. **Combien** de visiteurs de plus y a-t-il eu à la National Gallery qu'à la Tate Modern ?
b. **Combien** de visiteurs y a-t-il eu en tout dans les 2 musées les plus visités de Londres ?
c. En 2008, **combien** de visiteurs de plus y a-t-il eu au musée du Louvre qu'au musée du Vatican ?

5 **

Lis le texte suivant.

En 2008, 13 600 000 personnes ont visité la cathédrale Notre-Dame de Paris. La hauteur de sa flèche est de 96 mètres.
La même année, 10 500 000 personnes ont visité la basilique du Sacré-Cœur à Montmartre. Cette basilique, haute de 83 mètres, n'a été achevée qu'au début du vingtième siècle.
La tour Eiffel n'est que le quatrième site touristique le plus visité de Paris avec 6 900 000 visiteurs. En revanche, c'est le plus haut bâtiment de la ville : en tenant compte de l'antenne, la Tour mesure 324 mètres.

a. **Range** les sites touristiques de Paris, du moins visité au plus visité.
b. **Range** ces sites touristiques dans l'ordre décroissant de leur hauteur.
c. **Trouve** si la phrase suivante est **vraie** ou **fausse**.

La hauteur de la tour Eiffel est égale à plus du triple de la hauteur de la flèche de Notre-Dame de Paris.

Je sais déjà

6 **Recopie** et **complète** avec <, > ou =.

300 g … 3 kg

6 dag … 60 g

3 000 mg … 3 g

800 kg … 8 000 mg

60 Aire et périmètre

▶ **Calcul mental :** Trouver le nombre de centimes pour compléter une somme (0,45 € par exemple) afin d'obtenir 1 €.

▶ **Activité de découverte (Livre du maître) :** Rappeler comment calculer l'aire et le périmètre d'un carré et d'un rectangle.

Je comprends

On prend comme unité d'aire le carreau 

et comme unité de longueur le côté d'un carreau. 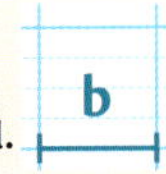

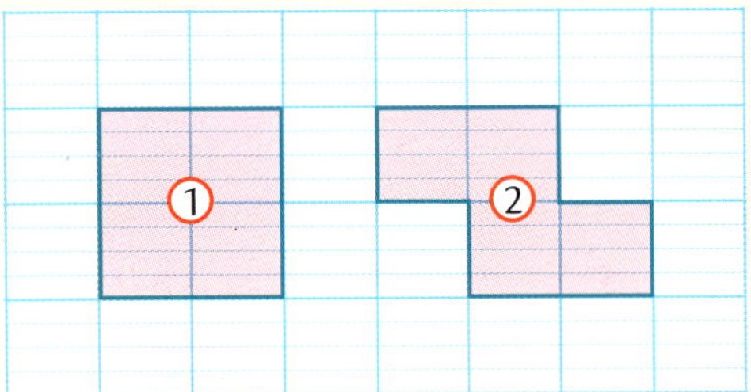

La figure ① a pour aire 4 **a** et pour périmètre 8 **b**.

La figure ② a pour aire 4 **a** et pour périmètre 10 **b**.

Les 2 figures ont donc la même aire mais elles ont des périmètres différents.

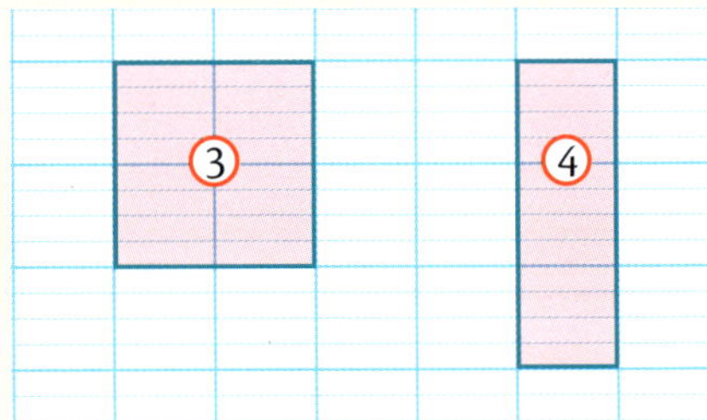

La figure ③ a pour aire 4 **a** et pour périmètre 8 **b**.

La figure ④ a pour aire 3 **a** et pour périmètre 8 **b**.

Les 2 figures ont donc le même périmètre mais elles ont des aires différentes.

Je m'entraîne

1 * **Trouve** toutes les figures qui ont la même aire que le rectangle **rouge**.
Puis **écris** leurs périmètres en prenant le côté d'un carreau comme unité de longueur.

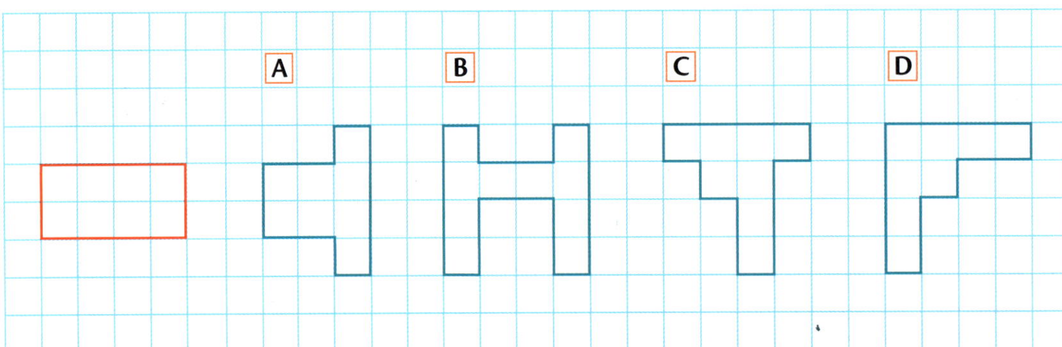

2 * **Trouve** toutes les figures qui ont le même périmètre que le carré **vert**.
Puis **écris** leurs aires en prenant le carreau comme unité d'aire.

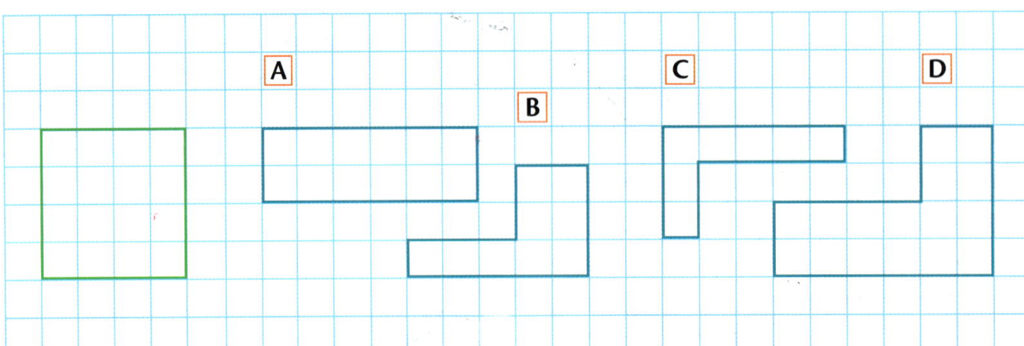

▶ **Objectif :** Savoir distinguer, sur des figures simples, les égalités de périmètres des égalités d'aires.

3 *
a. Reproduis cette figure, puis **complète**-la pour que son aire soit de 15 carreaux.

b. Calcule le périmètre (en côtés de carreau) de la figure que tu as tracée.

c. Échange ton dessin et ton calcul avec ton voisin.
As-tu trouvé la même chose ?

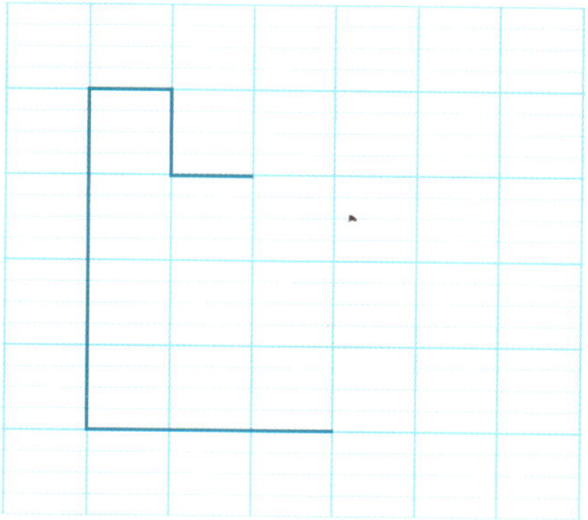

4 *

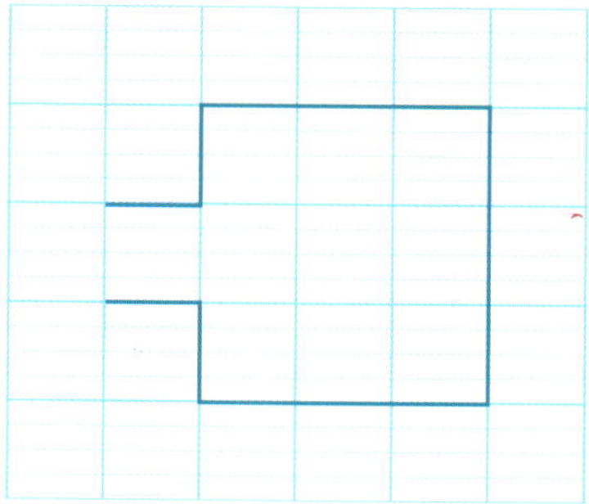

a. Reproduis cette figure puis **complète**-la pour que son périmètre soit de 18 côtés de carreau.

b. Calcule l'aire de la figure que tu as tracée (prends le carreau comme unité d'aire).

c. Échange ton dessin et ton calcul avec ton voisin. **As-tu trouvé** la même chose ?

5 **
a. Trace 2 figures qui ont la même aire, mais des périmètres différents.
b. Trace 2 figures qui ont le même périmètre, mais des aires différentes.

6 ***
Pour couvrir tout leur jardin, M. Lapousse et Mme Mainverte ont acheté chacun 16 carrés d'herbe de 1 m de côté.

Chacun d'entre eux a ensuite entouré son jardin avec une clôture.

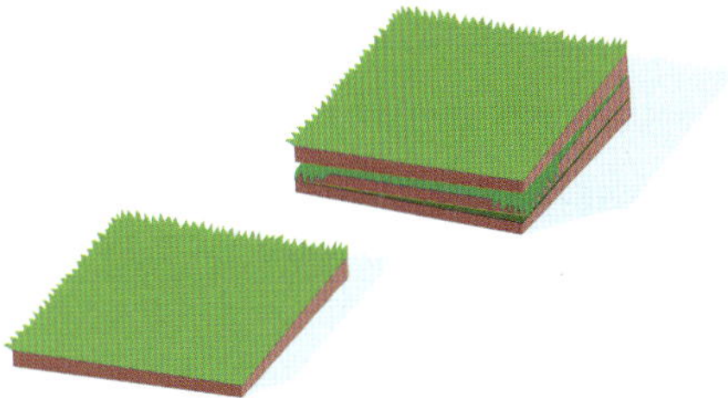

a. Le jardin de M. Lapousse est un carré.
Quelle sera la longueur de la clôture ?

b. Le jardin de Mme Mainverte est un rectangle de largeur 2 m.
Quelle sera la longueur de la clôture ?

c. M. Legrain voudrait faire un jardin carré dont la clôture a la même longueur que celle de Mme Mainverte.
Combien de carrés d'herbe devra-t-il acheter pour couvrir son jardin ?

Dessine les jardins en prenant un carreau pour chaque carré d'herbe.

Si tu as terminé... exercice 8, p. 158

61 Fractions et nombres décimaux

▶ **Calcul mental :** Trouver le nombre de centimes pour compléter une somme (3,21 € par exemple) afin d'obtenir 10 €.

▶ **Activité de découverte (Livre du maître) :** Écrire le prix d'un article sous différentes formes.

Je comprends

Le même nombre peut être écrit sous forme d'une fraction ou d'un nombre décimal.

$\frac{43}{100} = 0{,}43$

$\frac{243}{100} = \frac{200}{100} + \frac{43}{100}$

$\frac{243}{100} = 2 + \frac{43}{100}$

$\frac{243}{100} = 2{,}43$

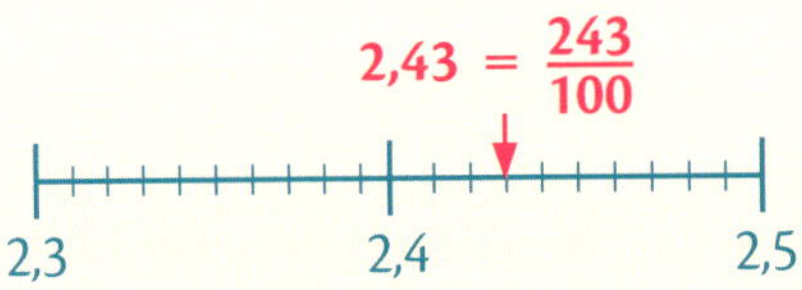

Partie entière		Partie décimale	
unités		dixièmes	centièmes
2	,	4	3

Je m'entraîne

1 * **Écris** les nombres en dixièmes, comme dans l'exemple.

$2 = \frac{20}{10}$ 5 7 10

2 * **Écris** les nombres en centièmes, comme dans l'exemple.

$2 = \frac{200}{100}$ 4 9 1

3 * **Écris** ces fractions sous la forme d'un nombre entier, comme dans l'exemple.

$\frac{600}{100} = 6$ $\frac{90}{10}$ $\frac{400}{100}$ $\frac{100}{10}$ $\frac{50}{10}$ $\frac{900}{100}$

4 * **Écris** le nombre où se trouve Plouf, sous la forme d'un nombre décimal puis d'une fraction décimale, comme dans l'exemple.

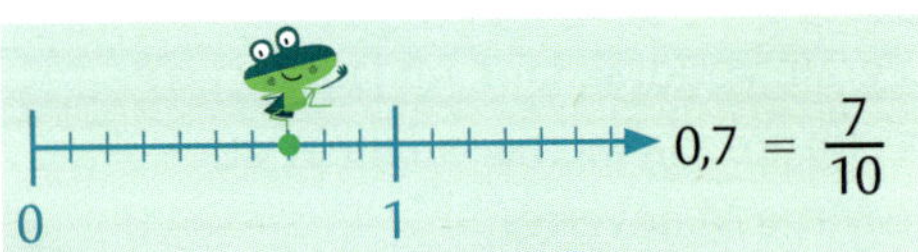

a.

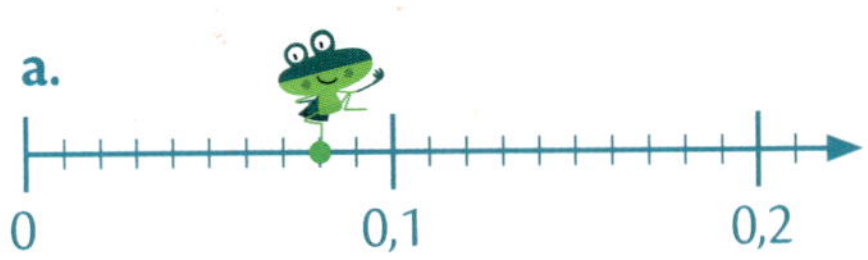

b.

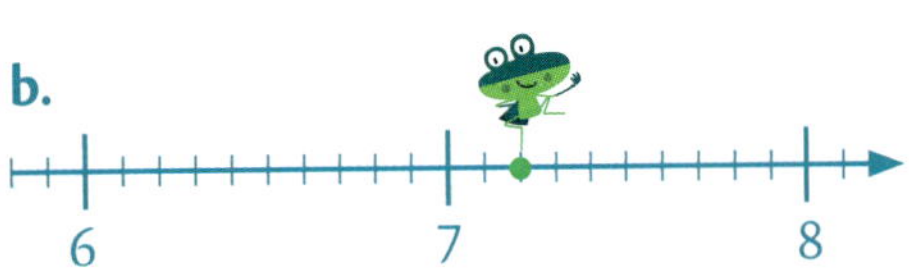

c.

d.

e.

▶ **Objectif :** Connaître les représentations décimales et fractionnaires d'un même nombre.

5 * **Décompose** puis **écris** chaque fraction sous la forme d'un nombre décimal, comme dans l'exemple.

$$\frac{412}{100} = \frac{400}{100} + \frac{12}{100}$$
$$\frac{412}{100} = 4 + \frac{12}{100}$$
$$\frac{412}{100} = 4{,}12$$

a. $\frac{528}{100} = \ldots$ **b.** $\frac{639}{100} = \ldots$ **c.** $\frac{705}{100} = \ldots$ **d.** $\frac{33}{10} = \ldots$

6 * **Décompose** chaque nombre, comme dans l'exemple.

$$4{,}25 = 4 + 0{,}25 = 4 + \frac{25}{100}$$

7,43 19,17 6,04 3,01

7 * **Écris** chaque nombre sous la forme d'une fraction, comme dans l'exemple.

$$7{,}18 = \frac{718}{100}$$

0,47 1,02 2,05 4,10

8 ** **Range** ces nombres dans l'ordre croissant.

9 ** **Écris** chaque nombre sous la forme d'une fraction puis d'un nombre décimal, comme sur le cahier d'Idriss.

a. cinq cent quarante-deux centièmes

b. treize dixièmes

c. quatre cent sept centièmes

Trois cent douze centièmes $= \frac{312}{100} = 3{,}12$

10 ** **Écris** chaque nombre sous la forme d'un nombre décimal puis d'une fraction.

a. quatre virgule douze

b. huit virgule cinquante-deux

c. sept virgule cinq

d. six virgule quatre-vingt-dix-huit

Je sais déjà

11 **Trouve** la figure qui a la même aire que le triangle.

Tu peux reproduire les figures sur une feuille.

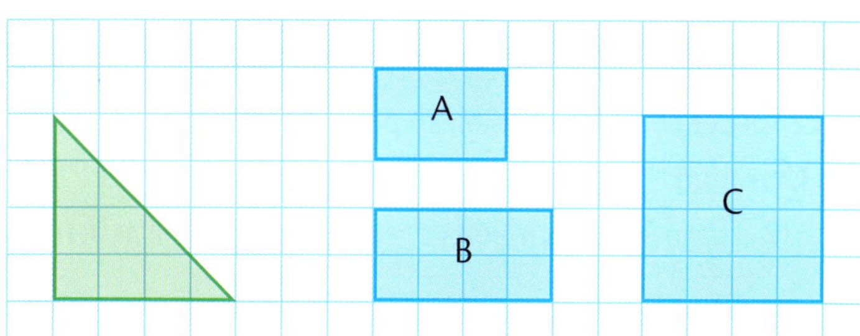

Si tu as terminé... exercices 9 et 10, p. 159

62 La proportionnalité

▶ **Calcul mental :** Additionner un entier et un décimal (5 + 1,23 = ?).
▶ **Activité de découverte (Livre du maître) :** Calculer le prix de 2, 3, 4, 5 ou 10 articles identiques dont le prix à l'unité est un nombre entier.

Je comprends

Pour la kermesse de l'école, Idriss a acheté 6 sacs de confettis et a payé 30 €.
Sandy a acheté 8 sacs de confettis au même magasin. **Combien** va-t-elle payer ?

• Tu peux calculer le prix de l'unité.

6 x **?** = 30 → 30 : 6 = **5**

1 sac coûte donc **5** €.

8 sacs coûteront 8 x 5 = 40 €.

On dit que le prix des sacs de confettis est **proportionnel** au nombre de sacs achetés.

• Tu peux aussi utiliser un tableau.

Tu dois trouver **par combien** il faut **multiplier** la première colonne pour obtenir le résultat dans la seconde colonne.

x **?**

Quantité	Prix (€)
6	30
8	…

6 x **?** = 30 → 30 : 6 = **5**

Il faut multiplier la première colonne par 5.

Puis **complète** le tableau.
8 x **5** = 40

x **5**

Quantité	Prix (€)
6	30
8	**40**

8 sacs coûteront 40 €.

Je m'entraîne

1 Pour chacun des lots suivants, **trouve** le prix de l'unité.

2 Dans 6 paquets de biscuits, il y a 42 biscuits.

a. Calcule le nombre de biscuits par paquet.

b. Calcule le nombre de biscuits dans 4 paquets.

c. Calcule le nombre de paquets qu'il faut pour avoir 35 biscuits.

3 Margot a acheté 3 jeux de cartes pour 24 €.

Recopie et **complète** le tableau pour répondre aux questions suivantes.

a. Combien Margot paiera-t-elle pour 4 jeux de cartes ?

b. Luc a payé 40 €. **Combien** de jeux de cartes a-t-il achetés ?

x ?

Quantité	Prix (€)
3	24
4	…
…	40

'tiliser un tableau dans des situations simples de proportionnalité.

Je comprends

Parfois, tu ne peux pas calculer la valeur de l'unité.

Lou a acheté 3 chocolats et a payé 2 €.
Combien doit-elle payer pour 6 chocolats ?

6 chocolats, c'est le **double** de 3 chocolats.
Donc 6 chocolats coûtent le **double** de 2 €.

2 x 2 = 4 €. 6 chocolats coûtent 4 €.

Nombre de chocolats	Prix (€)
3	2
6	4

x 2

Je m'entraîne

4 ** La voiture de M. Vroum consomme 6 L d'essence tous les 100 km.

a. Quelle distance va-t-il parcourir avec 12 L d'essence ? avec 30 L ? avec 42 L ?

b. M. Vroum a parcouru 300 km.
Quelle quantité d'essence a-t-il consommée ?

5 ** En appuyant 5 secondes sur le bouton « Marche », la voiture télécommandée avance de 2 m. **Combien** de temps faut-il appuyer pour la faire avancer de 16 m ?

6 **

Observe l'affiche puis **réponds** aux questions.

a. Un client achète 18 bourriches d'huîtres.
Combien de boîtes de chocolats recevra-t-il ?

b. Un autre client achète 12 bourriches.
Combien de boîtes de chocolats recevra-t-il ?

7 *** **Observe** bien le prix des poissons dans les 2 magasins.

a. Calcule le prix des 50 poissons chez « L'aquarium ».

b. Est-il possible de trouver une règle qui permettrait de calculer le prix de 50 poissons à « Passion poissons » ? **Pourquoi ?**

Chez « Passion poissons », le prix des poissons n'est pas proportionnel au nombre de poissons achetés.

L'aquarium

10 poissons	24 €
20 poissons	48 €
50 poissons	? €

Passion poissons

10 poissons	25 €
20 poissons	40 €
50 poissons	? €

Si tu as terminé... exercices 11 et 12, p. 159

63 Programmes de construction

▶ **Calcul mental :** Tables de multiplication et de division (de 2 à 9).

▶ **Activité de découverte (Livre du maître) :** Dicter à un élève la manière de dessiner une figure qu'il ne connaît pas.

Je comprends

Idriss explique comment reproduire la figure qu'il a dessinée.

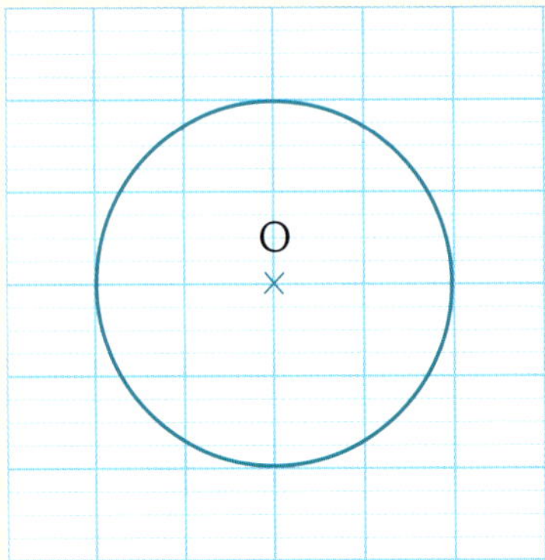

1. Trace sur ton cahier un cercle de centre O qui a pour rayon 2 carreaux.

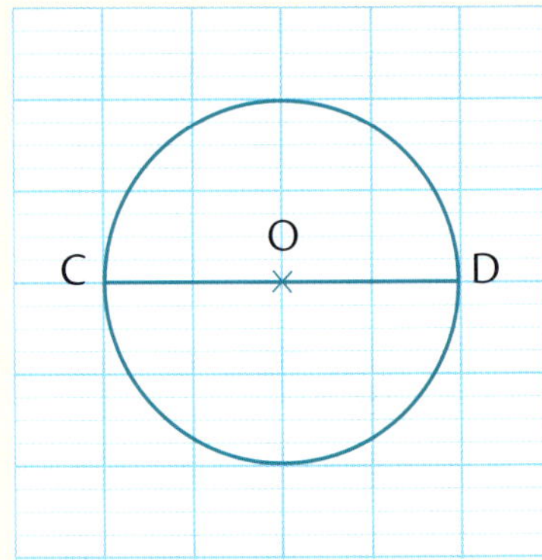

2. Trace le diamètre horizontal [CD].

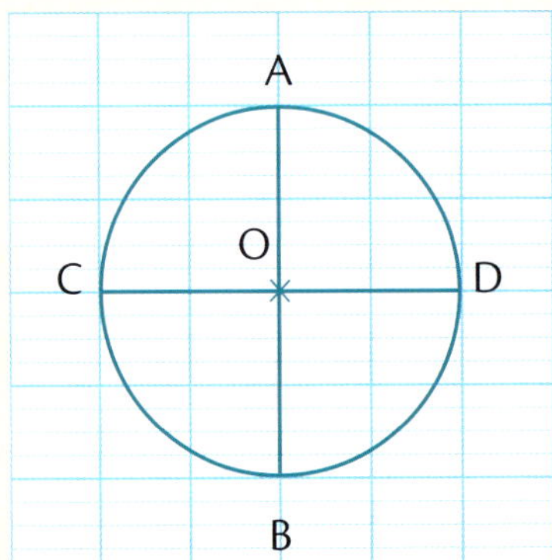

3. Trace le diamètre vertical [AB].

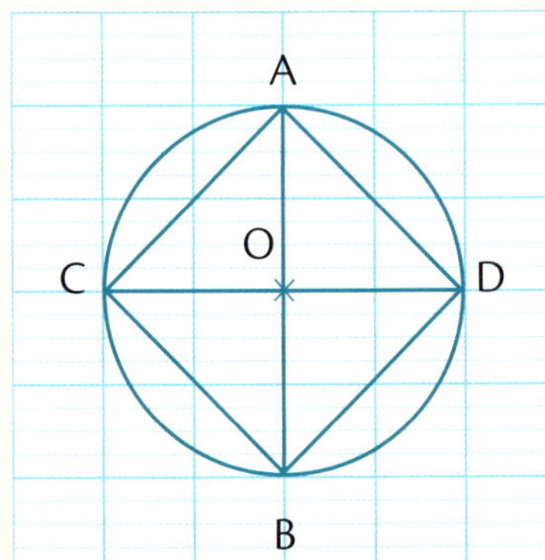

4. Relie les points entre eux.

Je m'entraîne

1 * **Lis** le programme de construction ci-dessous puis indique quelle figure a été construite.

- Trace un carré ABCD de 4 carreaux de côté. [AB] et [CD] sont horizontaux.
- Relie C et D au milieu du côté [AB].

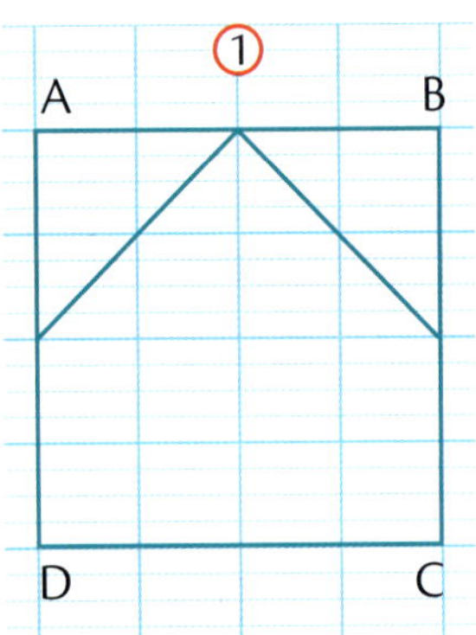

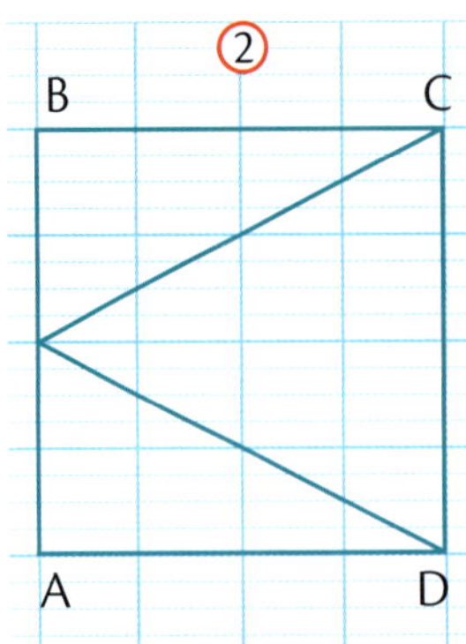

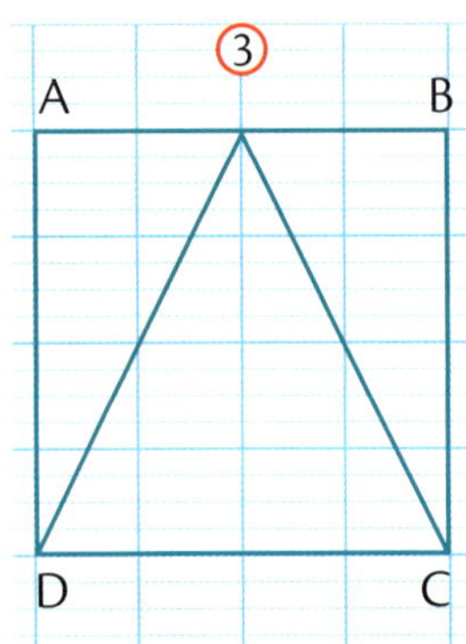

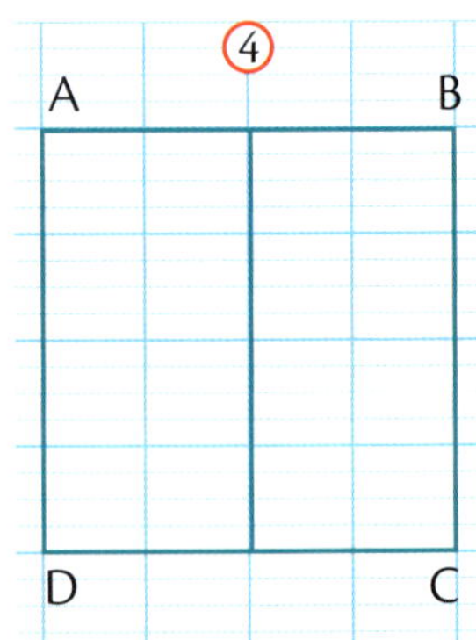

....

▶ **Objectifs :** Tracer une figure en appliquant un programme de construction. Établir un programme de construction à partir d'une figure donnée.

2 * **Trace** la figure en suivant les étapes du programme de construction.
Tu peux commencer par tracer à main levée sur ton cahier de brouillon.

a. Trace 2 segments [AB] et [DC] parallèles et verticaux de 6 carreaux de longueur. Ils doivent être distants de 8 carreaux.

b. Place le point E, milieu de [AB] et le point F, milieu de [DC].

c. Trace le segment [EF].

d. Place le point O, milieu de [EF].

e. Relie les points A, B, C et D au point O.

3 *

a. Trace un segment [AB] horizontal de longueur 4 carreaux.

b. Trace un point C qui se trouve 3 carreaux au-dessus du milieu de [AB].

c. Trace un point D qui se trouve 1 carreau en dessous du milieu de [AB].

d. Relie C et D aux points A et B.

4 ** Maël a commencé à rédiger un programme pour reproduire la figure ci-contre.

Trace un carré ABCD de ... carreaux de côté.
Place le point M, milieu du côté [AB].
Place le point N, milieu du côté ... .
Relie le point ... à ... .

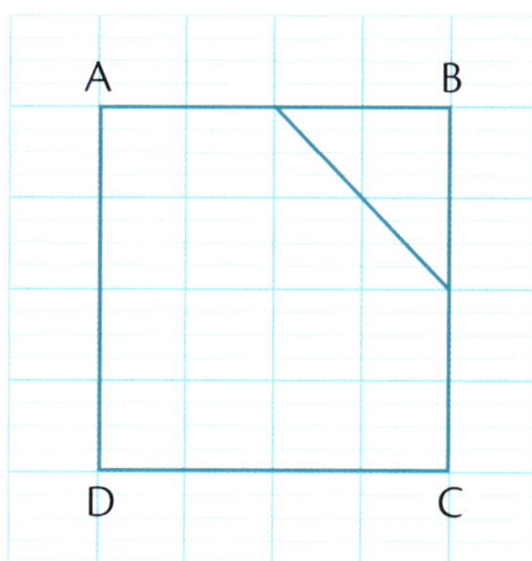

a. Reproduis la figure sur ton cahier, puis **complète**-la avec le nom des points.

b. Écris sur ton cahier les mots manquants du programme de Maël.

5 *** **Écris** le programme de construction de la figure ci-contre.

Je sais déjà

6 **Range** les nombres, du plus petit au plus grand.

0,09 9 1,99 2,09 0,19

Si tu as terminé... exercice 13, p. 159

64 Multiplication posée d'un nombre décimal

▶ Calcul mental : Additionner 2 décimaux (centième) plus petits que 1 dont la somme dépasse 1.
▶ Activité de découverte (Livre du maître) : Calculer le prix de plusieurs articles identiques dont le prix unitaire est un nombre décimal.

Je comprends

Yasmine a vendu 21 sandwichs 2,25 € chacun. **Combien** a-t-elle gagné en tout ?

2,25 x 21 = ?

Pour effectuer la multiplication, calcule d'abord en ignorant la virgule.

		2	2	5
x			2	1
		2	2	5
	4	5	0	0
	4	7	2	5

Puis, place la virgule dans le résultat. Il doit y avoir le même nombre de chiffres après la virgule que dans le nombre décimal que tu as multiplié.

		2,	2	5
x			2	1
		2	2	5
	4	5	0	0
	4	7,	2	5

2 chiffres **après la virgule**

2,25 x 21 = 47,25 Yasmine a gagné 47,25 €.

Je m'entraîne

1 * **Recopie** et **complète** les multiplications suivantes.

a.

	7,	3	8
x			5

b.

	6,	5
x	2	0

c.

	4	3,	2	1
x			1	7

d.

	5,	2	5
x			8

2 * **Pose** et **effectue** les multiplications.

0,59 x 7 17,13 x 9

0,31 x 12 142,25 x 18

3 * Maël achète 12 œufs. Chaque œuf coûte 0,37 €. **Calcule** combien il a payé.

4 * Cette année, le champion du monde a participé à 7 marathons. **Quelle** distance a-t-il parcourue en tout ?

5 ** Pour repeindre leur maison, Sylvain et Flore ont acheté 2 rouleaux et 12 pots de peinture. **Combien** ont-ils payé en tout ?

 ▶ Objectifs : Poser et effectuer la multiplication d'un nombre décimal par un entier.

Si tu as terminé... exercices 14 et 15, p. 159

65 Multiplier un nombre décimal par 10, 100, 1 000

▶ Calcul mental : Soustraire un nombre décimal (dixième) d'un entier (7 – 4,2 = ?).
▶ Activité de découverte (Livre du maître) : Déterminer le prix de 10, 100 ou 1 000 articles identiques.

Je comprends

Prix de 10 bouteilles : 3,45 x 10 = 34,5 €
Prix de 100 bouteilles : 3,45 x 100 = 345 €
Prix de 1 000 bouteilles : 3,45 x 1 000 = 3 450 €

Quand tu multiplies un nombre décimal par 10, 100, 1 000, tu déplaces la virgule d'autant de chiffres vers la droite qu'il y a de 0.

Quand le nombre n'a pas assez de chiffres, tu peux écrire le ou les 0 nécessaires.

x 10

Partie entière				Partie décimale	
			3 ,	4	5
		3	4 ,	5	

x 100

Partie entière				Partie décimale	
			3 ,	4	5
	3	4	5		

x 1 000

Partie entière				Partie décimale	
			3 ,	4	5
3	4	5	0		

Je m'entraîne

1* Pour chaque opération, **recopie** sur ton cahier la bonne réponse.

a. 2,73 x 1 000
- 2 000,73
- 2 730
- 2,73000

b. 4,05 x 100
- 405
- 400,05
- 400,0500

c. 10,4 x 1 000
- 10,4000
- 10 000,4
- 10 400

d. 30,01 x 1 000
- 300,1
- 30 010
- 30 000,01

2* **Calcule** sans poser la multiplication.

6,95 x 10 — 6,95 x 100 — 6,95 x 1 000 — 7,05 x 10 — 7,05 x 100
10,01 x 1 000 — 0,5 x 10 — 0,5 x 1 000 — 0,95 x 1 000

3* Ludo l'escargot a 500 m à parcourir avant de finir son long voyage. Chaque jour, il parcourt 3,90 m.

a. Calcule la distance qu'il aura parcourue au bout de 100 jours.

b. Quelle distance lui reste-t-il à parcourir avant de finir son voyage ?

4* Pour le concours de billes, la directrice de l'école a acheté 10 calots à 1,24 € et 1 000 billes à 0,03 €.

a. Combien a-t-elle payé en tout ?

b. Elle paye avec un billet de 100 €. **Combien** va-t-on lui rendre ?

▶ Objectif : Multiplier, sans poser l'opération, un nombre décimal par 10, 100, 1 000.

Si tu as terminé... exercice 16, p. 159

66 Division avec quotient décimal

▶ **Calcul mental :** Soustraire un nombre décimal (centième) d'un entier (7 – 2,57 = ?).

▶ **Activité de découverte (Livre du maitre) :** Déterminer le prix à payer par plusieurs amis qui se cotisent pour acheter un cadeau.

Je comprends

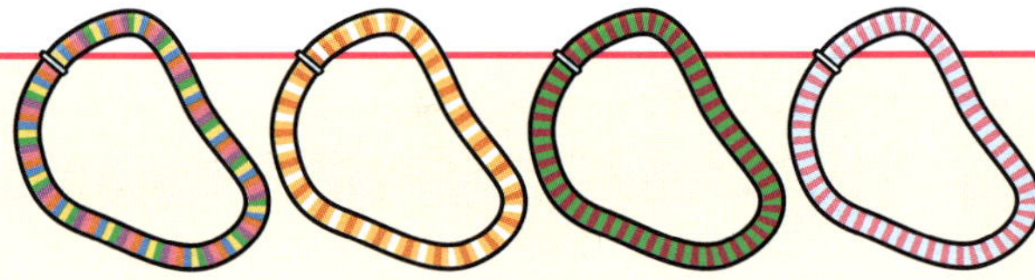

Essi a acheté 4 colliers. Elle a payé 29 € en tout.

Combien coûte chaque collier ?

Pour le savoir, tu dois calculer la division 29 : 4.

2 9	4
– 2 8	7
1	

• Dans 29, il y a 7 fois 4. Il reste 1. Mais tu ne peux pas dire que chaque collier coûte 7 €, car Essi doit payer toute la somme. En fait, chaque collier coûte un peu plus de 7 €.

2 9	4
– 2 8	7 , 2
1 0	
– 8	
2	

• 1 unité, c'est 10 dixièmes. Écris une **virgule** après le 7. Dans 10, il y a 2 fois 4. Il reste 2 dixièmes.

2 9	4
– 2 8	7 , 2 5
1 0	
– 8	
2 0	
– 2 0	
0	

• 2 dixièmes, c'est 20 centièmes. Dans 20, il y a 5 fois 4 et il reste 0.

29 : 4 = 7,25 Donc chaque collier coûte 7,25 €.

Il arrive que le reste ne soit pas nul même après avoir divisé les centièmes. Tu peux alors t'arrêter et donner une valeur approchée
8 : 3 ≈ 2,66.

8	3
– 6	2 , 6 6
2 0	
– 1 8	
2 0	
– 1 8	
2	

Je m'entraîne

1 * **Recopie** et **complète** les divisions suivantes

a.

3	4			5	

b.

1	3	4		5	

c.

4	6			8	

2 * **Pose** puis **calcule** les divisions suivantes.

63 : 6 75 : 4 342 : 5 132 : 8

3 * Lou a acheté 5 gâteaux et a payé 39 €. **Calcule** combien chaque gâteau a coûté.

 ▶ **Objectif :** Effectuer la division posée de 2 entiers avec quotient décimal.

4 * Lors d'un vide-grenier, 4 amis ont récolté 50 €.
Ils veulent se répartir cet argent équitablement.
Combien recevra chacun ?

5 * **Combien** coûte chaque citron ?

6 * **Recopie** et **complète** les divisions suivantes. **Arrête**-toi après le calcul des centièmes.

a.

6	4			7	

b.

4	2	8			9	

c.

4			3	

7 * **Pose** et **calcule** les divisions suivantes.

83 : 9 402 : 6 257 : 7

8 ** La mère de Steve a acheté un ordinateur à 699 €.
Elle paye en 8 fois, une fois chaque mois.
Calcule combien elle va devoir payer chaque mois.

9 *** 7 personnes dînent ensemble au restaurant.
En tout, le repas a coûté 200 €.
Chaque convive doit payer la même somme.

a. Calcule combien va payer chacun.

b. Vérifie ta réponse en multipliant ton résultat par 7.

c. Quelle différence trouves-tu entre le produit que tu as calculé et le montant de l'addition ?

Je sais déjà

10 **Écris** les coordonnées des points, comme dans l'exemple.

D (6 ; 1)

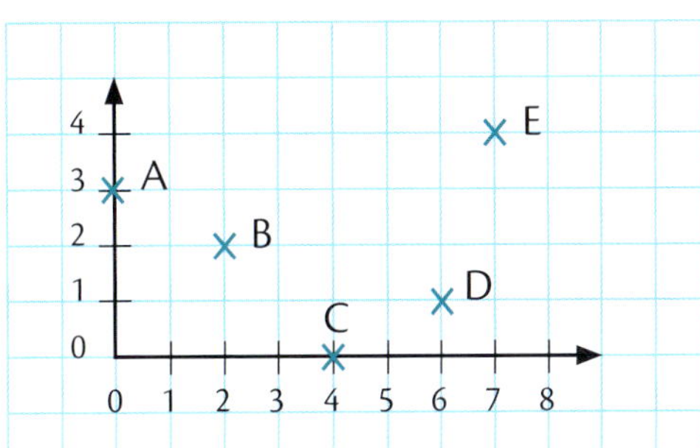

Si tu as terminé... exercices 17 et 18, p. 159

PROBLÈMES 10

▶ Calcul mental : Multiplier 0,d par un entier (0,5 x 7 = ?)
▶ Activité de découverte (Livre du maître) : Résoudre des problèmes faisant intervenir toutes les opérations.

Je comprends

Tout au long de l'année, tu as appris comment résoudre un problème.
Ainsi, tu as vu comment...

- trouver la question et les données nécessaires pour y répondre.
- faire un schéma pour t'aider à rendre la situation plus concrète.
- identifier les étapes et calculer pour chacune d'entre elles.
- convertir les données dans la même unité avant de faire une opération.

Tu auras besoin de toutes ces connaissances pour résoudre les problèmes suivants.

1 * M. Rameau a un bidon de 4 L d'huile d'olive.
Il verse l'huile dans des bouteilles de 75 cL.

a. Combien de bouteilles pourra-t-il remplir en entier ?

b. Combien de cL d'huile restera-t-il pour la dernière bouteille ?

2 *

Le terrain de M. Hamid a la forme d'un triangle équilatéral de 100 m de côté.
Il a un rouleau de 1 km de grillage.
Pour protéger son terrain des animaux, il entoure son terrain avec 3 tours de grillage.

Combien lui restera-t-il de grillage dans son rouleau ?

3 * Pour repeindre l'école, la directrice doit acheter 120 litres de peinture.
Voici les prix proposés par 3 commerçants.

a. Calcule le prix d'un litre chez chaque commerçant. **Quel** commerçant propose le meilleur prix ?

b. Calcule combien la directrice de l'école devra payer les 120 litres chez ce commerçant.

▶ Objectif : Résoudre des problèmes faisant intervenir les diverses compétences acquises durant l'année.

4 ** La **livre** est une unité de masse utilisée dans certains pays, comme le Royaume-Uni. Une livre égale 454 grammes.

La grand-mère d'Essi a acheté 20 pots de 500 g et 20 pots de 2 livres.

a. Combien a-t-elle payé pour tous ces pots ?

b. Quelle masse de confiture a-t-elle en tout ? **Écris** ta réponse en kg et g.

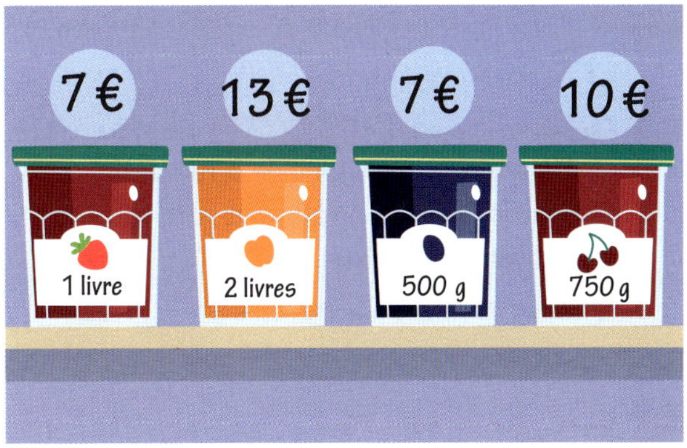

5 **

Pendant les vacances, 4 enfants ont participé à la récolte d'abricots.
Ils ont reçu 10 € par quintal cueilli.
Ils ont cueilli en tout 3 500 kg d'abricots.

Combien a reçu chaque enfant ?

6 ** Sandy, Axel, Yasmine et Luc ont réalisé une collecte pour une association.
Calcule combien d'argent ils ont récolté en tout.

7 ** Le sorcier Globulus a préparé une potion magique qu'il a mise dans une marmite de 200 L. Il est parti en vacances sans s'apercevoir que sa marmite fuyait : chaque heure, elle perd 20 cL. Globulus revient au bout d'une semaine.

Combien de potion reste-t-il dans la marmite ?

8 ** Steve monte une pyramide avec des briques. Chaque brique pèse 1,52 kg.

a. Combien pèse la pyramide ?

b. Combien va-t-elle peser s'il rajoute une rangée de 5 briques ?

Si tu as terminé... exercice 19, p. 159

1 **Observe** le plan du **Je comprends** de la page 128. Sandy se promène le long de la rue des Acacias. Elle part du bureau de poste et se rend au numéro 28 de la rue.

Quelles rues va-t-elle traverser ?

2 **Place** les nombres et les fractions suivants sur l'axe des nombres.

$\frac{2}{10}$ 0,8 0,1 $\frac{5}{10}$

3 **Recopie** puis **complète** les égalités par le nombre décimal qui convient, comme dans l'exemple.

$\frac{29}{100}$ = 0,29 $\frac{50}{100}$ = … $\frac{34}{100}$ = … $\frac{72}{100}$ = … $\frac{7}{10}$ = …

4 **Recopie** et **complète** avec les 2 nombres entiers les plus proches.

a. … < 2,4 < …
b. … < 9,1 < …
c. … < 7,45 < …
d. … < 0,78 < …

5 **Recopie** et **complète** avec un nombre décimal qui convient.

a. 4 < … < 5
b. 0,2 < … < 0,6
c. 0,30 < … < 0,40
d. 2,8 < … < 2,9

6 a. **Écris** en m. Utilise les nombres décimaux.

456 cm 109 cm

b. **Écris** en L. Utilise les nombres décimaux.

2 300 cL 1 001 cL

7 **Décompose** cette figure en **3** triangles.

8 **Pose** et **calcule**.

5,8 + 12 + 9,03

9 **Écris** sous la forme d'un nombre décimal.

a. $\frac{523}{100}$

b. $3 + \frac{8}{10} + \frac{1}{100}$

c. seize virgule trente deux

10 **Trouve** les 2 figures qui ont le même périmètre et les 2 figures qui ont la même aire.

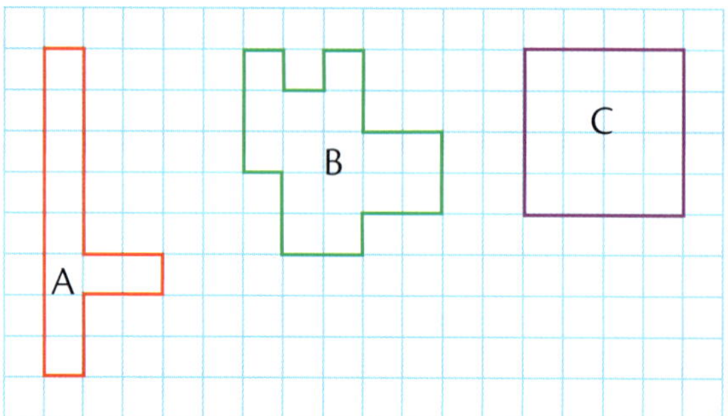

11 Axel a acheté 5 mangas pour 35 €.
Lou achète 4 mangas dans le même magasin.
Chaque manga coûte le même prix.
Combien va-t-elle payer ?

12 Quelle figure correspond au programme de construction suivant ?

- **Trace** un carré de 2 carreaux de côté.
- **Trace** un rectangle vertical de 2 carreaux de longueur et de 1 carreau de largeur.
Il doit être en bas à gauche du carré et collé au carré par sa largeur.
- **Trace** un rectangle horizontal de 2 carreaux de longueur et de 1 carreau de largeur.
Il doit être en haut à droite du carré et collé au carré par sa largeur.

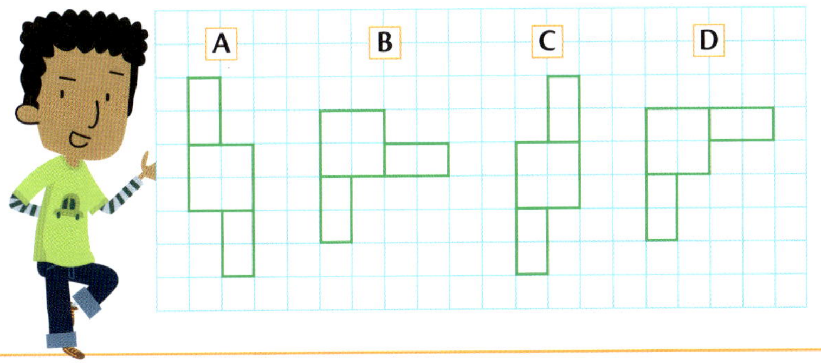

13 **Calcule** sans poser l'opération.

a. 0,58 x 100 b. 1,60 x 10 c. 23,5 x 1 000

14 **Pose** et **calcule** la multiplication suivante.

67,45 x 7

15 **Pose** et **calcule** la division suivante.

65 : 4

16 La cour de l'école est entourée par une clôture composée de 3 rangées de planches de bois.
Chaque planche mesure 3 m de long.
La cour est un rectangle de 30 m de long sur 12 m de large.
Combien de planches composent la clôture ?

17 **Écris** le nombre décimal indiqué par chaque lettre sur le segment.

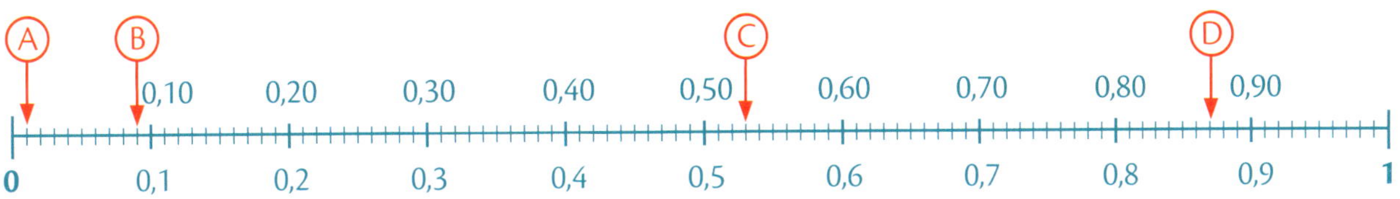

LEÇON 53 pp. 128-129

1 **Observe** le plan du **Je comprends** de la page 128.
Axel habite 10 rue de Chine. Il doit se rendre à la boulangerie. **Décris** le chemin le plus rapide.

LEÇON 54 p. 130

2 **Place** ces nombres sur l'axe des nombres.

$\frac{4}{10}$ 0,7 $\frac{9}{10}$ 0,1 0,5 $\frac{8}{10}$

LEÇON 55 p. 131

3 **a. Trace** un quadrillage de 10 cases fois 10 cases puis **colorie**…

- en vert : 0,18, comme dans l'exemple.
- en bleu : 0,27
- en rouge : 0,49

b. Colorie le reste en jaune puis **écris** la fraction et le nombre décimal qui correspondent à ce que tu as colorié en jaune.

LEÇON 56 pp. 132-133

4 **Utilise** ces nombres décimaux pour **compléter** les inégalités.

8 2,4 0,95 0,92

a. 1,4 < …
b. … > 0,92
c. … < 1,4
d. 9,10 > …

LEÇON 57 pp. 134-135

5 **Encadre** entre les mesures entières les plus proches, comme dans l'exemple.

3 m < 365 cm < 4 m

a. … m < 890 cm < … m
b. … L < 540 mL < … L
c. … dm < 901 mm < … dm
d. … kg < 3 600 g < … kg
e. … m < 0,55 dam < … m

LEÇON 58 pp. 136-137

6 **Utilise** les pièces du tangram que tu as construit en page 137 pour obtenir cette forme.

LEÇON 59 pp. 138-139

7 Lou entre dans un magasin avec 75,80 €.
Elle en sort avec 18,45 €.
Combien a-t-elle dépensé ?

LEÇON 60 pp. 142-143

8 **a. Trouve** l'aire et le périmètre de la figure A.
b. Reproduis et **complète** la figure B pour qu'elle ait la **même aire** et le **même périmètre** que A.

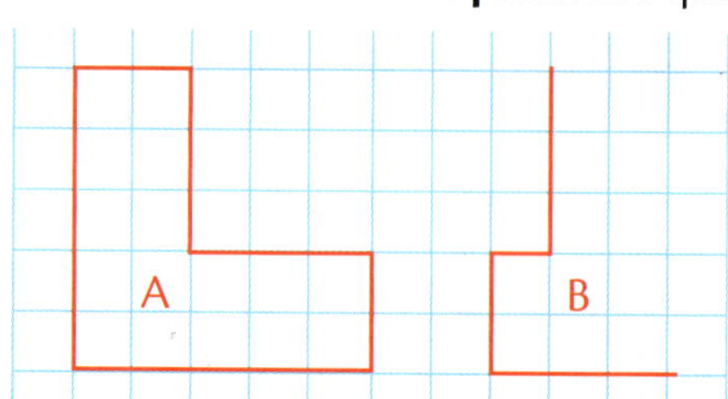

LEÇON 61 pp. 144-145

9 **Recopie** et **complète**, comme dans l'exemple.

$4{,}19 = \frac{400}{100} + \frac{1}{10} + \frac{9}{100}$

$10{,}29 = \ldots$

$\ldots = \frac{1\,200}{100} + \frac{2}{10} + \frac{4}{100}$

$.\,,5 < \frac{\ldots}{\ldots} + \frac{6}{10} + \frac{3}{100}$

$4,\ldots > \frac{400}{100} + \frac{\ldots}{10} + \frac{8}{100}$

10 **Recopie** et **complète** les suites suivantes.

a. 3,47 ; 4,47 ; 5,47 ; ... ; ... ; ...

b. 4,52 ; 4,62 ; 4,72 ; ... ; ... ; ...

c. 8,36 ; 8,37 ; 8,38 ; ... ; ... ; ...

LEÇON 62 pp. 146-147

11 Idriss a gagné 18 € en vendant 9 canettes de soda.

a. **Combien** gagnera-t-il en vendant 15 canettes en tout ?

b. **Combien** de canettes doit-il vendre pour gagner 50 € en tout ?

12 Lou doit faire 4 pas pour avancer de 1 m 50.

a. De **combien** avancera-t-elle en faisant 40 pas ?

b. **Combien** de pas lui faudra-t-il pour avancer de 150 m ?

LEÇON 63 pp. 148-149

13 **a.** **Écris** le programme de construction de la figure ci-dessous.

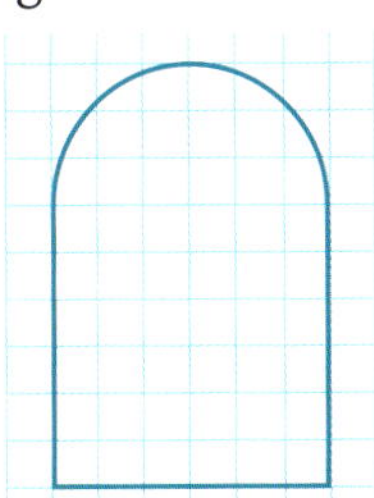

b. **Donne** ton programme à un camarade et **demande**-lui de tracer la figure.

LEÇON 64 p. 150

14 La maîtresse a acheté 23 compas pour les élèves de sa classe.

Combien a-t-elle payé en tout?

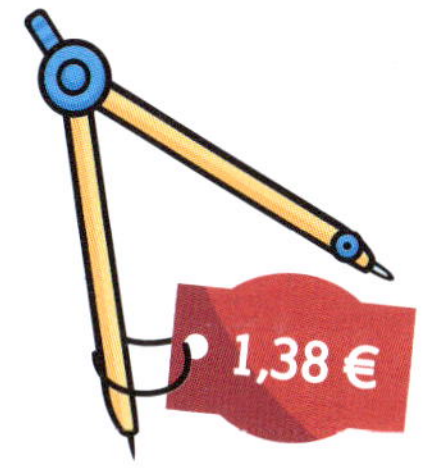

15 On a demandé à 4 élèves d'une classe de calculer 21 x 18,45.

Un seul des résultats suivants est bon. **Trouve**-le sans calculer.

428,76 | 387,45 | 38,745 | 3 874,5

LEÇON 65 p. 151

16 Pour son restaurant, M. Lorient achète 1 000 sachets d'épices.

Chaque sachet pèse 0,12 g et coûte 3,95 €.

Calcule le poids total d'épices et le prix total qu'il doit payer.

LEÇON 66 pp. 152-153

17 8 boules de pétanques pèsent 5,68 kg.

Combien pèse chaque boule ?

18 Avec 80 litres de lait, on a rempli entièrement 6 bidons.

Quelle est la capacité d'un bidon ?

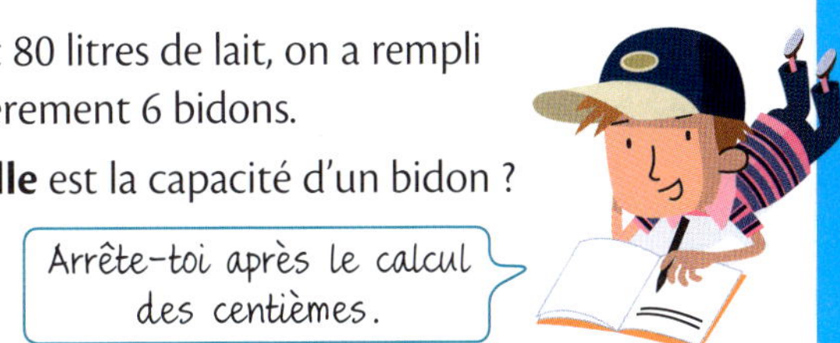

PROBLÈMES 10 pp. 154-155

19 Axel a entouré son paquet cadeau avec un ruban, comme sur le dessin.

Quelle longueur de ruban lui faudra-t-il ?

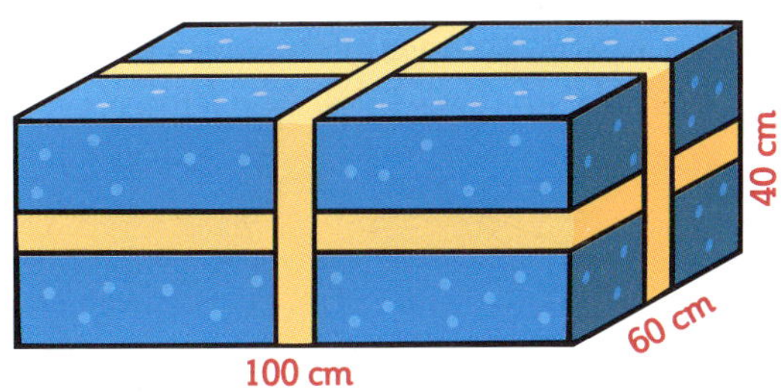

Corrigés des exercices supplémentaires

PÉRIODE 1 pp. 34-35

LEÇON 1

1 **a.** trois mille neuf cents = 3 900
b. trois mille neuf = 3 009

2 1 083 : **mille quatre-vingt-trois**
5 420 : **cinq mille quatre cent vingt**

3 3 274 = 3 000 + 200 + **70** + **4**
6 908 = 6 000 + 900 + 8

LEÇON 3

4 Dent du Géant (4 013 m);
Cime du Diable (3 685 m);
Grand Roc (3 316 m);
Grand Galibier (3 228 m);
Grand Mont (2 686 m);
Grand Serre (2 141 m);
Haute-Pointe (1 958 m).

5 L'arrondi de 3 241 à la dizaine la plus proche est **3 240**.
L'arrondi de 8 509 à la dizaine la plus proche est **8 510**.
L'arrondi de 2 763 à la dizaine la plus proche est **2 760**.
L'arrondi de 1 988 à la dizaine la plus proche est **1 990**.

6 Luc a **tort** : l'arrondi d'un nombre au millier le plus proche n'est pas toujours plus petit que ce nombre. Par exemple, l'arrondi de 4 509 au millier le plus proche est 5 000, et 5 000 > 4 509.

LEÇON 4

7 **a.** Il y a de nombreuses réponses possibles.
Par exemple : un carré et un hexagone.

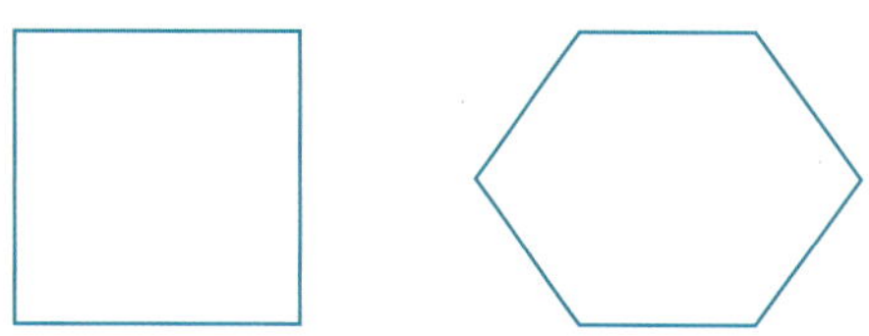

b. Il y a aussi de nombreuses réponses possibles.
Par exemple : une ligne brisée non fermée, un cercle.

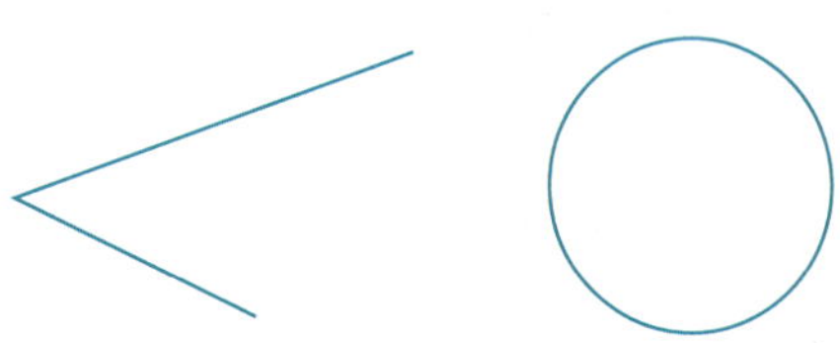

8 Figure 1 : un **triangle**
Figure 2 : un **pentagone**
Figure 3 : un **quadrilatère**
Figure 4 : un **hexagone**
Figure 5 : un **carré**

LEÇON 5

9 C'est **Luc** qui est arrivé le plus loin.

10 Les carrés CHAT et VITE ne sont pas identiques. Un côté du carré VITE est plus long qu'un côté du carré CHAT.

LEÇON 6

11 2 225 + 3 775 = **6 000**
1 234 + 567 + 89 = **1 890**

12 345 + **198** = 543
2 009 + **6 993** = 9 002

LEÇON 7

13 C'est **Axel** qui a correctement effectué la soustraction.

PROBLÈMES 1

14 4 769 − 231 = 4 538
Lou a marqué **4 538** points.

LEÇON 8

15 65 031 = 60 000 + 5 000 + **30** + **1**
270 900 = **200 000** + **70 000** + **900**
18 005 = 10 000 + 8 000 + 5
400 368 = 400 000 + 300 + 60 + 8

LEÇON 10

16 Je vérifie avec mon équerre.
Figures A et C : les deux droites sont perpendiculaires.
Figure B : les deux droites ne sont pas perpendiculaires.

17 Le **carré** et le **rectangle** ont quatre angles droits.

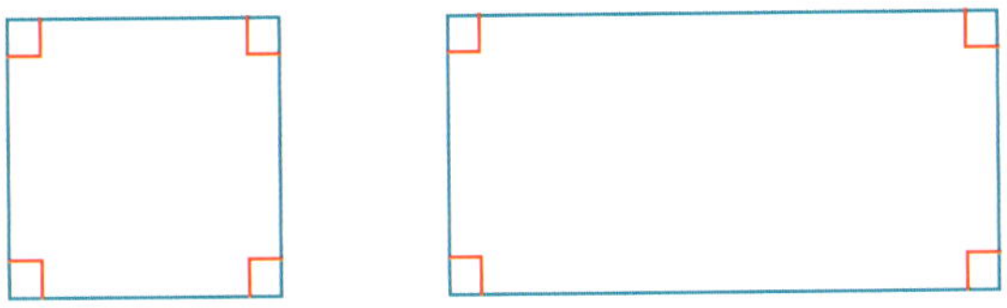

LEÇON 11

18 J'écris toutes les longueurs en **cm** (la plus petite unité).

20 dm 1 cm = 201 cm
19 dm = 190 cm
2 m = 200 cm

Puis je les range par ordre croissant :
190 cm ; 199 cm ; 200 cm ; 201 cm ; 210 cm

J'obtiens le mot : **NACRE**

LEÇON 12

19

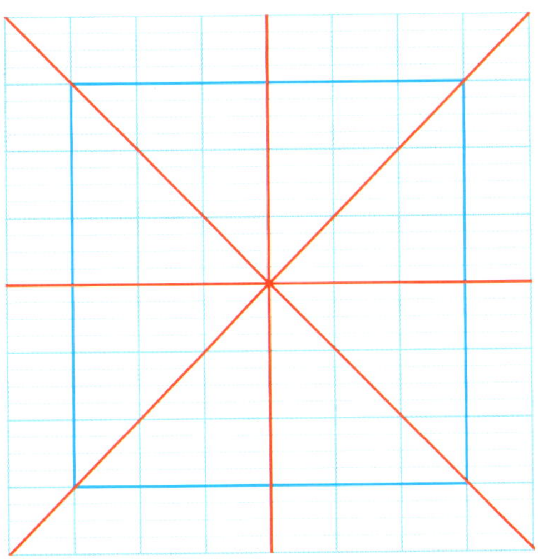

20 **a.** Oui.
b. Oui, car E est le milieu de [AB].
c. Non.
d. Non, car H n'est pas le milieu de [AD].

LEÇON 13

21 Il est 11 h 55 min.

PÉRIODE 2 pp. 64-65

LEÇON 15

1 90 dam + **10 dam** = 1 km
90 m + **910 m** = 1 km
1 m + **9 m** = 1 dam
1 m + **99 m** = 1 hm

2 10 × 120 cm = 1 200 cm = 1 dam 2 m.
Luc aura besoin de **1 dam 2 m** de tissu.

3 23 hm = 2 **km** 3 **hm**
2 km 34 dam = **234** dam
420 m = 42 **dam**
2 km 6 hm = 26 **hm**

LEÇON 16

4

(a) ⊥ (b)	Faux
(d) // (e)	Vrai
(a) ⊥ (d)	Vrai
(d) // (c)	Faux

LEÇON 17

5 **a.** 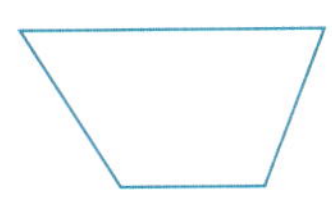 et 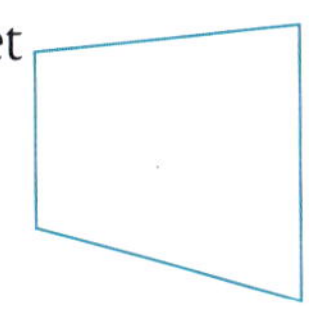 par exemple.

b. 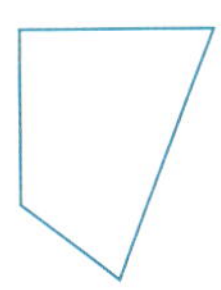 et 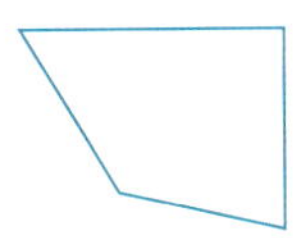 par exemple.

6 Le quatrième angle est aussi un angle droit : le quadrilatère est un rectangle ou un carré.

LEÇON 18

7 6 6 + 7 = 73

7 7 + 6 = 83

6 6 6 + 7 = 673

Corrigés des exercices supplémentaires

LEÇON 19

8 $4 \times 8 < 5 \times 7$

$3 \times 10 = 40 - 10$

$7 \times 8 > 6 \times 9$

$6 \times 7 = 100 - 58$

PROBLÈMES 3

9 **a.** Il y a $15 + 12 + 23 = 50$ passagers qui sont montés et 7 qui sont descendus.

Il y a donc $50 - 7 =$ **43 passagers** dans le bus après l'arrêt « Parc aux Oiseaux ».

b. Après l'arrêt « Hôtel de ville »,
il y avait $43 + 3 - 15 = 31$ passagers.

Après l'arrêt « Place des Orangers »,
il y avait $31 + 7 = 38$ passagers.
Il en reste 23, donc $38 - 23 =$ **15 passagers sont descendus**.

LEÇON 20

10 **a.**

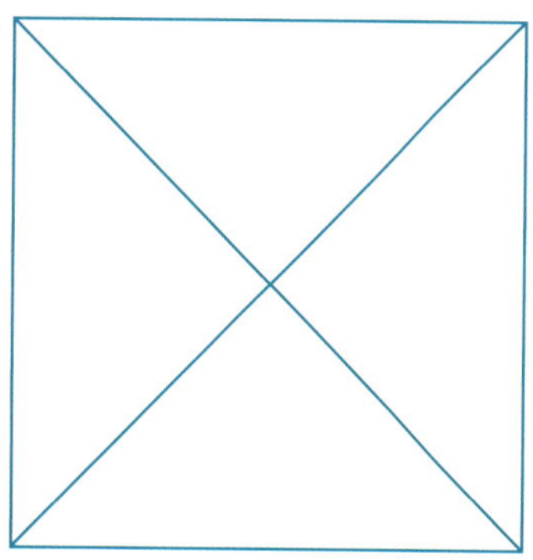

b. Tous les triangles sont des triangles **rectangles isocèles**.

LEÇON 21

11 **a.** Il doit faire **500** paquets.
b. Il doit faire **1 000** paquets.
c. Il doit faire **250** paquets.
d. Il doit faire **100** paquets.

12 $20 \times 400 = 2 \times$ **4 000**

$600 \times 400 = 30 \times$ **8 000**

$100 \times 200 = 40 \times$ **500**

$2\,000 \times 20 = 500 \times$ **80**

LEÇON 22

13 $39 \times 8 =$ **312**

$119 \times 8 =$ **952**

$309 \times 8 =$ **2 472**

Tous les résultats ont le même chiffre des unités, **2**.
La raison est que $8 \times 9 = 72$.

14 Comme $9 \times 7 = 63$, le produit 347×9 doit avoir 3 comme chiffre des unités.
Donc $347 \times 9 =$ **3 123**.

LEÇON 23

15 **a.** La parcelle jaune est un carré de côté 2 m.
Son périmètre est égal à 4×2, soit **8 m**.

b. La parcelle verte est un rectangle de longueur 5 m et de largeur 2 m.
Son périmètre est égal à $2 \times (5 + 2) = 2 \times 7$, soit **14 m**.

c. Le jardin de Mme Tomate est un rectangle de longueur $5 + 2 = 7$ m et de largeur 2 m.
Son périmètre est égal à $2 \times (7 + 2) = 2 \times 9 =$ **18 m**.

LEÇON 25

16 Je suis **345 354 435**.

LEÇON 26

17

	Margot	Idriss	Ensemble
Romans	12	13	25
Magazines	5	7	12
BD	7	18	25

PROBLÈMES 4

18

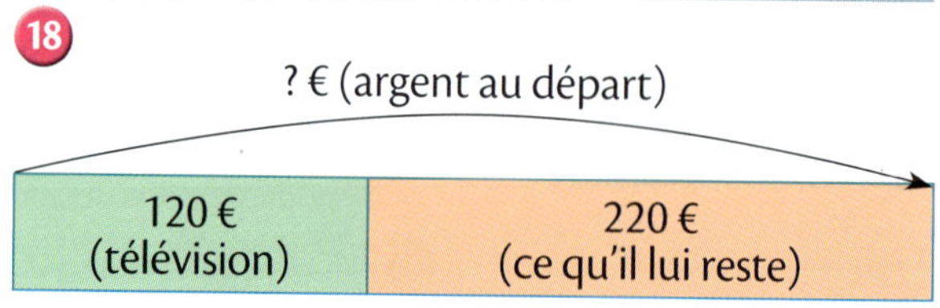

$220 + 120 = 340$
Mme Hifi avait 340 € d'économies au départ.

PÉRIODE 3 pp. 94-95

LEÇON 27

1

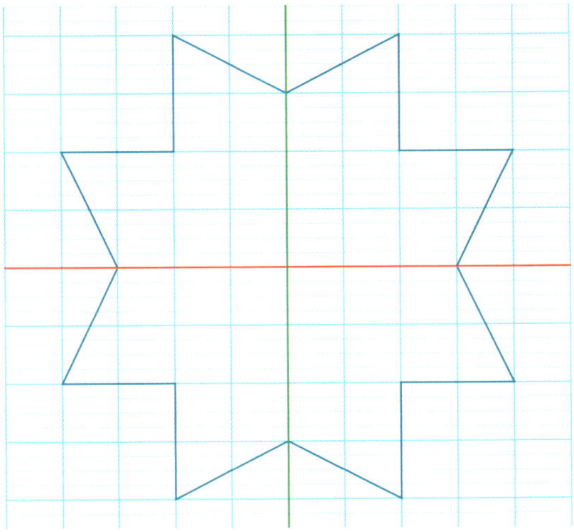

LEÇON 28

2 32 x 19 = 608. Elle a utilisé **608 m** de fil.

3 12 x 26 = 312. Elle va gagner **312 €**.

LEÇON 29

4 19 min 30 s + 50 s = 20 min 20 s.
Axel a mis **20 min 20 s** pour finir son dessin.

LEÇON 30

5 $\hat{A} = \hat{I}$

$\hat{L} = \hat{E}$

$\hat{H} = \hat{C}$

LEÇON 31

6 28 : 3 → q = 9 r = 1
a. Elle va mettre **9** pièces dans chaque tirelire.
b. Il lui restera **1** pièce.

7 16 : 2 = 8
Il lui faudra **8** pièces.

PROBLÈMES 5

8 C'est **Luc** qui a fait le bon calcul.

LEÇON 32

9 **a.**

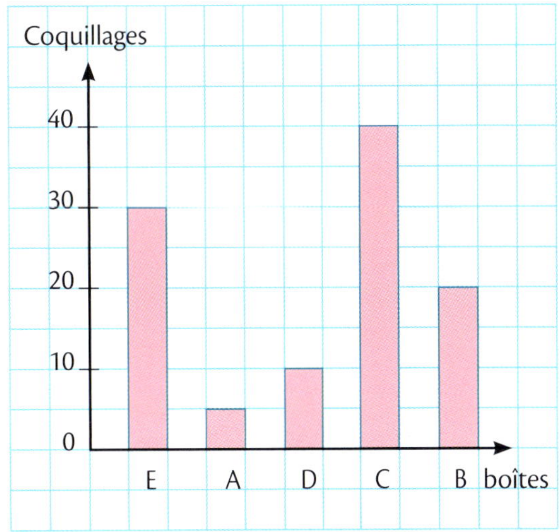

b.

Boîte	A	B	C	D	E
Nombre de coquillages	5	20	40	10	30

LEÇON 33

10 Je suis plus grand que 30.
Je suis plus petit que 40.

LEÇON 34

11 Solution possible :

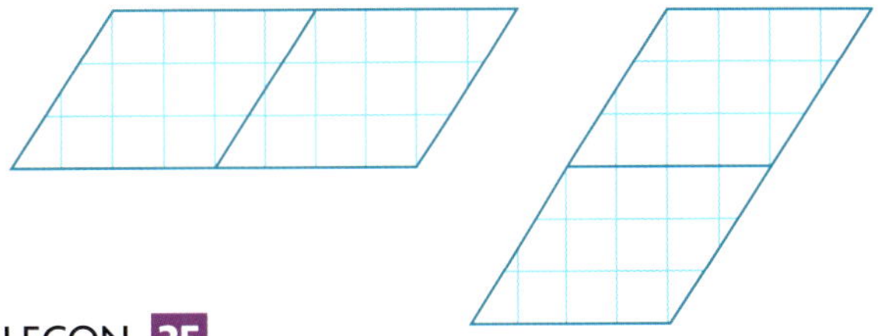

LEÇON 35

12

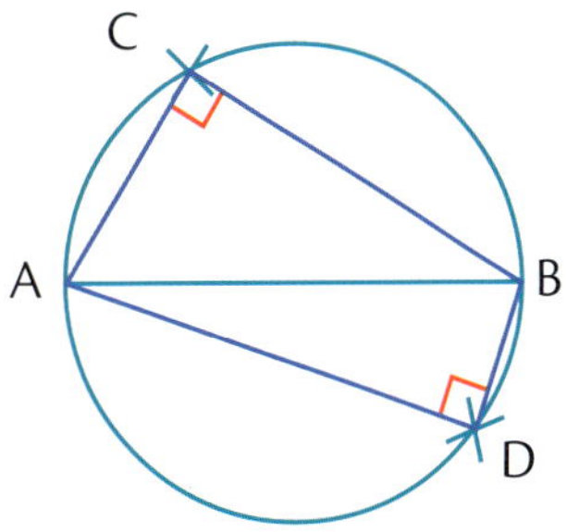

Les 2 triangles sont des **triangles rectangles**.

LEÇON 36

13 165 : 5 = 33.
Il y aura **33 équipes** au concours.

LEÇON 37

14 **a.** 200 x 20 = 400.
Les sacs de ciment pèsent **4 000 kg**.
b. 5 tonnes = 5 000 kg.
5 000 – 4 000 = 1 000 kg. Il peut donc encore mettre 1 000 kg dans son camion.
1 000 : 10 = 100.
Il peut donc mettre **100 sacs de sable**.

PROBLÈMES 6

15 Voici une méthode.
« Je calcule combien a le frère de Julie puis j'additionne les 2 sommes d'argent.
Le frère de Julie a 120 000 + 30 000 = 150 000 €.
150 000 € + 120 000 € = 270 000 €.
Ils ont donc la somme suffisante pour acheter l'appartement. »

PÉRIODE 4 pp. 126-127

LEÇON 38

1 A et C $\left(\frac{2}{4}\right)$

D et E $\left(\frac{4}{6}\right)$

B et F $\left(\frac{5}{8}\right)$

LEÇON 40

2 $\frac{9}{100}$; $\frac{12}{100}$, $\frac{64}{100}$; $\frac{71}{100}$

LEÇON 41

3 A et B : Leurs faces ne sont pas toutes des polygones.
C : Ses bases ne sont pas reliées par des parallélogrammes ou des rectangles.

LEÇON 42

4
- de gauche : on verrait **3** points (car 3 + 4 = 7).
- de derrière : on verrait **6** points (car 6 + 1 = 7).
- d'en dessous : on verrait **2** points (car 5 + 2 = 7).

LEÇON 43

5 $\frac{5}{10} = \frac{\mathbf{50}}{\mathbf{100}}$ $\quad \frac{\mathbf{10}}{\mathbf{100}} = \frac{1}{10}$

$\frac{9}{10} = \frac{90}{100}$ $\quad 4 = \frac{\mathbf{40}}{\mathbf{10}} = \frac{\mathbf{400}}{\mathbf{100}}$

LEÇON 44

6 $\frac{177}{100} = \frac{100}{100} + \frac{70}{100} + \frac{7}{100} = 1 + \frac{7}{10} + \frac{7}{100}$

$\frac{402}{100} = \frac{400}{100} + \frac{2}{100} = 4 + \frac{2}{100}$

$\frac{337}{100} = \frac{300}{100} + \frac{30}{100} + \frac{7}{100} = 3 + \frac{3}{10} + \frac{7}{100}$

$\frac{101}{100} = \frac{100}{100} + \frac{1}{100} = 1 + \frac{1}{100}$

LEÇON 45

7 **a.** 15, c'est $\frac{1}{2}$ de 30, $\frac{1}{3}$ de 45 et $\frac{1}{4}$ de 60.

b. 25, c'est $\frac{1}{2}$ de 50, $\frac{1}{3}$ de 75 et $\frac{1}{4}$ de 100.

c. 50, c'est $\frac{1}{2}$ de 100, $\frac{1}{3}$ de 150 et $\frac{1}{4}$ de 200.

LEÇON 46

8 Je tape

2 3 x 3 M+ 1 4 x 2 M+ 3 4 x 5 M+ MRC

Je trouve 267.
Le tout coûte donc **267** €.

LEÇON 47

9 40 dL < 40 L
670 cL > 6 L (car 6 L = 600 cL)
2 500 mL = 2 L $\frac{1}{2}$

PROBLÈMES 7

10 J'écris toutes les données en g.

Sac : 2 kg = 2 000 g

Pâtes : 3 x $\frac{1}{4}$ kg = 3 x 250 g = 750 g.

Tablette de chocolat : 200 g.

Boîtes de conserve : 3 x 300 g = 900 g.

J'additionne le tout :
2 000 + 750 + 200 + 900 = 3 850
Le sac pèse maintenant **3 850 g**, soit 3,85 kg.

LEÇON 48

11 C a la même aire que A (6 carreaux).

LEÇON 49

12 **a.** Le 2 mars, il faisait **14 °C**.
b. Le jour le plus froid a été le **5 mars** (il faisait 9 °C).

Jour	1er mars	2 mars	3 mars	4 mars	5 mars
Température (°C)	12	14	14	11	9

LEÇON 50

13 Voici une solution possible :

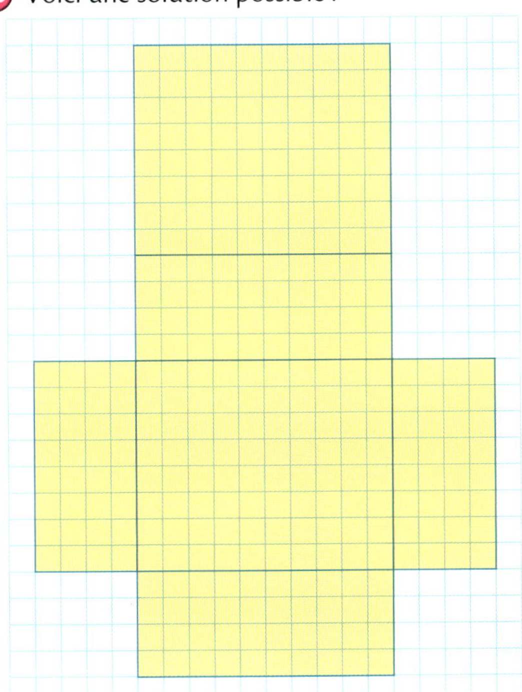

LEÇON 51

14 **a.** A a pour aire **9** carreaux.
B a pour aire **6** carreaux.
C a pour aire **7** carreaux.
D a pour aire **10** carreaux.
b. B ; C ; A ; D.

LEÇON 52

15 6 x 90 = 540. 540 est plus petit que 845.
Avec 90 boîtes, elle n'aura donc pas assez de place pour ranger tous ses verres.

16 Les trois quotients auront **2 chiffres.**

891 : 33 → q = 27   r = 0
209 : 15 → q = 13   r = 14
351 : 23 → q = 15   r = 6

PROBLÈMES 8

17 Voici deux solutions possibles :
« Calcule le nombre total de fruits ramassés par Axel et Lou. »
« Trouve qui a ramassé le plus de fruits. »

PÉRIODE 5 pp. 158-159

LEÇON 53

1 Il doit prendre la rue de Chine jusqu'à la rue des Lumières, puis tourner à droite sur la rue des Lumières jusqu'à la Grande Rue.
Il doit ensuite tourner à gauche et continuer la Grande Rue jusqu'à la boulangerie.

LEÇON 54

2

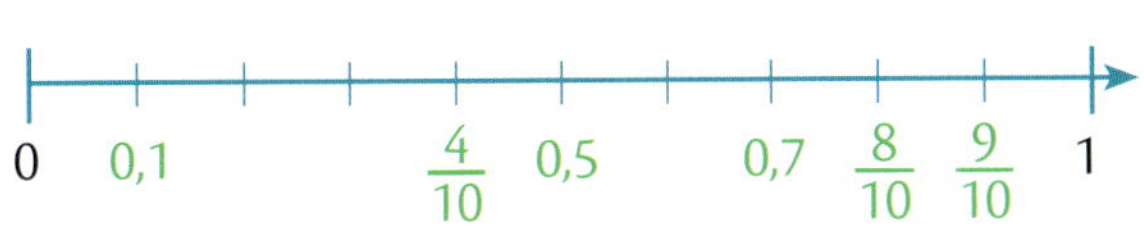

Corrigés des exercices supplémentaires

LEÇON 55

3 **a.**

b. Partie coloriée en jaune : $\frac{6}{100} = 0{,}06$

LEÇON 56

4 **a.** 1,4 < **2,4**
b. **0,95** > 0,92
c. **0,92** < 1,4
d. 9,10 > **8**

LEÇON 57

5 **9** m < 890 cm < **10** m
0 L < 540 mL < **1** L
9 dm < 901 mm < **10** dm
3 kg < 3 600 g < **4** kg
5 m < 0,55 dam < **6** m

LEÇON 58

6

LEÇON 59

7 75,80 – 18,45 = 57,35.
Lou a dépensé **57,35 €**.

LEÇON 60

8 **a.** L'aire de A est **16 carreaux**.
Son périmètre est de **20 côtés de carreaux**.
b. Solution possible :

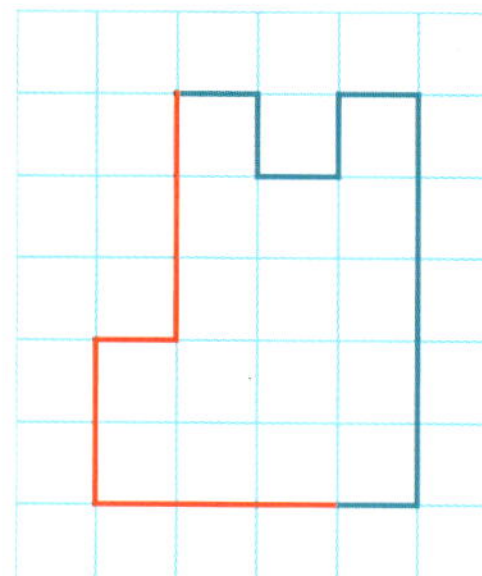

LEÇON 61

9 $10{,}29 = \frac{1\,000}{100} + \frac{2}{10} + \frac{9}{100}$

$12{,}24 = \frac{1\,200}{100} + \frac{2}{10} + \frac{4}{100}$

Solution possible : $3{,}5 < \frac{300}{100} + \frac{6}{10} + \frac{3}{100}$

Solution possible : $4{,}2 > \frac{400}{100} + \frac{1}{10} + \frac{8}{100}$

10 **a.** 3,47 ; 4,47 ; 5,47 ; **6,47** ; **7,47** ; **8,47**
b. 4,52 ; 4,62 ; 4,72 ; **4,82** ; **4,92** ; **5,02**
c. 8,36 ; 8,37 ; 8,38 ; **8,39** ; **8,40** ; **8,41**

LEÇON 62

11 Tu peux t'aider d'un tableau.
18 : 9 = 2.

x **2**

Quantité	Prix (€)
9	18
15	**30**
25	50

a. Il gagnera **30 €**.
b. Il doit vendre **25 canettes**.